编程语言实现模式

〔美〕 Terence Parr 著

李袁奎 译

尧飘海 审校

华中科技大学出版社

中国·武汉

内 容 简 介

本书旨在传授开发语言应用(工具)的经验和理念,帮助读者构建自己的语言应用。这里的语言应用并非特指用编译器或解释器实现编程语言,而是泛指任何处理、分析、翻译输入文件的程序,比如,配置文件读取器、数据读取器、模型驱动的代码生成器、源码到源码的翻译器、源码分析工具、解释器,以及诸如此类的工具。为此,作者举例讲解已有语言应用的工作机制,拆解、归纳出 31 种易于理解且常用的设计模式(每种模式都包括通用数据结构、算法、策略)。虽然示例是用 Java 编写的,但相信读者可以触类旁通,利用这些设计模式构建针对其他编程语言(既包括特定领域语言,也包括通用编程语言)的应用。

978-7-5609-7700-3:Language Implementation Patterns.

Copyright © 2011 The Pragmatic Programmers,LLC. All rights reserved.

湖北省版权局著作权合同登记　图字:17-2011-198 号

图书在版编目(CIP)数据

编程语言实现模式/(美)Terence Parr 著;李袁奎 译;尧飘海 审校.—武汉:华中科技大学出版社,2013.1(2021.8 重印)
　ISBN 978-7-5609-7700-3
　Ⅰ.编… Ⅱ.①T… ②李… ③尧… Ⅲ.程序语言 Ⅳ.TP312

中国版本图书馆 CIP 数据核字(2012)第 011104 号

编程语言实现模式　　　　　[美]Terence Parr 著　李袁奎 译　尧飘海 审校

策划编辑:徐定翔　　　　　　　　　　　　　　　　　　责任校对:周　娟
责任编辑:熊　慧　江　津　　　　　　　　　　　　　　责任监印:周治超
出版发行:华中科技大学出版社(中国·武汉)
　　　　　武昌喻家山　　邮编:430074　　电话:(027)87557437
录　排:华中科技大学惠友文印中心
印　刷:湖北新华印务有限公司
开　本:787mm×960mm　1/16
印　张:24.5
字　数:428 千字
版　次:2021 年 8 月第 1 版第 6 次印刷
定　价:72.00 元

读者对本书的赞誉

别看那些编译原理的书了！这本书教你编写真正实用的解析器、翻译器、解释器等语言应用，Terence Parr 在书中细致地讲解了先进的语言工具和语言应用中设计模式的用法。无论是编写自己的领域专用语言（DSL），还是挖掘已有代码、查错或是寻宝，你都能从这本简单易懂的书中找到示例和模式，因为它基本上覆盖了解析技术的方方面面。

▶ Guido Van Rossum
   Python 语言之父

我的"龙书"被打入冷宫了！
▶ Dan Bornstein
   Android 平台 Dalvik 虚拟机的设计者

本书对每个语言设计者来说都是一笔无价的财富。
▶ Tom Nurkkala 博士
   泰勒大学计算机科学系副教授

Terence 清晰地阐释了语言设计中的概念。如果你想独创一门语言却又无从下手，或者觉得它高不可攀，那么，从这本书开始吧！
▶ Adam Keys
   http://therealadam.com

这本书行文风格浅显却又不失韵味，以这个经久不衰的热门话题为中心，娓娓道来，颇有大师风范。《编程语言实现模式》不光讲述创造语言的方法，还指引我们在这个过程中该思考些什么。要想创造一个强壮的、可维护的专用语言，这本书是无价之宝。

▶ Kyle Ferrio 博士
Breaulty 研究机构科学软件开发部门主管

目录

Contents

致谢
Acknowledgments

首先，要感谢我的编辑，Susannah Pfalzer。8 个月来，我们多次讨论，不断尝试，才最终确定了这本书现在的样子。这本书得以出版，她功不可没。

然后，要感谢这本书的审校者（排名不分先后）：Kyle Ferrio、Dragos Manolescu、Gerald Rosenberg、Johannes Luber、Karl Pfalzer、Stuart Halloway、Tom Nurkkala、Adam Keys、Martijn Reuvers、William Gallagher、Graham Wideman 和 Dan Bornstein。Wayne Stewart 虽不是正式的审校者，但也通过本书的勘误网站提供了大量的反馈信息。Martijn Reuvers 为本书的源代码编写了 ANT 配置文件。

这里要再次感谢 Gerald Rosenberg 和 Graham Wideman，他们给书稿提供了细致的审查意见，还通过电话跟我沟通，对书中的不足提出了诚挚的批评并进行了探讨。

序言
Preface

随着你不断编写语言应用，这个过程中所蕴涵的模式就会逐渐变得清晰而明朗。其实，大多数的语言应用在架构上都是相似的。每次编写语言应用的时候，我都不断告诉自己："先建立解析器，用它在内存中把数据结构建立起来。然后从中抽取信息，必要时还要改变其结构。最后再写一个能根据这些信息自动输出代码或者报告的工具。"看吧，这不就是模式？在这些任务中总能发现一些相似的算法和数据结构。

一旦掌握了这些语言实现的设计模式或者架构，编写起语言应用来就得心应手了。如果你想快速获得编写语言应用的能力，这本书正适合你。本书奉行实用主义，从本质上挖掘并提炼语言应用中的设计模式。你会了解模式的重要性，学习如何实现这些模式，如何组合这些模式。很快你就能成为开发语言应用的行家里手！

创造新的语言其实不需要深厚的理论知识做铺垫。你可能不信，毕竟所有语言应用方面的书都会占用大量的篇幅讲解编译器知识。我承认，为通用编程语言编写编译器确实需要扎实的计算机科学知识，然而，大多数程序员并不需要编写这种编译器。因此，本书的重心是解决程序员平时最可能遇到的问题：配置文件读取、数据读取、模型驱动的代码生成、源代码之间的翻译、源代码分析和解释器的实现。同理，我们没有使用 Scheme 等学术界推崇的语言，而是跟随业界的发展采用 Java 编写所有的示例，以便你能快速地在实际项目中大显身手。

本书讲什么
What to Expect from This Book

本书讲解的工具和技术能满足日常语言应用开发的需要。对于那些相当棘手、艰深的问题，我们不予讨论。比如，因为篇幅有限，本书无法涉及机器码的生成、寄存器分配、垃圾回收、线程模型及苛求性能的解释器。读完本书后，你将会成为编写语言应用的专家，而对于复杂些的语言处理和转换，相信你也能应付。

本书将剖析现存语言应用的工作原理，当然这是为了抛砖引玉，最终还是希望你能编写自己的语言应用。为此，将它们分解成一些易懂的具有普适性的模式。不过，有一点必须说明，本书不是语言实现方面的代码库，而是一本旨在辅助你自己学习的工具书。虽然书中有不少示例代码，但这些代码只是为了让我们的讨论言之有物，以便你在编写自己的语言应用时有个拿得出手的起点。

还有一点提请注意，本书着重分析现有的成熟的语言（也可以是你自己设计的但与之相仿的语言）。因为语言设计是另一个话题，它强调的是规划语法（合法的语句）和制定语义（任意输入的含义）两个内容。虽然本书不会专门探讨语言的设计，但读完后，在耳濡目染中你也会了解相关的知识。学习语言设计的诀窍就是要审视各种不同的语言，研究程序设计语言的发展历史，熟谙语言随时代变迁的历程。这些都对学习语言设计大有好处。

语言应用不仅仅包括实现语言的编译器或解释器。广义来说，能够处理分析和翻译输入文件的程序都是语言应用。实现一门语言是指，编写一个应用程序，它能够根据以这种语言书写的语句来执行任务。对于一门语言来说，除了这个，我们其实还能做很多事情。比如，根据C语言的定义，能编写C的编译器、从C到Java的翻译器、自动插桩C代码以定位内存泄露的工具。类似地，回想Eclipse集成开发环境中的各种工具，除了Java的编译器，还有能对Java代码进行重构、格式调整、搜索和语法高亮的工具。

书中的模式可以用来为任何计算机语言编写语言应用，其中自然也包括领域专用语言（domain-specific language，DSL）。领域专用语言是指为特定领域专门设计的语言，它可以帮助用户在此领域中高效完成任务。比如，Mathematica 语言、shell 脚本语言、wiki 标记语言、UML、XSLT、makefiles、PostScript、形式语法，甚至连 CSV 和 XML 这样的数据格式也算。与 DSL 相对应的是通用编程语言（general-purpose programming language，GPPL），比如，C、Java 和 Python。DSL 通常会更小巧轻捷些，因为它们面向较为单一的应用环境。当然也有例外，比如 SQL 就比一般的 GPPL 大不少。

本书的组织
How This Book Is Organized

本书分为四个部分。

- 解析起步：首先熟悉语言应用的整体框架，然后深入学习更重要的语法解析模式。

- 分析语言：为了分析某种语言（不管是 DSL 还是 GPPL），得用解析器构造树形结构来表示这种语言。之后通过对树的遍历，能跟踪和识别输入内容中的各种符号（包括变量名和函数名），还能计算表达式的返回类型（比如 int 和 float）。这部分的模式主要介绍怎样确保输入是合法的。

- 构建解释器：这部分包含 4 种不同的解释器模式。它们在效率和实现难度上各有差异。

- 翻译和生成语言：本书的最后一部分会讲解语言的翻译，主要是如何借助模板引擎 StringTemplate 生成文本。第 13 章还会介绍几个语言应用的架构，以供你在编写语言应用时作为参考。

各个部分中的篇章有序编排过，能让读者从前往后循序渐进，一步步实现自己的语言应用。1.2 节"模式概览"里讲解了如何把所有模式组合到一起。

书中的模式
What You'll Find in the Patterns

书中共有 31 种模式。每一种模式都描述了与语言应用相关的数据结构、算法、处理策略。每种模式由四部分构成。

- 目的：这部分简要叙述模式的存在意义，指出它能解决的问题。比如，模式二十一"自动类型提升"能够"自动地、安全地提升算术操作数的类型"。在阅读模式的具体内容之前最好先看看这部分，以便心里对它的功能有个底。

- 讨论：这部分会进一步讨论所要面临的问题，解释如何应用模式，以及模式如何解决问题。

- 实现：每种模式都附带用 Java 编写的示例（可能会借助 ANTLR 之类的语言工具）。示例不是解决实际问题的代码库，只是用代码来证明前面谈论的内容。

- 相关模式：这部分列出一些模式，它们要么能解决本模式所解决的问题，要么是本模式所依赖的模式。

每一章的导言材料都值得一读，它们勾勒出不同模式的特性并加以比较，能加深读者对各种模式的认识。

本书面向的读者
Who Should Read This Book

如果你是软件从业人员或者计算机系的学生，想编写处理计算机语言的程序，就应该看看这本书。这里的计算机语言是泛指的，从数据格式、网络协议、配置文件、特殊的数学语言及硬件描述语言到通用编程语言都在其中。

阅读本书并不需要形式语言理论方面的知识，但是最好拥有丰富的编程经验，不然就难以理解书中的代码和讨论的内容。

还有，递归这个概念很重要，要想读懂本书，必须熟悉这种思维方式。书中的许多算法和流程从本质上来说都是递归的，不管是输入的识别、遍历语法树，还是产生输出的解释器，都离不开递归。

如何阅读本书
How to Read This Book

如果你在这方面还是个新手，请从第 1 章"语言应用初探"开始，这一章概括语言应用的架构。接下来是第 2 章"基本解析模式"和第 3 章"高阶解析模式"，从中你能了解（形式语言描述的）语法和语言识别的背景知识。

如果通过某些计算机课程，你已经掌握了这些，那就可以直接跳到第 4 章"构建树形中间表示"或者第 5 章"遍历并改写树形结构"。如果你对构造语法树也很熟悉，对这种遍历过程已得心应手，那么这些也可以跳过，但是其中的模式十四"树文法"和模式十五"模式匹配器"这 2 种模式还是值得一看的。

如果你会编写简单的语言应用，知道怎样把输入内容组织成树的形式并对其遍历，那么你可以直接跳到第 6 章"记录并识别程序中的符号"和第 7 章"管理数据聚集的符号表"，这里面介绍了如何构造符号表。符号表主要用于描述某种映射关系，对于输入符号 x，它能告诉你 x 到底是什么东西。符号表是第 8 章"静态类型检查"中某些模式所依赖的数据结构。

更熟练的读者可以直接跳到第 9 章"构建高级解释器"和第 12 章"使用模板生成 DSL"。如果连这些都懂了，那么你可以任意翻阅此书，从书中寻找自己想深究的模式。如果一时不想细看，也可以直接从书中某种模式中找出示例作为参考，自己编写新语言（需要时再从书中查找具体的解释）。

读者可以通过本书的网站[1]或者 ANTLR 用户邮件列表[2]，与我或其他读者

---

1 http://www.pragprog.com/titles/tpdsl。
2 http://www.antlr.org/support.html。

进行交流。

通过本书的网站还能提交勘误信息、下载源代码。

书中采用的语言和工具
Languages and Tools Used in This Book

书中的代码和示例都是用 Java 编写的，但是其中的逻辑放到其他通用语言上也适用。只选用一种语言是为了前后保持一致，选择 Java 自有道理，因为它是业界最常用的语言。[3,4]无论如何，这本书还是以设计模式为重心，而不是语言宝典。模式的示例也无法直接用到实际项目中。

本书尽量采用最先进、最高效的语言和工具。比如，在解析语言时，会采用自动生成解析器的工具（当然，得先学会手工编写解析器）。使用自动工具之前，得了解解析器的工作原理。这就好像不可能让不懂算术的人使用计算器一样。同样，我们还要先学会手动编写语法树的遍历器，接下来再使用相应的自动生成工具。

本书常会用到 ANTLR 工具。它能自动生成解析器和语法树的遍历器。该工具是我编写的，凝结了过去 20 年里编写语言应用的心得。当然用其他的工具也行，但既然在写自己的书，就没有道理不用自己的工具。不过这本书的主角却不是 ANTLR，本书要讲的是语言应用中具有普适性的种种模式，具体的代码只是为了辅助理解。

本书的第 12 章还大量使用模板引擎 StringTemplate 来生成输出。StringTemplate 就好比"逆解析器"的生成工具，模板相当于输出内容的语法规则。如果不用模板引擎，也可以用一堆不规整的嵌有输出语句的代码来完成，但其中的逻辑就没有那么清晰了[5]。

即使对 ANTLR 和 StringTemplate 不甚了解，也不会影响对这些模式的学习效果，因为它们只在示例代码中出现。当然，要想完全掌握这些模式，确实应该看懂这些代码。

---

3 http://langpop.com。
4 http://www.tiobe.com/index.php.content/paperinfo/tpci/index.html。
5 译注：类似于用 JSP 代码生成 HTML 文档。

想看懂代码，最好多学学 ANTLR 项目中的工具。看了 4.3 节，你会对其有个大概的了解。想进一步深入学习这些工具，还可以访问网站上的文档和示例，或者购买《ANTLR 权威指南》（Par07）。

无论怎样，要实现语言就需要一些工具。这本书中的知识总能延伸到其他工具上，就好像学习飞行技术一样，不管怎样，都得随便找一架飞机先开着，学到的技术自然对其他飞机也适用。学习的关键在于掌握飞行技巧，而不是去纠结飞机上某个坐垫上的纹理图案。

希望这本书能够激起你对语言应用的兴趣，帮助你设计顺手的 DSL，写出提高程序员效率的语言工具。

Terence Parr

2009 年 9 月

parrt@cs.usfca.edu

第 1 部分

解 析 起 步
Getting Started with Parsing

第 1 章

语言应用初探
Language Applications Cracked Open

本书的第 1 章将讲述如何识别计算机语言（语言是符合语法的语句的集合）。除了代码生成器，所有语言应用都有自己的解析器组件（识别器）。

学习过程中，不会直接讲解语言的设计模式，而是先观察语言应用中部件的组合方式。这一章会先让你从架构上有个大概了解，然后仔细浏览模式，最后以几个语言应用作为示例进行分析，了解它们的工作原理及其对模式的使用。

1.1 大局观
The Big Picture

语言应用可能是个大项目，非常复杂，所以要把它分解成几个小组件，这样才容易理解。这些组件连接起来，形成多级流水线架构，能对输入流进行分析和处理。遇到一条输入语句（即符合语法的输入序列）时，这条流水线要么把它转化为便于处理的内部数据结构，要么直接把它翻译为另一种语言。

图 1.1 展示了数据在流水线中的流动过程，其主要思想是，文件读取部分对输入内容进行"识别"，并输出数据结构作为中间表示（intermediate representation，IR），供其他部件使用。流水线的末端是生成器，会根据 IR 及之前所收集到的信息进行计算，并输出最终所需的结果。那么这之间的过程就是进行语义分析。

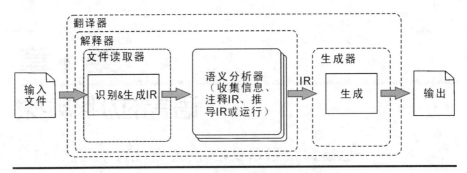

图 1.1 语言应用的多级流水线架构

通俗地说，语义分析就是搞清输入的具体含义（以语法为基础的都是语义）。如果语言应用类型不同，则其流水线中各个阶段的实现方式也不同，而相互间的连接方式也不同。语言应用分四大类。

- 文件读取器：其主要工作是根据输入流建立数据结构。输入流可以是普通字符、文本，也可以是二进制数据。常见的文件读取器有配置文件读取器、方法调用分析工具之类的程序分析工具，以及 Java 的 class 文件载入器。

- 生成器：它会收集内部数据结构中的信息，然后产生输出。常见的有对象-关系数据库（object-to-relational database，ORD）映射工具、序列化工具、源代码生成器及网页生成器。

- 翻译器（或称改写器）：翻译器读入字符文本或二进制数据，生成同种或不同语言的输出，实际上就是文件读取器和生成器的组合。常见的有，把过时的语言翻译成现代语言的翻译器、wiki 到 HTML 的翻译器、重构工具、代码插桩工具、日志报告输出器、格式调整器及宏的预处理器，等等。有些翻译器十分常用，比如汇编器和编译器，已经自成一类了。

- 解释器：通常要读入文件，解码，然后执行指令。从简简单单的计算器，到 POP 协议服务器，再到编程语言 Java、Ruby 和 Python 的具体实现，都是解释器的具体应用。

1.2 模式概览
A Tour of the Patterns

这儿展示的是全书 31 种模式的路线图。如果猛然间觉得难以理解，也不用担心，继续看这本书的其他内容，等到熟悉各种模式以后，再看这里的东西就觉得清楚多了。

解析输入语句

第 2 章和第 3 章讨论了文件读取器所涉及的模式，主要解析输入内容的结构。这两章包括 5 种功能相近的模式，单从解析的角度来看，各种语言的处理难度不一，所以这里提供了能力不同的几种解析模式。模式的解析能力越强，其复杂性就越高，而且解析效率还可能降低。

这里还会对（用形式语言描述的）文法进行一些讲解，这跟解析器识别语言的原理有关。第一种模式根据文法手工编写解析器。ANTLR[1]（或者类似的解析器、生成器）可以自动实现这个功能，但是我们应该先经历一下这个过程。

如果是简单的读入组件，则用模式二和模式三就可以识别输入语句了。但若要解析更复杂的语言，就得用更强大的解析器。如果增加每次读入字符的个数，则解析器的解析能力就会得到提高（模式四）。

有时情况会更复杂，解析器得读入整个语句才能解析（模式五）。

回溯法的解析能力非常强大，但运行效率较低。不过有趣的是，经过稍稍改动，就能显著提高它的效率。模式六展示了这个过程，在解析过程中，要好好利用中间结果。

如果需要最强大的解析能力，则可以用模式七。谓词解析器能根据运行时的信息进行动态调整，切换到正确的解析流上。

---

1 http://www.antlr.org。

比如，输入语句中 `T(i)` 的含义很可能跟之前 `T` 的定义有关。谓词解析器能从内部记录中查到 `T` 的相关信息。

解析器不仅能跟踪语言中的符号（如 `T`），还能执行语句，对输入进行修改或者分析。然而，对于大多数应用来说，这里的功能还是有点简单了。通常，语言应用会多次扫描输入的信息。这些扫描虽然还在流水线中进行，但已经超出读取组件的范围了。

构建语法树

为了避免重新解析输入流，可以生成一些数据结构，作为 IR。IR 实际上就是处理过的输入内容，但是更容易操作和遍历，里面的节点或其他数据结构还可以用来存放信息，便于后期使用。第 4 章会讨论为什么要构造树形 IR，还会讲述这些树形结构是如何对输入中的重要信息进行组织的。

一个应用的本质决定了它所使用的 IR 数据结构的类型。较为底层的编译器常常需要用专门设计的 IR 数据结构（其中的元素常常依赖于机器指令）。不过这里不专门讨论编译器，所以书中会使用较为高级的树形结构。

模式八是第一个有关树的模式。但是解析树中含有很多无用信息，里面除了来自输入流的信息，还有不少辅助识别输入的规则信息。解析树的主要使用特点是可方便地为编辑器提供语法高亮。如果要编写源代码分析器或者翻译器等应用，通常会采用抽象语法树（abstract syntax tree，AST），它更好用。

所有重要的标识符都在 AST 里用节点表示，每个子树的根节点都是操作符。比如下面是赋值语句 `this.x=y;` 的抽象语法树：

在选取 AST 的实现模式时，主要考虑的因素是将要遍历树的方式（第 4 章详细介绍 AST 的构建）。

模式九的想法很简单，就是将所有节点都用同种类型表示。虽然节点的字段名都一样，但这种树也能根据子节点在列表中的位置区分特殊子节点。这种列表称为规范化的子节点列表。

如果不同类型的节点需要存储不同的数据，则可以采用模式十"多类型节点"。比如，加法操作符节点和变量引用节点，它们一般会需要不同的类型来表示，以便加以区分。构建异型节点时，一般用字段记录子节点，而不是前面所用的列表（模式十一）。

遍历树

把输入内容用 IR 的形式放到内存里以后，就可以从中抽取信息，或者修改它。

但第一步还是遍历 IR（也就是例子中的 AST）。树的遍历有两种基本策略，一种是把方法内置于每个节点的类里（模式十二），另一种是把方法封装在外部访问者里（模式十三）。采用外部访问者的方法要好一些，因为不需要修改节点类就能调整遍历过程。

如果不想手工编写外部访问者，还可以使用工具自动生成访问者，就像自动生成解析器一样。模式十四和模式十五可以用来识别树的结构。树语法能描述树的合法结构，而树的模式匹配器能够用来查找所关心的子树。在流水线处理的下一个阶段中，就会用到树的遍历器。

弄清输入的含义

要想生成有用的输出结果，就必须分析输入内容，以获取相关的信息（语义分析）。要分析语言，就得面临一个根深蒂固的问题：这个 x 到底是什么？这将随所编写的应用不同而有区别，有时可能要知道它到底是变量还是方法，有时要知道它的类型，或者它的定义位置。要搞清这些，可能会用到第 6 章或第 7 章的符号表来记录输入符号。

符号表相当于符号的字典（映射表），可以从中查到符号的定义。

符号表所采用的模式取决于语言的语义规则。作用域规则大体上分为四种：单一作用域、嵌套作用域、C 结构体作用域及类作用域，分别对应于模式十六、模式十七、模式十八和模式十九。

对于 Java、C#和 C++等语言，它们在编译时语义规则十分复杂，大部分规则都是为了确保运算操作符和赋值语句中没有差错（类型相容或者类型一致）。比如，字符串不能和类名相乘。第 8 章讲述了计算表达式类型的方法，可以用来检查运算语句和赋值语句中对象的类型是否正确。类似于 C 语言等非面向对象的语言，可以采用模式二十二来处理；而类似于 C++等面向对象的语言，可以用模式二十三来处理。为了阐明这两种模式，模式二十和模式二十一会先为其打好基础。

如果只是编写配置文件读取器或者 Java 的 class 载入器等语言应用，则整个处理过程到此就结束了，但是对于解释器和翻译器来说，事情还没完。

解释输入语句

解释器能运行 IR 中的指令，但一般也要使用符号表之类的数据结构。第 9 章描述了常见解释器的模式，包括模式二十四、模式二十五、模式二十七和模式二十八。从作用上来看，这些模式都是等价的（或者说可以通过规则变得同样强大）。

它们只是在指令集、运行效率、交互性、易用性及实现的难度上存在差异。

翻译语言

处理计算机语言时，既可以直接解释执行它们，也可以将它们翻译为其他语言（比如，编译器能将高级语言翻译为机器码）。任何翻译器的末端都是生成器，能产生结构化的文本或者二进制数据。从数学上看，输出的产生过程可以看成输入和语义分析结果的函数。参照模式二十九，文件读取器和生成器可以合并起来，组成的翻译器一次就能完成一些简单翻译。不过，为了降低耦合度，计算输出和产生输出这两个阶段还是应该分开进行。举个极端的例子，如果要逆序排列某个程序中的语句，就只有在读完最后一条输入语句后，才能开始产生输出。为了解耦，通常会使用模型驱动领域的方法（见第 11 章）。

生成器的输出内容常常需要符合某种语法，因此可以用某些形式语言工具来完成这个产生过程。比如，模板引擎，相当于"逆解析器"，现在有很多优秀的模板引擎可供选择，书中的示例采用了 StringTemplate（见第 12 章）。[2]

以上就是语言应用模式在整个流水线中的工作方式，在深入学习之前，先剖析几个常见语言应用中使用的模式，以便在继续学习之前，对模式有个完整的印象。

1.3　深入浅出语言应用
Dissecting a Few Applications

语言应用就像奇妙的分形图案，如果放大，就会发现每一级流水线又含有更小的多级流水线。比如编译器，虽然一般人不关心它们的内部结构，但里面实际上包含着多层嵌套着的流水线。编译器的结构很复杂，所以得把它们分成较简单的组件，这些组件里都含有多条流水线。

---

2 http://www.stringtemplate.org。

但如果细看，则不管是语言应用，还是流水线中的处理过程，都使用了相似的数据结构和算法。

这一节将剖析几个语言应用的架构，包括字节码解释器、查错程序（基于源代码分析）及 C/C++编译器。整个过程着重强调的是不同语言应用之间甚至同一个语言应用中的不同组件之间在体系结构上的相似之处。如果对现有语言应用了解得很深，则设计自己的语言应用时就会感到得心应手。下面先看最简单的架构。

字节码解释器

解释器就是能执行其他程序的程序。从实现效果上看，解释器用软件模拟出硬件处理器，因此也被称为虚拟机。解释器的指令集比较底层，但没有机器码那么底层。指令集里的指令往往用一个字节（能表示 0 到 255 之间不同的整数）就能表示，因此又称为字节码。

图 1.2 所示的是字节码解释器的基本结构。由文件读取器载入文件中的字节码，然后解释器开始执行字节码。执行程序时，解释器会不断循环执行"取指令—解码—执行"。与真正的硬件处理器一样，解释器也有自己的指令计数器，负责记录下一条指令的地址，同时解释器还需要能够移动数据的指令，修改指令计数器的指令（跳转或者调用），以及产生输出的指令（这也是显示程序运行结果的方法）。真正的解释器实现技术细节十分繁复冗杂，这里了解这些就够了。

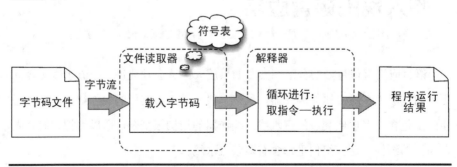

图 1.2　字节码解释器的流水线过程

　　包括 Java、Lua[3]、Python、Ruby、C#和 Smalltalk[4]在内的语言都采用字节码解释器来实现。Lua 的实现方式中采用了模式二十八，其他几个用的是模式二十七；在 1.9 版以前，Ruby 的实现方式类似于模式二十五的实现方式。

Java 查错程序 1

　　下面来看 Java 源代码的查错（bug）程序。为简单起见，这里只查找"自赋值"错误，就是把变量原封不动地赋给它本身的错误。下面的 `Point` 类中，方法 `setX()` 里面就出现了这种错误，因为那条赋值语句中的 this.x 和 x 都是类的字段 x：

```
class Point {
    int x,y;
    void setX(int y) { this.x = x; } // 错! 本该是setX(int x)
    void setY(int y) { this.y = y; }
}
```

　　设计语言应用的思路就是要从后向前推。首先想想如果要输出所需的结果，生成器需要什么样的信息，流水线要在生成阶段之前收集到这些信息，之后再考虑如果要计算这些信息，更前一步需要做些什么，就这样，逐步倒推，不断明确各个阶段的职责，一直到文件读取器为止。

　　对于这个查错程序，它需要输出所有的自赋值语句。这样，就得先找到所有类似于 this.x=x 的赋值语句，还要（通过解析）判断里面的 this.x 和 x 到底指向哪个变量。在模式十九中会看到，这里需要用符号表记录符号的定义。图 1.3 是查错程序的流水线架构。

图 1.3　针对源代码的查错程序

---

3 http://www.lua.org。

4 http://en.wikipedia.org/wiki/Smalltalk_programming_language。

这样，流水线中的各个阶段就确定下来了。来看看前端，读取 Java 代码后，语法解析器会构建 IR，供语义分析阶段使用，解析 Java 代码时，需要采用模式二、模式四、模式五、模式六。这里只构建最简单的 IR，那么可以用模式九。

本例的语义分析中，需要遍历 IR 两次，第一次记录所有的符号（标识符），第二次找出所有等号两边一样的赋值语句。模式十五能够搜索树中的节点，可以用它查找符号的定义节点和赋值节点，找齐自赋值语句后，就可以着手生成错误报告了。

接着看文件的读取（见图 1.4）。大部分文本文件的读取都分为两个阶段，首先把输入的字符流分成基本符号，即词法单元，之后用语法解析器检查词法单元的语法。在这个例子里，词法分析器（在有些书中也称 lexer）会输出如下符号流：

图 1.4　识别 Java 代码并构建 IR 的流水线架构

　　语法解析器一边进行语法扫描，一边构建 IR。前文提到了，构建 IR 就是为了把这一阶段的解析结果保存下来，这样就不用再一次次地读取源文件了。多次扫描和分析同一个源文件没什么好处，不但降低了效率，而且各阶段的解析方式如果不同，得到的结果会不一致，这样各处理阶段之间就难以传递信息了。采用多次扫描还能支持前向引用，比如，setX()里的 x 虽然定义在 setX()的后面，但也能在定义位置之前使用。只要先记下所有的符号，再进行分析和解析，就能知道 x 的含义了。

　　现在跳到最后一步，仔细看其中的结果生成器。前面已经生成了错误列表（假设用 Bug 对象的链表来表示），那么只要在生成器里使用 for 循环，遍历一次就能很方便地输出错误信息了。不过，若是需要输出更复杂的报告，就应该套用模板来完成。也就是说，如果 Bug 类中含有 file、line、filename 等字段，则用下面定义的 **StringTemplate** 模板（第 12 章会解释定义模板的语法），就能方便地生成报告。

```
report(bugs) ::= "<bugs:bug()>" // 对所有Bug对象套用bug()模板
bug(b) ::= "bug: <b.file>:<b.line> self assignment to <b.fieldname>"
```

　　把存有 Bug 对象的链表传给带有 bugs 属性的 report 模板，**StringTemplate** 就能自动生成报告了。

　　实现查错工具的方法不止一种。如果直接借助于 Java 编译器 javac 的功能，则读取源代码、生成符号表的工作就可以省略了，比如下一个例子。

Java 查错程序 2

　　Java 编译器输出.class 文件，里面是序列化的符号表和 AST。使用字节码工程库（byte code engineering library，BCEL）[5]或类似的 class 文件读取器，就可以直接载入.class 文件并分析，而不用自己编写源代码读取器了（实际上，FindBugs[6]就用了这种方式）。图 1.5 所示的是这种方法的流水线图。

　　其整体架构与前面的基本一致，只是流水线短些，因为这里不必采用源代码解析器来生成符号表。Java 编译器已经解析了所有的符号，生成的字节码中明确包含了所有的指向关系。因此查找自赋值错误时，只需搜索特定的字节码序列就行了。

---

5 http://jakarta.apache.org/bcel/。

6 http://findbugs.sourceforge.net/。

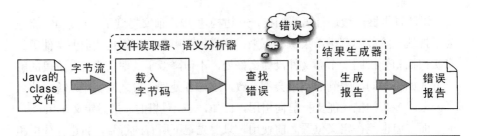

图 1.5 针对 .class 文件的 Java 查错程序

setX()方法的字节码如下：

```
0:   aload_0      // 'this'入栈
1:   aload_0      // 'this'入栈
2:   getfield #2; // this.x 入栈
5:   putfield #2; // 栈顶数据（其实就是this.x）存入this.x中
8:   return
```

其中操作数 #2 是指相对符号表的偏移量，也是 x 属性的唯一标识符。示例能明显看出字节码指令所读写的其实是同一个属性。因为如果 this.x 和 x 不是同一个属性，那么 getfield 和 putfield 中的操作数就不会一样。

接下来再分析本程序所依赖的"编译"过程。javac 也是编译器，其基本原理与传统的 C 语言编译器的一样。唯一的区别就是 C 编译器最终会把代码翻译为某个特定平台上的指令。

C 编译器

通常一条命令就能调用整个 C 编译器（在 UNIX 系统上是 cc 或 gcc），因此会误以为它是单个大程序。但实际上 C 语言的编译过程调用了多个程序，不过 C 编译器是其中最精巧的部分。

开始编译之前，要对 C 语言的代码文件进行预处理，比如，执行 include 指令、替换宏定义。预处理器会输出加了行号的 C 代码，经过编译器处理后，输出汇编代码（就是机器码的文本助记符），交由汇编器生成最终的二进制机器码。下面用命令来展示这个过程。

下面以源代码文件 t.c 为例，把图 1.6 中的流水线过一遍。文件 t.c 中只有一个函数：

void f() { ; }

首先对 t.c 进行预编译：

```
$ cpp t.c tmp.c          #将t.c预编译为tmp.c
$
```

得到代码如下：

```
# 1 "t.c" // 预编译器生成的行号信息
# 1 "<built-in>" // 这些其实不是C代码
# 1 "<command line>"
# 1 "t.c"
void f() { ; }
```

图 1.6　C 语言的编译过程

如果 t.c 里包含了头文件 stdio.h，那么在预编译所得到的 tmp.c 里，函数 f() 前就会多出一大堆代码。在 gcc 命令后加上参数 -S，就可以把 tmp.c 编译成汇编代码，而不直接生成机器码。过程及结果如下：

```
$ gcc -S tmp.c           # 把tmp.c编译为tmp.s
$ cat tmp.s              # 输出汇编代码
        .text
.globl _f
_f:                      ; 定义函数f
        push %ebp         ; 登记函数
        movl %esp, %ebp   ; 忽略
        subl $8, %esp
        leave             ; 释放栈空间
        ret               ; 返回f的调用者
        .subsections_via_symbols
$
```

再使用 as 命令，就可以得到目标文件 tmp.o：

```
$ as -o tmp.o tmp.s       # 把tmp.s汇编为tmp.o
$ ls tmp.*
tmp.c   tmp.o   tmp.s
$
```

了解了大体的编译过程之后，下面来分析 C 编译器中的流水线结构。

图 1.7 所示的是 C 编译器的主要部分。跟其他语言应用一样，C 编译器的前端也是文件读取器，负责解析输入，构建 IR，后端也是结果生成器，遍历 IR 并从中抽取信息，最后根据子树生成对应的汇编指令。但实际上这些组件还不是 C 编译器的难点。

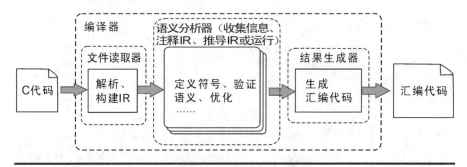

图 1.7　C 编译器的流水线

编译器最复杂的地方是语义分析和优化。要想把 C 程序转换为优质高效的汇编代码，编译器必须从 IR 中获取信息，生成各种各样的数据结构辅助编译。里面还会用到大量的集合和图论的算法，只是正确实现这些算法就已经很有挑战性了。如果想深入钻研编译器，我推荐你看著名的"龙书"——《编译原理（第二版）》（ALSU06）。

不一定非要从零开始编写完整的编译器，有时也可以借助现有的编译器完成自己的任务。下面展示如何将某种语言翻译为已有的语言，然后用现有的编译器对其进行实现或编译。

借助 C 编译器实现 C++语言

如果站在 Bjarne Stroustrup（C++的设计者也是其最初的实现者）的角度来考虑问题，最初发明 C++时，他只是琢磨出了能给 C 语言添加类的好想法，但从头开始完成实现却非常麻烦。

为了能快速实现 C++这个想法，Stroustrup 使用了已有的 C 编译器来完成对 C++的编译。

具体说来，他只编写了翻译器（cfront），能把 C++翻译为 C，而没有编写真正的 C++编译器。只要能生成 C 代码，那么他的语言就能在任何实现了 C 编译器的平台上执行。图 1.8 所示的是 C++实现过程的流水线。仔细看 cfront，它也是由文件读取器、语义解析器和生成器组成的。

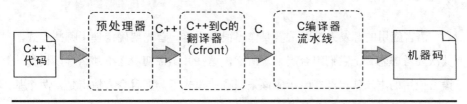

图 1.8　C++编译器流水线

如你所见，语言应用都很相似，至少从基本架构上来看都很像，而且常常会用到同样的组件，而这些组件又会用同样的模式。在学习后面的模式之前，应该先大概了解一下如何连接这些模式，以组成新的语言应用。

1.4　为语言应用选择合适的模式
Choosing Patterns and Assembling Applications

我在书中介绍了这些模式，一是因为它们重要，二是因为它们常用。从我个人的开发经验及 ANTLR 新闻组中获取的信息来看，程序员们常做两种事情：一是实现某个 DSL，二是处理或者翻译 GPPL[7]。换句话说，程序员可能得实现某种制图语言或者数学语言，但很少需要编写大型程序语言的编译器或解释器。通常所遇到的任务不外乎是编写一些重构、格式调整、度量软件、错误查找、插桩或者翻译语言的工具。

既然不需要实现 GPPL，那么书中为什么还要包括与之相关的模式呢？比如，只有编译器的教材才会介绍符号表的管理及表达式的类型计算。而这本书中这些主题也花了百分之二十的篇幅。

---

7 译者注：General-Purpose Programming Language，是指类似 C、Java 等功能较为完备的编程语言。

这是因为，编译器用到的模式，往往也是实现 DSL 甚至 GPPL 所需要的关键模式。比如符号表管理模式，几乎所有语言应用都以之为基础。就好像解析器是语法分析的必要工具一样，符号表对于分析输入内容的语义也占有至关重要的地位。一句话，语法告诉我们该做什么，语义告诉我们这样做是为了什么。

语言应用的开发人员时常需要作出很多决定。首先要确定使用哪些模式，其次要考虑怎么把它们组合起来，所幸，这些并不像初看之下那么难以抉择。语言应用的本质就已经在暗示应该采用哪些模式了，而且令人惊讶是，两个基本架构就足以概括大部分的语言应用了。

把各种模式分门别类有助于选择所需的模式。基本上，本书依照图 1.1 来组织模式，将其分为读取输入的（第 1 部分）；分析输入的（第 2 部分）；解释执行的（第 3 部分）和生成输出的（第 4 部分）。最简单的语言应用只会用第 1 部分中的模式，而最复杂的可能会交叉使用第 1、2、3 部分或者第 1、2、4 部分中的模式。因此，如果只需把数据读入内存，就选用第 1 部分中的模式。编写解释器时，除了读取输入的模式（第 1 部分），还可能需要第 3 部分中执行命令的模式。编写翻译器同样要读取输入，但还要使用第 4 部分的模式来产生输出。除非所处理的语言十分简单，否则还会用到第 2 部分的模式为这两个过程构建中间数据结构，以辅助分析输入内容。

语言应用中，最基本的架构就是将词法分析模式和语法分析模式组合起来，这是模式二十四和模式二十九的核心。识别出输入中的语句之后，即可调用执行或翻译这些语句的方法。对于解释器，调用的方法就是采用 assign() 或 drawLine() 一类的语言实现函数，而翻译器需要（根据输入的符号）调用产生输出语句的函数。

另一个基本架构会对输入进行分析并构建 AST（通过解析器来构造树），而不会对其进行实时处理。构建好 AST 之后，就可以对输入的内容进行多次遍历，而不用重复解析，这是比较高效的做法。比如模式二十五，其中每次执行 while 循环时都会重新访问 AST 节点。

　　有了 AST，存取信息就方便多了，AST 节点能够存储其他组件所计算出的信息。比如，在 AST 节点上可以添加（注释）一些指向符号表条目的指针，记录了这些指针就相当于记录了 AST 节点的类别，如果是表达式节点，则记录的就是它的返回值类型。第 6 章和第 8 章会深入介绍这种注释方法。

　　在所需要的信息都汇集到 AST 以后，就可以开始最后一步了：生成所需的结果。比如，要生成某种报告的时候，还应该对 AST 进行最后一次遍历，收集并输出相关的信息。如果所编写的是翻译器，就该构造第 11 章或第 12 章里的生成器了。最简单的生成器在遍历 AST 的同时，能直接输出指令语句，但这种情况下，输入和输出的指令的顺序必须一致，不够灵活。还有更灵活的策略，就是建立输出模型，里面有字符串、模板或者特定的输出对象。

　　等你小试牛刀之后，自然就会知道什么时候该用 AST 了。当确信只用解析器或者一些简单的操作就能完成任务时，为简单起见，我就不会再借助其他模式，但如果没有把握，我还是会先构建一个 AST，免得在编写时走入死角。

　　现在大家已经知道本书的结构，下面开始语言实现之旅吧。

第 2 章

基本解析模式
Basic Parsing Patterns

不管是什么语言应用，识别语言这一步都很关键。要想解释执行或者翻译语句中的式子，必须知道它的类别。比如，只有弄清当前语句是在赋值还是进行函数调用，才能进行合适的操作。识别式子需要做两件事：首先要把它跟语言中其他的结构区分开；然后要能识别式子中的元素和子结构。比如，对赋值语句来说，要识别出操作符左边的变量和右边的子式。使用计算机程序进行识别的过程称为解析。

本章介绍手工编写语言识别器时常见的解析器设计模式。由于各种语言的解析难度不一样，因此有很多种解析器设计模式。同样，解析器在复杂度和解析能力之间也存在折中。如果要解析 C++之类特别复杂的语言，则通常会采用效率不高但解析能力较强的模式。第 3 章会介绍更强大的解析模式。现在，先看看这几种基本模式。

- 模式一，从文法到递归下降识别器，这种模式展示了将文法（形式化的语言定义）手动转化为解析器的过程，后面 3 种模式都会用到它。

- 模式二，LL(1)递归下降词法分析器，这种模式把字符流分解为词法单元(token)，以供后面的解析模式使用。

- 模式三，LL(1)递归下降语法解析器，这是最有名的递归下降语法解析模式。它只根据当前的输入字符来决定如何解析，并且对文法中的每条规则都提供了相应的解析方法。

- 模式四，LL(k)递归下降语法解析器，这是模式三的增强模式，它最多向前看 k 个输入字符来决定如何解析。

在深入探讨这些解析模式之前，本章会先介绍一些语言识别的背景知识，包括有关术语的定义、文法的概念。文法可以看做是语法解析器的功能说明书或者设计文档。要想编写某种语言的解析器，就需要参考精确定义了这种语言的说明书。

但文法的概念并不拘泥于设计，它可以看成是用某种 DSL 编写的能执行的"程序"。ANTLR 等解析器的生成工具能够根据文法自动生成解析器，实际上，它能根据本章和第 3 章的模式来生成本来需要手工编写的解析器。

在能够手工编写语法解析器之后，余下的部分里，例子中大量充斥着文法，用于描述语言。根据文法自动产生的解析器通常只有手工编写的十分之一大，而且更稳定，不容易出错。要想理解 ANTLR，关键就是要理解这些解析器设计模式。如果你对计算机科学知识掌握得很扎实，或者已经能完成语法解析，那么可以跳过本章和第 3 章。

首先来看看如何识别式子中的各种子结构。

2.1 识别式子的结构
Identifying Phrase Structure

小学时大家都学过如何分辨句中的不同语言成分，如动词和名词。识别计算机语言也是这么做的（称之为语法分析），程序中变量、操作符等词汇表中的符号（词法单元）各有不同的功能，甚至还要区分出由词法单元组成的式子（如表达式）。

例如，return x+1;，x+1 这个由词法单元组成的小式子就是表达式，而整个式子是返回语句，这也是一种语句。语句图可以形象地表示如下：

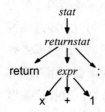

```
return  x+1  ;
        ‾‾‾‾
        expr
‾‾‾‾‾‾‾‾‾‾‾‾
  returnstat
‾‾‾‾‾‾‾‾‾‾‾‾‾‾
     stat
```

将其翻转，就得到了如下解析树：

```
         stat
          ↓
       returnstat
      ↙    ↓    ↘
 return  expr   ;
        ↙ ↓ ↘
       x  +  1
```

树上的叶节点是词法单元，分支节点表示式子的子结构。分支节点上的标签不重要，只要能表示此类节点的含义就够了。下面看一个更复杂的例子——if 语句的子结构及解析树。

```
if  x<0  then  x = 0  ;
    ‾‾‾        ‾‾‾‾‾
    expr       expr
           ‾‾‾‾‾‾‾‾‾
             assign
           ‾‾‾‾‾‾‾‾‾‾
              stat
‾‾‾‾‾‾‾‾‾‾‾‾‾‾‾‾‾‾‾‾‾‾
       ifstat
‾‾‾‾‾‾‾‾‾‾‾‾‾‾‾‾‾‾‾‾‾‾‾‾
        stat
```

```
              stat
               ↓
             ifstat
         ↙   ↓   ↓    ↘
       if  expr then  stat
          ↙ ↓ ↘        ↓
         x  <  0     assign
                   ↙   ↓  ↘
                  x  =  expr  ;
                         ↓
                         0
```

解析树很重要，里面含有式子的所有语法（结构）信息。而解析就是将线性的词法单元序列组成带有结构的解析树。

2.2 构建递归下降语法解析器
Building Recursive-Descent Parsers

语法解析器能检查句子的结构是否符合语法规范（记住，语言就是合法句子的集合）。为了验证句子是否合法，解析器必须识别句子的解析树。不过，解析器实际上不需要构造出形式上的树形数据结构，只要识别出各种子结构和相关的词法单元即可。一般情况下，只需在遇到子结构中的词法单元时执行一些操作即可。也就是说，解析器的任务就是"遇到某种结构，就执行某些操作"。

解析器不必构造具体的解析树，因为只要为解析树中的指定子结构（树的内节点）编写专用的函数，就能从解析函数的调用序列（调用树）中隐式地得到解析树的信息。每个函数都会试着匹配其对应的子结构（也就是子树或者解析树的内部节点）的子节点，比如函数 `f()`，在匹配其子节点时会调用对应的函数，而需要匹配词法单元时会调用名为 `match()` 的辅助函数。顺着这条思路，可以为 `return x+1;` 编写如下用来识别的函数：

```
/** stat() 是解析程序语句的函数 */
void stat()        { returnstat(); }
void returnstat() { match("return"); expr(); match(";"); }
void expr()        { match("x"); match("+"); match("1"); }
```

`match()` 函数将输入流里的词法单元和传入它的参数进行比较，然后将输入指针向前移。比如，在调用 `match("return")` 之前，输入的词法单元序列如下：

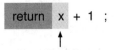

`match("return")` 先确认当前（也就是第一个）词法单元是 `return`，然后将指针移到下一个（第二个）词法单元。移动指针表示已经处理过指针之前的词法单元，以后无须再处理，用深灰背景标出：

return x + 1 ;

现在考虑更复杂的情况，该如何解析上面的 `if`、`return` 和赋值语句呢？为了分清输入语句的类型，`stat()` 函数中必须根据输入流中的当前词法单元（即向前看词法单元）来进行判断，以跳转到不同的解析分支。

stat()可以实现成这样：

```
void stat() {
    if ( «向前看词法单元是 return» )          returnstat();
    else if ( «向前看词法单元是 identifier» ) assign();
    else if ( «向前看词法单元是 if» )          ifstat();
    else «解析错误»
}
```

这种解析方式从解析树的顶部开始处理，一直向下处理，直到叶节点，因此得名自顶向下语法解析器。

实际上，这里使用的就是模式三中的算法。"下降"表示自顶向下；"递归"表示这些函数可能会调用自身，比如2.1节，赋值语句的 stat 本身又在 if 语句的 stat 下面。因为解析树中存在类似的嵌套结构，所以解析器中必须引入对应的递归调用。这是向前看一个词法单元的自顶向下解析器，规范名称为 LL(1)。两个 L 都代表 left-to-right，第一个 L 表示解析器按"从左到右"的顺序解析输入内容；第二个 L 表示下降解析时也是按"从左到右"的顺序遍历子节点。复杂的语言可能需要采用模式四，以便向前看更多词法单元，增加解析能力。

那么，现在有了解析器，通过调用不同函数，它能识别各种子结构。但是，这个解析器的能力也仅限于此。如果要在遇到特定子结构时执行一些操作，则还得在对应的函数中插入代码。比如，如果希望在每次遇到 return 语句的时候都输出"found return"，就在上面的 returnstat()中插入：

```
System.out.println("found return");
```

这在后面的模式中会介绍得更详细，但解析器的步骤基本就是这些：预测子句的类型，调用函数来匹配子结构，匹配词法单元，然后可能还得按照需要插入代码，执行自定义的操作。

如果要手工编写这种解析器，头几个可能还有新鲜感，但这样的活儿多干几次就会感到乏味了。我们观察到，解析器里所用的函数大多功能类似、结构单一严谨，所以很容易采用自动生成来完成，为此还需解决的问题是如何将语言的结构描述给计算机。考虑到大部分计算机语言所含有的句子数都是非常庞大的，所以不可能用枚举的方式输入。

同理，解析树也有无穷个，不能全部输入计算机中。其实最好的办法就是用某种 DSL 来描述这些语言。

2.3 使用文法 DSL 来构建语法解析器
Parser Construction Using a Grammar DSL

直接编写递归下降解析器既烦琐又容易出错，编写时得反复地输入一些结构相同、写法类似的代码。而如果用专用的 DSL 来描述语言，就能提高实现的效率。这个 DSL 所能编写的程序就是文法，能将文法翻译为解析器的工具称为解析器生成器。文法是形式化语言，因此精确而有效，相当于语言的功能说明书。相对于递归下降解析器来说，DSL 所编写的文法更便于阅读。

解析树中的子结构及解析器中的函数，都对应于文法中的规则。子结构的子节点相当于规则右边的词法单元，而解析器中的if-then-else 形式的分支跳转相当于规则中表示子结构选择的竖杠"|"。前面所描述的解析器，可以用 ANTLR 的语法描述为如下形式：

```
stat        : returnstat           // "return x+0;" 或者
            | assign                // "x+0;" 或者
            | ifstat                // "if x<0 then x=0;"
            ;
returnstat  : 'return' expr ';' ;   // 加单引号的字符串是词法单元
assign      : 'x' '=' expr ;
ifstat      : 'if' expr 'then' stat ;
expr        : 'x' '+' '0'           // 出现在returnstat中
            | 'x' '<' '0'           // 出现在if条件分支中
            | '0'                   // 出现在赋值中
            ;
```

这个例子来自于模式一。

规则 stat 的含义是"stat 表示 returnstat、assign 或者 ifstat 这 3 种语句"。可以用语法图来描绘规则 stat 中的控制流（使用了工具 ANTLRWorks）。

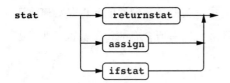

returnstat 中只有一种可能,所以它的语法图就是一系列的连续元素。

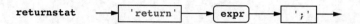

对于更复杂的规则,其语法图也很明了,比如,如下是规则 expr 的语法图:

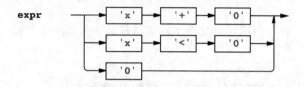

规则 expr 看起来有点儿问题,的确,它怎么能说表达式只能是这三者之一,而且变量只能用 x,整数只有 0 呢?这个先暂且不提。下面来看语言识别的最后一部分:将输入的字符流组成词法单元。

2.4 词法单元和句子
Tokenizing Sentences

阅读时,人们无意中会把字母组合成单词,然后考虑语法结构。但除了正学习阅读的小孩,一般人都不会留意这个过程。而那些初学阅读的孩子们,甚至会指着书上的单词,一点点慢慢拼读。

如果要阅读莫尔斯电码,人们就必须跟初学者学习阅读一样,注意每个字母了。要先把这些点和横组成字母,再把它们合成单词,最后才套用英语语法。如下是 print 34 的莫尔斯电码:

```
.--. .-. .. -. - ..--- ....-
p    r   i  n  t  3     4
```

能处理输入字符流的识别器,一般称为词法单元解析器或词法解析器。前面看到,完整的句子往往具有自己的结构,同样,每个词法单元也有结构。字符的语法一般称为词法。

前面用文法描述语言的结构,而这里也用类似的方法描述词法单元。

比如，下面是整数和标识符的定义：

```
Number : '0'..'9'+ ;                    // 若干个数字 (0..9)
ID     : ('a'..'z'|'A'..'Z')+ ;  // 若干个字母
```

现在可以给之前的 expr 规则加入范围更广的变量名和整数了。

```
expr    : ID '+' Number  // 出现在returnstat中
        | ID '<' Number  // 出现在if条件分支语句中
        | Number         // 出现在赋值语句中
        ;
```

当然，expr 规则仍不完善，但这里只是在示范如何将文法和词法结合起来使用。

再来看一个更具体的例子，这是某个小语言的语法。如果要识别[a,b,c]这样的列表以及[a,[b,c],d]这种带嵌套的列表，可以采用下面的 ANTLR 文法，里面有三条文法规则和一条词法规则（采用大写字母的是词法规则头）。

```
parsing/topdown/NestedNameList.g
grammar NestedNameList;
list     : '[' elements ']' ;         // 匹配方括号
elements : element (',' element)* ; // 匹配list 的逗号
element  : NAME | list ;              // element 是NAME或嵌套的list
NAME     : ('a'..'z' |'A'..'Z' )+ ; // NAME 含有至少一个字母
```

图 2.1 所示的为此语言的解析树，树的叶节点来自从输入流中读入的词法单元，而分支节点则是文法中的规则名。模式二和模式三分别为文法构建了词法解析器和语法解析器。

如果仔细分析这 2 种模式，就会发现它们其实是一样的，因为 2 种模式都是在输入序列中寻找结构。唯一的区别就是处理的东西不一样，一个是字符序列，一个是词法单元。再放宽这个概念，就连模式十四也可看做是在识别树节点序列中的结构。

讨论完文法和解析之后，可以定义 4 种经典的解析模式。根据这些模式，可以为各种语言编写解析器。之后，谁也不会手工编写这些解析器，而是方便地使用 ANTLR 文法来自动生成。不过，还是应该了解这些模式，以学习高效处理语法的底层机制，因为这是解析器生成器的工作原理。

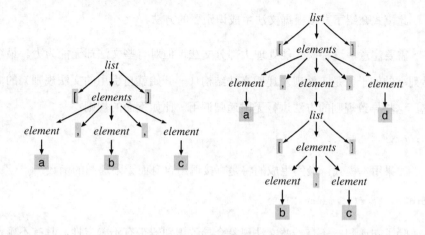

图2.1 [A,B,C]和[A,[B,C],D]的解析树，高亮显示词法单元节点

1 从文法到递归下降识别器 □

目的

本模式能根据语言的文法，生成能匹配语言中式子和语句的递归下降识别器。

此模式与所有递归下降的词法解析器、语法解析器或者树解析器的核心控制框架相同。

讨论

即使打算手工编写词法解析器或语法解析器，也最好先制定语言的文法，因为文法能够精确地描述待识别的语言，而且，它还是良好的文档资料，可以写入参考手册或者注释到代码中。

此模式介绍了直接根据文法生成识别器的方法。

需要注意,这种模式能处理大部分文法,但对有些文法却无能为力。最容易列举的例子就是,处理左递归文法结构(一开始就自引用的文法规则)的情况,这将导致规则的方法进行无限递归调用。比如下面的规则:

```
r : r X;
```

如果用本模式,最终生成的将是直接调用自身而无限递归的函数:

```
void r() { r(); match(X); }
```

除了左递归,还有一些文法现象会导致识别器带有不确定性。具有不确定性的识别器不知道该调用哪个方法。模式四和模式五能通过探测更多的向前看词法单元,提高识别器的能力,识别器的能力越强,写文法就越自然、越容易,因为更强的解析器能处理更大的文法集。

实现

对于文法 G,其定义就是规则的集合,在其对应的类(任何面向对象语言的类都行)中,每条规则都对应类里的一个方法:

```
public class G extends Parser { // Java语言定义的解析器
    《词法单元类型的定义》
    《合适的构造函数》
    《规则对应的方法》
}
```

Parser 类里定义了解析器中都有的字段,比如向前看词法单元和输入流。

规则的转换

下面会为文法中的每个规则 r 都建立一个同名方法:

```
public void r() {
...
}
```

而马上会看到，规则内部其实和子规则（嵌入其他规则的规则）是一样的。

对 r 规则的引用就对应了方法 r() 的调用。

词法单元的转换

如果规则中出现类型 T 词法单元，则对应于调用方法 match(T)，前面介绍过，match() 是 Parser 类中的辅助函数，如果传入参数 T 能匹配当前的向前看词法单元，它就将指针向前移，相当于是"消耗"了这个词法单元。如果不能匹配，则此函数就会抛出异常报错。

这里还需要定义词法单元 T，具体的定义要么写在语法解析器类里，要么写在词法解析器里。对于词法单元 T，其定义如下：

```
public static final int T = 《连续整数》;
```

可能还需要定义其他的东西，例如：

```
public static final int INVALID_TOKEN_TYPE = 0;  // 定义无效的词法
public static final int EOF = -1;                 // EOF 词法类型
```

可能你会纳闷，使用 Java 中的 enum 类型不是更方便吗？这是因为这里还用不到 enum 的高级特性，只想简单地把它们当做整型数字来处理。

子规则的转换

转换等价子规则之间的选择关系时，可以根据向前看词法的复杂度不同，使用 switch 或 if-then-else 连接这些子规则。每个子规则都有表达式，能够计算当前的输入是否匹配。比如，下面的子规则：

(《alt1 》|《alt2 》|..|《altN 》)

控制流如下：

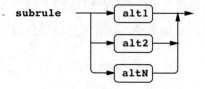

其一般化实现如下：

```
if ( 《向前看到alt1》 ) { 《匹配alt1》 }
else if ( 《向前看到alt2》 ) { 《匹配alt2》 }
...
else if ( 《向前看到altN》 ) { 《匹配altN》 }
else 《抛出异常》 // 解析失败 (没有合适的子规则)
```

如果向前看表达式只检测一个输入符号，就可以用效率更高的 switch 语句来实现：

```
switch ( «lookahead-token» ) {
case «向前看到alt1的词法单元1» :
case «向前看到alt1的词法单元2» :
    «匹配alt1 »
    break;
case «向前看到alt2的词法单元1» :
case «向前看到alt2的词法单元2» :
...
    «匹配alt2 »
    break;
...
case «向前看到altN的词法单元1» :
case «向前看到altN的词法单元2» :
...
    «匹配altN »
    break;
default : «抛出异常»
}
```

为了优化效率，可以把(A|B|C)这些等价子规则合并为集合，因为对整个集合的向前看符号进行测试往往会比 switch 语句的效率更高，而且代码也更简洁。

所有的递归下降识别器都以以上代码为原型，通过测试向前看符号，判断当前识别出的词法单元。把这些向前看的预测表达式填到模板里，就成了识别器。这些表达式的实质决定了这种策略的识别能力。模式二、模式三都采用 LL(1)的决策方法，也就是说，它们的预测表达式会测试一个向前看符号。而模式四采用 LL(k)，即测试 k 个向前看符号。模式五和模式七在 LL(k)的基础上进一步加强，能够测试任意多的向前看符号，也就是说，运行时可以任意测试。

转换子规则操作符

对于可选的等价子规则，处理起来很方便，因为只要移除前一小节代码中的 default 异常处理语句就行了。

因为既然是可选的，所以无法匹配就不是异常了。例如，可选规则(T)?如下：

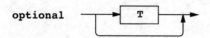

转换成代码后，这种规则就变成条件语句，(T)?的代码如下：

```
if ( «向前看到T» ) { match(T); } // 没有抛出异常的else子句
```

一个或多个(...)+子规则的控制流如下：

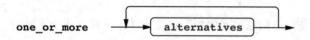

其对应代码是 do-while 循环：

```
do {
    «匹配alternatives»
} while ( «向前看预测到某个括号里的子规则项» );
```

零个或多个(...)*子规则就相当于上面两个的综合。其控制流如下：

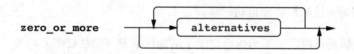

这种子规则转化为代码，就成了 while 循环：

```
while ( «向前看预测到某个括号里的子规则项» ) {
    «匹配alternatives»
}
```

这样，如果向前看不到对应的子规则项，识别器就会跳过这条子规则。

下一种模式将会以文法到识别器的映射为基础来构建词法识别器。

2 LL(1)递归下降的词法解析器

目的

本模式的词法解析器能够识别字符流中的模式，生成词法单元流。

词法解析器又称词元扫描器、词法分析器或符号生成器。这种模式还有个优点，就是能识别嵌套的词法结构，比如嵌套的注释（不过大部分语言中的词法结构都很复杂）。

讨论

词法解析器的任务就是输出词法单元序列。每个词法单元都有两个重要的属性：词法类型（符号的类别）和相关联的内容（通常是字符串）。英文中的"词法单元"分为动词、名词等类型，当然还包括逗号、句号之类的标点符号。同类的所有词汇的词法类型相同，尽管其具体表示的内容并不一样。

下面先归纳出 2.4 节中所述的列表语言的词法类型。词法类型 NAME 代表各种标识符，另外还含有几个特定的字符或者字符串，这些也具有自己的类型，比如，COMMA、LBRACK、RBRACK 等。词法解析器一般也需要处理空白符和注释。不过由于一般语法解析器不关心这两类输入，所以也就不定义它们的词法类型了，遇到它们时词法解析器会自动忽略。

手工编写词法解析器时，需要为每个定义了的词法单元（词法规则）都编写一个方法。也就是说，词法单元 T 的定义就变成了方法 T()。这些方法能识别出其词法规则所定义的模式。比如，编程语言中，会有专门识别整数、浮点数、标识符、操作符等的方法。根据模式一，可以将词法规则手动转换为代码。

为了使词法解析器的行为类似于词法单元的遍历器（iterator），常常会定义方法 nextToken()，这个方法会依据向前看字符（当前输入的字符）调用相对应的识别方法。比如遇到字母，就会调用识别标识符的方法。

下面看一个跳过空白符和注释的 nextToken() 的代码框架：

```
public Token nextToken() {
    while ( «lookahead-char»!=EOF ) { // 在 java.io 中 EOF==-1
        if ( «注释开始» ) { COMMENT(); continue; }
        ...// 其他需要跳过的词法单元
        switch ( «向前看字符» ) {              // 判断接下来可能出现的词法单元
            case «空白符» : { consume(); continue; }   // 跳过
            case «字符后面可能是T1» : return T1();       // 匹配 T1
            case «字符后面可能是T2» : return T2();
            ...
            case «字符后面可能是Tn» : return Tn();
            default : «出错»
        }
    }
    return «EOF词法单元»; // 返回 EOF_TYPE 类型的词法单元
}
```

本模式以代表了输入字符序列的 reader 为参数，创建新的词法解析器实例。语法解析器依赖于词法解析器，需要调用它的 nextToken() 方法来获取词法单元。实际代码如下：

```
MyLexer lexer = new MyLexer("«输入»");   // 创建词法解析器
MyParser parser = new MyParser(lexer); // 创建语法解析器
parser.«起始规则名»(); // 开始解析语句
```

实现

作为本模式的例子，下面为 2.4 节中的嵌套列表文法构建词法解析器。最终希望得到的是能当遍历器使用的词法解析器，下面是使用方式，从词法解析器逐个读出词法单元，直到返回 EOF_TYPE 为止：

```
Download parsing/lexer/Test.java
ListLexer lexer = new ListLexer(args[0]);
Token t = lexer.nextToken();
while ( t.type != Lexer.EOF_TYPE ) {
    System.out.println(t);
    t = lexer.nextToken();
}
System.out.println(t); // EOF
```

如果参数是某个列表字符串，则输出如下：

```
$ java Test '[a, b ]'
<'[',LBRACK>
<'a',NAME>
<',',COMMA>
```

```
<'b',NAME>
<']',RBRACK>
<'<EOF>',<EOF>>
$
```

那么需要编写 Token 对象、抽象类 Lexer 及其具体实现 ListLexer（这样做主要是为了使代码便于维护）。下面先定义词法单元类 Token，Token 带有词法类型和字符串这两个属性。

Download parsing/lexer/Token.java
```java
public class Token {
    public int type;
    public String text;
    public Token(int type, String text) {this.type=type; this.text=text;}
    public String toString() {
        String tname = ListLexer.tokenNames[type];
        return "<'" +text+"'," +tname+">" ;
    }
}
```

接下来先看列表语言，因此暂时不考虑 Lexer 类。可以在解析器里定义词法类型：

Download parsing/lexer/ListLexer.java
```java
public class ListLexer extends Lexer {
    public static int NAME = 2;
    public static int COMMA = 3;
    public static int LBRACK = 4;
    public static int RBRACK = 5;
    public static String[] tokenNames =
        { "n/a" , "<EOF>" , "NAME" , "COMMA" , "LBRACK" , "RBRACK" };
    public String getTokenName(int x) { return tokenNames[x]; }

public ListLexer(String input) { super(input); }
boolean isLETTER() { return c>='a' &&c<='z' || c>='A' &&c<='Z' ; }
```

getTokenName()方法能输出规范的错误信息和 Token.toString()，这些输出都很简单明了。

根据前文中的代码框架，可以编写出下面的 nextToken()方法，这个方法主要匹配词法单元并引导输入字符流。

Download parsing/lexer/ListLexer.java
```java
public Token nextToken() {
    while ( c!=EOF ) {
        switch ( c ) {
            case ' ' : case '\t' : case '\n' : case '\r' : WS(); continue;
            case ',' : consume(); return new Token(COMMA, "," );
            case '[' : consume(); return new Token(LBRACK, "[" );
```

```
            case ']' : consume(); return new Token(RBRACK, "]" );
            default:
                if ( isLETTER() ) return NAME();
                throw new Error("invalid character: " +c);
        }
    }
    return new Token(EOF_TYPE,"<EOF>" );
}
```

识别标识符时，如果向前看字符是字母，则应该收集并暂存所有紧随其后的字母：

```
/** NAME : ('a'..'z'|'A'..'Z')+; // NAME 由一个或多个字母组成 */
Token NAME() {
    StringBuilder buf = new StringBuilder();
    do { buf.append(c); consume(); } while ( isLETTER() );
    return new Token(NAME, buf.toString());
}
```

遇到空白符的时候，nextToken()就会调用 WS()，这个方法既不收集也不返回词法单元，而是直接跳过。WS()代码如下：

```
/** WS : (' '|'\t'|'\n'|'\r')* ; // 忽略所有的空白符 */
void WS() {
    while ( c==' ' || c=='\t' || c=='\n' || c=='\r' ) consume();
}
```

对于基类 Lexer，下面列出记录词法解析器状态所必需的字段：

```
public abstract class Lexer {
    public static final char EOF = (char)-1; // EOF字符, 即文件的结尾
    public static final int EOF_TYPE = 1;    // 表示EOF词法类型
    String input; // 输入字符串
    int p=0;      // 当前输入字符的下标
    char c;       // 当前字符
```

其构造方法会记录输入字符串，并将第一个字符赋值给向前看字符 c。

```
public Lexer(String input) {
    this.input = input;
    c = input.charAt(p); // 预备向前看字符
}
```

consume()方法自增字符的下标，并将下一个字符当做向前看字符。这个方法还能检测输入字符串是否结束，如果结束就将向前看字符赋值为EOF(-1)。

```
/** 向前移动一个字符；检测输入是否结束 */
public void consume() {
    p++;
    if ( p >= input.length() ) c = EOF;
    else c = input.charAt(p);
}

/** 确保x是输入流中的下一个字符 */
public void match(char x) {
    if ( c == x) consume();
    else throw new Error("expecting "+x+"; found "+c);
}
```

Lexer 类是抽象类，因为其中不含匹配词法单元的具体方法。而继承自它的具体实现类就必需实现下面的方法，比如 ListLexer：

```
public abstract Token nextToken();
public abstract String getTokenName(int tokenType);
```

相关模式

模式三和词法解析器在结构上十分相似。它们都是使用模式一所得到的递归下降识别器的实例。

□	3	LL(1)递归下降的语法解析器

目的

本模式采用一个向前看符号，分析词法单元流的语法结构。

此语法解析器属于 LL(1)自顶向下解析器，因为它使用一个向前看词法单元（就是名称中"1"的含义）。这种模式蕴涵了后面所有语法解析器模式的核心思想。

讨论

这种模式主要展示了如何根据一个向前看词法单元来决定解析方式。在递归下降语法解析器中，它的能力最弱，但最好理解。如果能用它完成语言的解析，那么就不需要考虑其他模式了，因为它简单易用。模式四用了多个向前看词法单元，虽然能力更强，但更复杂。

为了实现 LL(1)递归下降语法解析器，可以先在模式一的解析选择中添加向前看表达式，解析器得到当前的向前看词法单元之后，会对解析选项的向前看集合分别进行测试，以决定如何解析。向前看集合是指某个解析选项的开头可能出现的所有词法单元的集合。解析器应该尝试每个可能跟在当前字符后面的解析选项。之后会讲解如何计算向前看集合，以及如何在多个可能的选项之间进行选择。

计算向前看集合

正规的定义中通常使用 FIRST 和 FOLLOW 两个运算来计算向前看集合。而实际使用时，这个问题可以等价于"哪些词法单元可能会出现在这个解析选项的开头"，这种思维方式更容易掌握，FIRST 的严格定义就不在这里解释了，因为它比较复杂，而且这里也用不着其原理。如果有兴趣，可以在网上找到很多相关材料。[1]

下面先计算最简单的：以某个词法单元为起始的解析选项。这类解析选项的向前看集合就是那个词法单元。比如下面的例子：

```
stat: 'if'...     // 向前看集合是 {if}
    | 'while'...  // 向前看集合是 {while}
    | 'for'...    // 向前看集合是 {for}
    ;
```

---

1 http://www.cs.virginia.edu/~cs415/reading/FirstFollowLL.pdf。

如果解析选项的开头是某个规则，那么其向前看集合就是规则所有解析选项向前看集合的并集。

下面的例子使用了 stat 规则：

```
body_element
    : stat          // 向前看集合是 {if, while, for}
    | LABEL ':'     // 向前看集合是 {LABEL}
    ;
```

第一个解析选项的向前看集合就是 stat 中所有向前看集合的并集。如果要考虑空解析选项，向前看计算就变复杂了。比如，很难一眼看出下面规则中空解析选项的起始词法单元。

```
optional_init
    : '=' expr
    | // 空解析选项
    ;
```

第一个解析选项的向前看词法单元是=。而第二个解析选项的向前看集合比较复杂，因为它是空的，而且可能会包括在其他规则中，那么其他规则中所有出现在 optional_init 之后的词法单元的向前看集合都包含于它的向前看集合中。下面考虑这几条引用了 optional_init 的规则：

```
decl: 'int' ID optional_init ';' ;
arg : 'int' ID optional_init ;
func_call: ID '(' arg ')' ; // 使用了arg，那么')' 也在向前看集合中
```

这里的规则 decl 中，';'出现在 optional_init 的后面，所以';'肯定属于其向前看集合。规则 arg 中虽然也出现了 optional_init，但是后面没有词法单元。因此还要看 arg 后面有什么。可以看到')'可能出现在 arg 的后面，那么总的来说，';'和')'都可能跟在 optional_init 的后面。

如果理解不了这些计算向前看集合的细节，也无须担心。因为不需要手动计算这些东西；这是 ANTLR 最擅长的事儿，所以都交给它吧。只要知道解析器的编写中需要用到这类计算即可，下面来考虑一个词法单元可能解析为多个解析选项时的情况。

确定性解析策略

只有在解析选项的向前看集合互不相交（就是集合中没有公共的词法单元）时，才能应用 LL 解析策略。

比如，下面的解析策略就是确定性的，因为每个向前看词法单元都唯一标志着某个解析选项的开始，相互之间没有重合。

```
/** 匹配 -3, 4, -2.1 或 x, 薪水, 用户名, 等等 */
expr: '-'? (INT|FLOAT)   // '-', INT, 或 FLOAT 起始此解析选项
    | ID                 // ID 词法单元起始此解析选项
    ;
```

遇到 -，INT，或 FLOAT 时，规则 expr 就知道是第一个解析选项；如果遇到 ID，就知道是第二个。

若是向前看集合之间出现了重叠，则这个解析器就是非确定性的了，因为它无法确定该使用哪个解析选项。比如下面这个规则，LL(1)解析器就无法确定到底该如何解析：

```
expr: ID '++'      // 匹配 "x++"
    | ID '--'      // 匹配 "x--"
    ;
```

两个解析选项的开头是一样的，都是词法单元 ID。仅凭这个词法单元，解析器无法确定接下来该用哪个解析选项。换句话说，规则 expr 是 LL(2)的。LL(1)解析器只能看到一个词法单元，而这个规则中两个解析选项的第一个词法单元都一样，那么，如果看不到后面的、能区分两个解析选项的词法单元（也就是 ID 后面的操作符），解析器就无法决定该采用哪个解析选项。遇到这种文法，在处理时要么需要稍微调整一下文法，要么就得改用模式四。处理的方式就是对 expr 进行提取左公共子式 ID，这样就能得到等价的 LL(1)文法规则了：

```
expr: ID ('++'|'--') ; // 匹配 "x++" 或 "x--"
```

如果真想手工构造语法解析器，那么得多学学向前看集合的计算，否则可以将这些计算都交给解析器生成器来完成。

为了了解向前看计算在将文法转化为解析器时所起的作用，下面来为 2.4 节的嵌套列表语言编制解析器。

实现

下面将以模式二中的词法解析器为基础，构造语法解析器 ListParser。文法如下：

```
list : '[' elements ']' ;            // 匹配方括号内的列表
elements : element (',' element)* ;  // 匹配中间有逗号的列表
element : NAME | list ; // 一个element要么是NAME，要么是嵌套的列表
```

根据之前制定的从文法到解析器的映射方式，可以得到如下解析器：

```java
public class ListParser extends Parser {
    public ListParser(Lexer input) { super(input); }

    /** list : '[' elements ']' ; // 匹配方括号*/
    public void list() {
        match(ListLexer.LBRACK); elements(); match(ListLexer.RBRACK);
    }
    /** elements : element (',' element)* ; */
    void elements() {
        element();
        while ( lookahead.type==ListLexer.COMMA ) {
            match(ListLexer.COMMA); element();
        }
    }
    /** element : name | list ; // 一个element要么是NAME，要么是嵌套的列表*/
    void element() {
        if ( lookahead.type==ListLexer.NAME ) match(ListLexer.NAME);
        else if ( lookahead.type==ListLexer.LBRACK ) list();
        else throw new Error("expecting name or list; found " +lookahead);
    }
}
```

elements 和 element 两个规则都根据向前看符号来决定如何解析。在 elements 中，对 COMMA 使用(...)*子规则；在 element 中，遇到 NAME，就用第一个解析选项，而 LBRACK 对应第二个解析选项。

为了实现具体的解析类 ListParser，先要在抽象类 Parser 中加一些辅助代码。首先需要加入两个状态变量：一个表示输入词法单元流，一个用来缓冲向前看符号。本例中采用单个向前看符号 lookahead：

```java
 Lexer input;          // 输入的词法单元
Token lookahead;     // 当前的向前看符号
```

此外，还要缓冲所有的词法单元，以便根据缓冲区中的下标确定当前的词法单元，这样就不用拿 lookahead 来记录当前的词法单元内容了。本模式的实现示例中就没有缓冲所有的输入（因为有时候确实做不到，比如从 socket 端口中读取数据时）。

接下来还需要一些方法，不仅要比较向前看符号是否是所需的词法单元，还要消耗输入并得到下一个词法单元。

```java
/**如果向前看词法类型能匹配x，那么就忽略并返回；否则报错*/
public void match(int x) {
    if ( lookahead.type == x ) consume();
    else throw new Error("expecting " +input.getTokenName(x)+
                        "; found " + lookahead);
}
public void consume() { lookahead = input.nextToken(); }
```

下面是测试语法解析器的代码。

```java
ListLexer lexer = new ListLexer(args[0]); // 解析来自命令行的语句
ListParser parser = new ListParser(lexer);
parser.list(); // 开始依照规则列表解析
```

如果输入的语句符合文法，则这段代码就什么都不输出，因为其中没写输出语句，也没有任何相关的处理语句（比如记录跟踪列表名的语句），遇到错误的时候会抛出如下异常：

```
$ java Test '[a, ]'
 Exception in thread "main" java.lang.Error:
    expecting name or list; found <']',RBRACK>
            at ListParser.element(ListParser.java:24)
            at ListParser.elements(ListParser.java:16)
            at ListParser.list(ListParser.java:8)
            at Test.main(Test.java:6)
$
```

如果只是要学习解析器，那么最容易的方法就是构建 LL(1)语法解析器。不过在实际应用中，一个向前看符号或许还不够，可能还得更多些。下一种模式构建了 LL(k)语法解析器，当然 k 要大于 1。

相关模式

模式二、模式四和模式五。

---

4 LL(k)递归下降的语法解析器 □

目的

本模式使用 k（k>1）个向前看词法单元来分析词法单元流的语法结构。

LL(k)解析器在上一种模式的基础上进行加强，能用最多 k 个向前看词法单元。

讨论

递归下降解析器的能力完全取决于其根据向前看符号并做决定的能力。如果只用一个向前看词法单元，则其能力是很弱的，因为必须手动将文法修改为LL(1)文法。通过利用更大（但上限固定）的词法单元缓冲区，解析器就能使用更多的向前看词法单元，也就能处理大部分的计算机语言了，其中包括各种配置文件、数据格式、网络协议、图形语言，以及许多编程语言。但还有些更复杂的编程语言，要处理它们，还需要更强大的解析能力。模式五扩展了本模式，使用任意多的向前看词法单元。

用的向前看词法单元越多，就好像在走迷宫的时候，遇到交叉时能顺着不同的路径看得越远。能看得越远，就越知道该选择哪条路径。对于解析器来说，做解析决策的能力越强，也就越容易编写。不必由于解析策略不强来修改语言的文法。

这里将讨论为什么会需要更多的向前看词法单元，以及如何构造环形的向前看缓冲区。在"实现"这一部分中的LL(k)解析器中会用到这个缓冲区。

为什么需要增加向前看符号

为了阐述这一点，先为 2.4 节的列表文法增加一些要素，比如列表中要能出现赋值语句，以识别输入[a, b=c, [d, e]]。修改时，需要为 element 规则添加匹配赋值语句的解析选项：

```
list      :'[' elements ']' ;           // 匹配方括号列表
elements : element (',' element)* ;    // 匹配逗号分割开的列表
element  : NAME '=' NAME                // 匹配a=b这样的赋值语句
         | NAME
         | list
         ;
```

上面的文法中新加了解析选项，结果 element 规则有两个解析选项都是以 NAME 词法单元开头的，那么这个文法就不是LL(1)的了。

现在只有读入两个词法单元才能区分到底该用哪个解析选项，这就是 LL(2)文法。每次匹配 element 时，必须判断当前到底是赋值语句还是列表元素的名称。如果词法单元序列中是 NAME 和=，那么就用第一个解析选项（赋值）；否则，就用第二个。例如，如下所示的就是匹配了[a, b=c]的 element，在做解析判断时用的是向前看符号。

如果只能用 LL(1)解析器，就必须改写规则，规则 element 要改成：

```
element : NAME ('=' NAME)? // 匹配类似a=b的赋值语句或者仅仅是a这样的列表元素
        | list
        ;
```

这里带有子规则(..)?，该子规则在 LL(1)解析器中可以用，但是不如修改之前那么易懂。虽然这个例子中的列表语言不实用，但处理真正的文法时也可能会遇到类似的情况。

构建环形向前看缓冲区

要增加解析器的向前看能力，最简单的方式就是（用数组）缓冲所有的输入符号。以整数下标作为当前输入元素的指针，比如缓冲区中的第 p 个元素。处理完当前词法单元后执行 p++ 即可，之后的 k 个向前看符号就表示为 tokens[p], tokens[p+1]，…，tokens[p+k-1]。但这个方法只对包含元素数量有限、不大的输入集合可行。如果要处理网络的 socket 接口之类的无限序列，就得换个方法。

既然不能缓冲所有的输入，那么就可以用大小为 k 的词法单元缓冲区。这样内存中最多只会有 k 个词法单元，而下标 p 也只会沿着已知大小的缓冲区移动。处理完一个词法单元，解析器只需要自增 p，然后从缓冲区的末尾补充新的词法单元。

唯一的问题就是缓冲区大小固定下来后，还必须采用环形的方式来存放、加入新的词法单元：p 的范围为 0，1，…，k−1，缓冲区下标在达到末尾时会重置为开头。举例来说，如果是向前看符号数为 3 的缓冲区，下标最多只会是 2，增到 3 的时候实际上会回到开头，变为 0，用模运算 p%3 就能解决下标的折回问题。

下面用图来表示在逐个处理输入[a, b=c]中词法单元的过程中，p 是如何在向前看缓冲区内移动的：

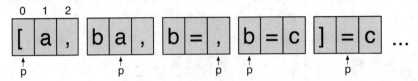

开始解析时，p=0，向前看缓冲区如最左边的部分。在第二部分中，已经处理过[了，此时 p=1。在往前走时，p 的后面还会加入新的词法单元。最右边的部分是缓冲区在加入最后一个符号]后的状态。这时 p 指向=，而解析器还剩3 个符号就处理完了。[2]

实现

下面来实现上述修改后的列表文法。首先为处理向前看问题做准备，然后实现 LL(2)规则 element。

为实现缓冲区，Parser 类需要以下几个字段：

```
Download parsing/multi/Parser.java
Lexer input;            // 待处理词法单元的来源
Token[] lookahead;      // 环形缓冲区
int k;                  // 向前看符号的个数
int p = 0;              // 环形缓冲区中装填下一个词法单元的位置
```

由于不同解析器所需的向前看符号的数量各不相同，因此把它作为可变的参数传入构造函数中，同时还要初始化词法单元的来源：

```
Download parsing/multi/Parser.java
public Parser(Lexer input, int k) {
    this.input = input;
    this.k = k;
    lookahead = new Token[k];          // 开辟向前看缓冲区
    for (int i=1; i<=k; i++) consume(); // 用k个向前看符号初始化缓冲区
}
```

解析器处理当前的词法单元时，会自增环形缓冲区的下标，并往缓冲区中加入新的词法单元。

---

2 译者注：按照前文的叙述，还差 EOF 词法单元。

```
public void consume() {
    lookahead[p] = input.nextToken();   // 在下一个位置上放入词法单元
    p = (p+1) % k;                       // 自增下标
}
```

为了把向前看机制从解析器的基类中剥离出来，最好编写两个向前看方法 LA() 和 LT()。方法 LA() 返回 k 个向前看词法单元的类型，k 最初为 1。回忆一下，前面介绍过，词法单元的类型都是表示为整数的符号类别。方法 LT() 在固定向前看个数 k 的情况下返回某个向前看词法单元。

```
public Token LT(int i) {return lookahead[(p+i-1) % k];} // 环式取值
public int LA(int i) { return LT(i).type; }
public void match(int x) {
    if ( LA(1) == x ) consume();
    else throw new Error("expecting " +input.getTokenName(x)+
                         "; found " +LT(1));
}
```

这个文法中，只有在处理 element 规则时才需要多个向前看符号，所以实现过程中，在预测第一个解析选项时会测试前两个向前看符号，即 LA(1) 和 LA(2)。

```
/** element : NAME '=' NAME | NAME | list ; assignment, NAME or list */
void element() {
    if ( LA(1)==LookaheadLexer.NAME && LA(2)==LookaheadLexer.EQUALS ) {
        match(LookaheadLexer.NAME);
        match(LookaheadLexer.EQUALS);
        match(LookaheadLexer.NAME);
    }
    else if ( LA(1)==LookaheadLexer.NAME ) match(LookaheadLexer.NAME);
    else if ( LA(1)==LookaheadLexer.LBRACK ) list();
    else throw new Error("expecting name or list; found " +LT(1));
}
```

由于此方法是从上到下逐个测试解析选项的，因此第二个解析选项只需要测试一个符号就够了。还要注意，只要看到向前看符号 [，就能确定是第三个解析选项了。LL(k) 中的向前看个数 k 只是向前看符号个数的最大值，而不是每个规则都一定要用到的固定值。

其测试代码和模式三的基本是一样的，只是在调用解析器的构造函数时还会传入向前看符号的个数。

```
LookaheadLexer lexer = new LookaheadLexer(args[0]); // 命令行参数为待解析语句
LookaheadParser parser = new LookaheadParser(lexer, 2);
parser.list(); // 从规则列表开始解析
```

如果输入参数是类似于[a,b=c,[d,e]]的合法参数，则测试代码会正常返回：

```
$ java Test '[a,b=c,[d,e]]'
$
```

但在遇到错误的时候，解析器会抛出异常：

```
$ java Test '[a,b=c,,[d,e]]'
Exception in thread "main" java.lang.Error:
  expecting name or list; found <',',,>
        at LookaheadParser.element(LookaheadParser.java:25)
        at LookaheadParser.elements(LookaheadParser.java:12)
        at LookaheadParser.list(LookaheadParser.java:7)
        at Test.main(Test.java:6)
$
```

相关模式

本模式以模式三为基础，并使用了模式二解析得到的词法单元。模式五会对本模式进行进一步扩展，允许任意多个向前看符号。

下一步

目前已经介绍完最重要的解析模式。但是要想解决较为复杂的语言问题，还需要对递归下降解析器进行包装。第 3 章中编写的解析器能使用任意数量的向前看符号，以及能利用语义信息指导解析过程。

第 3 章

高阶解析模式
Enhanced Parsing Patterns

第 2 章讲解的基本的语言识别模式，能完成大部分的解析任务，但有些语言连模式四都无法解析。本章将以增加复杂性和降低运行时效率为代价，来增强解析器的能力。本章包含如下三个重要的、特定的解析模式。

- 模式五，回溯解析器，这种模式在递归下降解析器模式的基础上增加了推演解析机制。这种机制很有用，因为对于有些解析选项，必须尝试才能将其区分。回溯语法解析器会试着套用每个解析选项，直到遇到合适的为止。实际上，与模式四中固定的 k 个向前看符号相比，模式五相当于能任意地向前看，因此其能力相当强，但运行代价十分高。

- 模式六，记忆解析器，这种模式会额外使用少量的内存，但能极大地提高推演解析的效率。

- 模式七，谓词解析器，此模式能够根据文法中语义谓词——布尔表达式的形式的值切换解析器的控制流。书中的所有解析模式都能通过加入谓词进行扩展。

仅凭纯手工，极难实现这些模式，但是这里的重点在于理解其工作原理。只有理解了其内在的工作模式，才能读懂用 ANTLR 之类的工具所生成的代码。

调试代码的时候，不理解其工作原理就难以有效地进行调试。

如果修过计算机专业的课程，或者已经粗略了解了回溯解析器和谓词解析器，那么可以跳过本章。不过记忆解析器还是比较新的东西，最好看看其中采用的记忆机制，使回溯解析器能应用到实际中。

在开始学习高级解析模式之前，先看看为什么需要任意多的向前看符号。

3.1　利用任意多的向前看符号进行解析
Parsing with Arbitrary Lookahead

有些语言结构很容易区分，比如 2.4 节中列表文法的 `element` 规则，一个向前看词法单元就能区分开不同的解析选项：

```
element : NAME | list ;    // element 是NAME或嵌套的list
list : '[' elements ']' ; // 匹配方括号
...
```

`NAME` 起始第一个解析选项，而 `[` 起始第二个，因为 `list` 的开头是 `[`。

但有些语言结构如果要用最自然的方法来描述，所得到的文法却无法用模式三或模式四来解析。通常里面会含有很相似的语言结构，它们只在最右边才有区别。比如，C++语言的函数定义和函数声明的前面都是一样的，直到 `;` 或 `{` 才能加以区分：

```
void bar() {...} // 函数定义
void bar();       // 函数声明（前向声明）
```

由于 C++的函数头没有长度限制，因此在这个语句中，无法确定能将声明和定义区分开的词法单元具体会出现的位置，也就无法使用固定个数的向前看符号来解析。所以要区分 C++文法中的定义和声明，模式四还是不够强大。C++自然文法中函数的定义和声明规则可以写为如下形式：

```
function : def | decl ;
def : functionHead '{' body '}' ;  // 如 "void bar() {}"
decl: functionHead ';'             // 如 "void bar();"
functionHead : ... ;               // 如 "int (*foo)(int *f[], float)"
```

为了区分 function 规则中的两个结构，解析器需要读完整个函数头，才会遇到区分二者的词法单元。这种结构在解析时总会成为瓶颈，但是在带有回溯机制的解析器中，就没那么糟糕了（见模式五）。可以用下面的伪代码为 function 规则编写解析函数：

```
void function() {
    if ( «推演结果和def吻合» ) def();
    else if ( «推演结果和decl吻合» ) decl();
    else throw new RecognitionError("expecting function");
}
```

解析器能按照规则的实际需要向前看任意多个符号。如果 function()中的第一个解析条件未能匹配，则解析器回到输入串的开头，然后尝试第二个条件语句。

这里有个微妙但重要的细节，推演匹配里隐含了对解析选项的排序，从上往下第一个匹配成功的赢得解析机会。这样很好，因为可以用这一点来指定优先级。比如，有时一个规则的两个解析选项都能匹配同样的输入。根据优先级排列之后，就可消除这种模棱两可的模糊情况，因为解析器总是会选择优先级高的解析选项。

通过解析器对解析选项进行排序，就可以解决那个 C++语言中讨厌的二义性问题。C++的 T(a) 既可能是某个声明，又可能是表达式（更多细节见《ANTLR 权威指南》（Par07）的第 12 章），C++手册上认为这种式子应该是声明。在回溯解析器中，把匹配声明的判断语句放在匹配表达式的句子之前即可。利用 ANTLR 语法中的句法谓词，可以在某个规则中调用回溯，类似于此：

```
stat: (declaration)=> declaration    // 如果看起来像声明，那么就当做声明
    | expression                     // 否则就是表达式
    ;
```

虽然推演解析优点很多，但存在两个缺陷。首先，它难以调试，解析器往前推演的时候，很容易跟丢那些扫描语句和放回语句。其次，回溯法很慢。好在效率问题还可以解决，只要避免不必要的重复解析即可。

3.2 记忆式解析
Parsing like a Pack Rat

在推演解析器寻找解析选项的这个过程中，可能解析器常对于同样的解析规则和输入内容重复解析。使用回溯法时，自然是为了区分相似的语言结构。而对于相似的语言结构，其在文法中往往会牵涉同样的规则。

模式五的"实现"部分会为列表语言添加新的东西，使之能使用类似于 **Python** 语言的同步赋值语句：[a,b]=[c,d]。这样一来，stat 规则就需要回溯，因为它有两个无法利用有限个向前看符号加以区分的解析选项：

```
stat: list EOF          // 先尝试这个
    | list '=' list     // 第一个不成功时，再尝试这个
    ;
```

遇到输入[a,b]=[c,d]时，stat 先尝试对第一个解析选项进行推演，这个选项会匹配 list 规则，而遇到 EOF 的时候会失败，然后回溯解析器放回读入的输入内容，接着尝试第二个。第二个解析选项也要对 list 规则进行匹配，但刚才已经成功匹配了 list，再次尝试就是在浪费前面的计算资源。

利用记忆机制，能够避免对 list 进行二次尝试。再次匹配 list 时，应该能跳到上次中断的地方，然后直接返回 stat 中。为了这样，必须记录不同解析函数的返回结果。模式六揭示了其详细的原理机制。

回溯策略挖掘了自顶向下的所有解析能力，而记忆机制能够提高其效率。但有时，仅仅依靠语法结果还不能区分不同的句子。3.3 节将讨论如何根据上下文处理歧义句子。

3.3 采用语义信息指导解析过程
Directing the Parse with Semantic Information

书中的前几个解析器能识别上下文无关文法。对于用上下文无关文法所定义的语言，单独的语言结构不再依赖其他结构。然而，有些编程语言却含有上下文相关的句子，如果要用上下文无关的解析器处理上下文相关的语句，就必须对解析选项进行谓词判断。

　　实际使用中，谓词推理就是对布尔表达式进行运行时的判断，以决定是否能使用某个解析选项来匹配。谓词能控制是否使用相关联的解析选项。

　　下面先通过分析某个上下文相关的语句，来看看为什么必须得使用谓词推理。C++程序设计语言算是解析领域的"小白鼠"，对其剖析一番吧。

　　比如，C++中的表达式 T(6)，它要么是函数调用，要么是构造型的类型转换，具体是什么，还取决于 T 是函数还是类型名。如果不看 T 的定义，C++解析器根本不知道该如何解析 T(6)，那么这种结构就是上下文相关的，因为仅仅从语法来看，这句话带有歧义。如果看一下 C++的文法定义，就能发现其中的二义性。如下是模拟的 C++表达式规则：

```
expr: INTEGER              // 整型数
    | ID '(' expr ')'      // 函数调用，与下一个有歧义冲突
    | ID '(' expr ')'      // 构造型类型转换
    ;
```

　　使用二义性的文法会使解析器带有不确定性，无法确定该选择哪一条路径。这个例子中，第二个解析选项和第三个解析选项都一样，解析器可能使用其中任何一个。如果使用模式三，就会得到如下方法：

```
void expr() {
    // 向前看符号是整型数，则匹配整型数
    if (LA(1)==INTEGER) match(INTEGER);
    else if (LA(1)==ID) «匹配函数调用»
    else if (LA(1)==ID) «匹配类型转换»      // 永远不会执行!
    else «报错»
}
```

　　很显然，最后一个 if 语句是死代码，永远不会执行，而且这一点连编译器都不会提示。所以这个错误只有在测试时才能发现。

　　如果要解决这种问题，就需要对最后两个 if 语句进行修改，使之能测试 T 的类型。在分析抉择的过程中，如果添加两个函数，就可以区分这两个解析选项了：

```
void expr() {
    if ( LA(1)==INTEGER) match(INTEGER);
    else if ( LA(1)==ID && isFunction(LT(1).text) ) «匹配函数调用»
    else if ( LA(1)==ID && isType(LT(1).text) )      «匹配类型转换»
    else «报错»
}
```

这段代码来自模式七。方法 isFunction() 和 isType() 能够判断某个标识符是不是函数或者类型，在这一节先不讨论其实现细节（将在模式六中介绍）。

前文已经初步介绍了四种基本解析策略，下面来做一个总结。

模　　式	何　时　使　用
模式三	这是计算机科学系的本科生会学习的最基本的解析策略。由于它能解决大部分的 DSL 问题，因此先介绍它
模式四	如果一个向前看符号还不能区分规则中的解析选项，那么可以用这种模式。解析策略越强，就越方便编写解析器，不必因为解析能力太弱而需要人工的优化和调整
模式五	有些语言很复杂，其文法也一样。采用固定数量的向前看符号，会遇到少数很难解析判断的地方。因为有些解析选项看起来很相似，所以只好根据整个句子来推断，决定到底该用哪一个。这就是回溯解析器所能做的事，模式六可以提高此解析器的效率
模式七	光凭语法无法完成解析的时候，就用这种模式。比如根据 C++ 中的语法定义，表达式 T(6) 随 T 的定义不同，可以有多种解析方式。语义谓词推理能借助运行时信息（在某个符号字典里查询 T 的含义）调整解析策略

下面详细介绍各种模式的定义，以便加深了解。

ANTLR 会对死代码进行警告

　　手工编写解析器常会遇到问题，其中一个就是编译器不会提示不可达的解析区域（即死代码）；而解析器生成工具会提示这一点。下面是 ANTLR 对前文 C++文法中 expr 规则的提示信息：

```
Decision can match input such as "ID '(' INTEGER ')'"
    using multiple alternatives: 2, 3
As a result, alternative(s) 3 were disabled for that input
```

5 回溯解析器

目的

　　本模式为递归下降解析器提供推演机制，能够使用任意数量的向前看符号。

讨论

　　从模式一中可以看到，有些文法无法用递归下降的解析器来处理，因为其处理对象必须是非左递归文法（规则在直接或间接地调用自身之前，必须先至少处理一个词法单元）。即使是非左递归文法，有时也无法得到合适的（即确定性的）解析器。问题在于，如果 LL 解析器向前看符号的个数是固定的，那么各个解析选项的向前看预测集合之间就不能有交集。

　　本模式能使用任意多的向前看符号，因此解决了这个问题，所以这里的解析器能够处理更复杂的语言。为了实现解析器的回溯机制，在这之前还需要做一些基础工作。利用回溯，还能控制二义性解析选项（就是能匹配同样输入的解析选项）之间的优先级，因为回溯解析器会按照一定的次序对各个解析选项进行尝试。

　　本模式中的回溯策略可用在任何需要推演匹配的解析策略中。

ANTLR 支持语法谓词，允许用户自由控制推演解析过程。语法谓词其实就是一些文法片段，能够描述向前看符号的性质，如果当前向前看符号满足这种性质，就该选择对应的解析选项。

Bryan Ford 形式定义了 ANTLR 文法的记法，并扩展了语法谓词，称为解析表达式文法（PEG），见论文《解析表达式文法：基于识别的语法基础》（For04）。在函数式程序设计语言中，语法谓词也称解析组合，见 Parsec[1]。

如果要解析那些左边很相似、到右边才有区别的式子，语法谓词和推理解析的功效就体现出来了。正如 3.1 节所看到的，它能够区分 C++中的函数定义和函数声明，但这只是最简单的例子。在继续阅读其实现之前，先看看基本的代码框架，包括控制输入流及放置自定义代码的位置。

回溯法的代码框架

如果要用回溯策略来辅助解析判断过程，则最简单的思路就是，依次尝试每个解析选项，一直到找到合适的为止。如果能够匹配，解析器就回到原先输入内容的开头，用正常的方式对其进行重新解析（之后会说明为什么要进行两次解析）。如果不能匹配，解析器就放回输入内容，继续尝试下一个。如果解析器最终找不到匹配的选项，就抛出异常："无可行解析选项"。下面是其伪代码框架：

```
public void «rule»() throws RecognitionException {
    if ( speculate_«alt1»() ) {          // 尝试 alt 1
        «匹配-alt1 »
    }
    else if ( speculate_«alt2»() ) {     // 尝试 alt 2
        «匹配-alt2 »
    }
    ...
    else if ( speculate_«altN»() ) {     // 尝试 alt N
        «匹配-altN »
    }
    // 出错，无匹配选项
    else throw new NoViableException("expecting «rule»")
}
```

---

1 Daan Leijen. Parsec, A Fast Combinator Parser, http://research.microsoft.com/en-us/um/people/daan/download/parsec/parsec.pdf。

为什么解析器的控制流中可以使用异常？

　　在回溯法中使用异常，会遇到两类主要的反对意见。第一类反对意见认为这样做不好，因为它的行为和 goto 语句类似。但是在回溯解析器中，只是为了检测语法错误，不管调用层级嵌套了多少层，程序员还是希望能在出错的时候回到最初开始推演的地方。所以只有使用异常才最合适。而且，处理其他错误时也需要抛出异常，那么遇到语法错误自然也该这样，以保持一致。第二类反对意见认为异常处理会很慢。但实际上只有创建新异常对象时的代价比较高，抛出和捕获的代价跟用多个 return 语句进行回滚的代价差不多。那么只需创建一个用于回溯的公共异常对象即可。

　　带有语法谓词的推演方法伪代码如下：

```
public boolean speculate_«alt»() {
    boolean success = true;
    mark();                // 标记当前的输入位置，以便将来放回
    try { «匹配-alt» }     // 尝试匹配选项
    catch (RecognitionException e) { success = false; }
    release();             // 不管成功与否，都要放回
    return success;
}
```

　　实现这个伪代码框架时，可以复用模式三中的代码框架，只要添加能标记输入流及回到标记处的功能即可。对于通常的递归下降解析过程，还需要的关键修改就是采用语法错误（抛出的异常）来引导解析过程。换句话说，在推演的时候，解析器不再报告语法错误，而是回到最初开始推演的地方重新推演。这就是上面伪代码框架中 try-catch 语句的功能。

从标记处重新读取词法单元流

　　回溯解析器的核心在于对词法单元缓冲区的管理。缓冲区能够提供任意数量的向前看符号，并且支持多层嵌套的标记。为了能使用任意数量的向前看符号，最简单的做法就是将整个词法单元流缓冲起来。

这样，解析器处理完一个词法单元时，只需自增当前的下标，跨过那个词法单元即可。但如果词法单元流含有"无限多个"词法单元，这种方法就不可行了。不管是为了处理无限的词法单元，还是为了减少解析器使用的内存，都需要采用向前看缓冲区，而且存储的词法单元越少越好。

解析器可以使用固定长度的小缓冲区，比如说容量为 n 的缓冲区。与模式四一样，使用 p 来记录当前词法单元在缓冲区中的下标。回溯解析器中的缓冲区与之前模式中的区别在于，这里要存放的词法单元个数不固定，可能会更大。但在实现时既希望保持缓冲区容量 n 不变，又要记录关键的词法单元。因此，当 p 移动到缓冲区末尾的时候，p 会被重置为 0，而不会扩展缓冲区的长度。向前看操作（LT()）也应该尽量在向前看缓冲区的范围内进行。这两种情况如下所示：

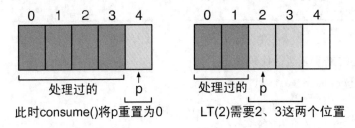

此时consume()将p重置为0　　LT(2)需要2、3这两个位置

不过，当 LT() 中需要超出缓冲区范围的向前看词法单元时，就需要扩展缓冲区，开辟新的空间：

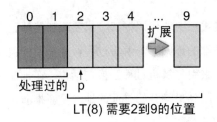

LT(8) 需要2到9的位置

推演过程中，也可能需要扩展缓冲区，对于推演成功了的词法单元，可以交给解析器重新解析。

前面的代码框架使用 mark() 和 release() 这两个方法来管理缓冲区。mark() 将当前的词法单元下标存入栈中，release() 弹出栈顶的下标，并赋给 p。这里用栈存放标记以处理嵌套的回溯。

对输入进行重新解析，类似于撤销解析器的 `consume()` 操作。但是，如果解析器中添加了功能相关的代码，事情就复杂了。

回溯时执行操作

作为需要完成特定功能的解析器，在解析中可能会执行一些与解析无关的操作，它们往往会带有无法撤销的副作用，比如说"发射导弹"。有三种方法可以解决这种问题，首先可以禁止执行这种操作，其次可以只禁止带副作用的操作，最后就是重复解析成功匹配的选项。本书选用第三种方法。虽说其效率最低，但灵活性最大，因为它完全不限制操作，而这种灵活性比效率更重要。因为这样便于实现语言应用。

在回溯解析器执行时，如果选项成功匹配，那么在推演时已经解析了一次，匹配后还会按正常的过程再解析一次。为了方便执行带副作用的操作，可以根据解析器是否在推演，采用标识位来充当控制相关代码是否执行的"代码开关"：

if （《不是在推演》）｛《自定义的操作》｝

推演过程中，不执行任何操作。一旦解析器匹配成功某个解析选项，就会对其进行再次解析，但是这次会执行相关的操作。

在使用这种"代码开关"时，需要注意一点，就是即使是在推演过程中，仍然需要执行某些代码。如果解析时需要变量名、方法名等信息（见模式七），就必须对其进行记录。这种总是需要执行的代码不要放在"代码开关"里。

好了，先说这么多，下面看回溯解析器的实现过程吧！

实现

本模式的例子继续对前面的列表文法进行扩充，添加类似于 **Python** 的并行赋值语句：[a,b]=[c,d]。如下是扩充后的文法，加入了新的起始规则 `stat`：

```
Download parsing/backtrack/NameListWithParallelAssign.g
stat     : list EOF | assign EOF ;
assign   : list '=' list ;
list     : '[' elements ']' ;        // 匹配方括号里的列表
elements : element (',' element)* ;  // 匹配逗号间的列表
element  : NAME '=' NAME | NAME | list ; // 列表元素要么是NAME，要么是嵌套
                                          列表
```

如果采用模式四来解析上述文法，则遇到 stat 中的并行赋值就会有麻烦。stat 的两个解析选项都会先调用 list，而 list 不限长度。那么，当向前看符号个数固定时，就无法区分 stat 的两个解析选项，因为在做解析决定之前，必须能够解析完整的 list 及其后的符号，其中这个 list 的长度不受限制。采用之前的代码框架，stat 可以转换成如下代码：

Download parsing/backtrack/BacktrackParser.java

```java
/** stat : list EOF | assign EOF ; */
public void stat() throws RecognitionException {
    // 尝试解析选项 1: list EOF
    if ( speculate_stat_alt1() ) {
        list(); match(Lexer.EOF_TYPE);
    }
    // 尝试解析选项 2: assign EOF
    else if ( speculate_stat_alt2() ) {
        assign(); match(Lexer.EOF_TYPE);
    }
    // 肯定出错了，两个都不匹配，下面的LT(1) 表示第一个向前看符号
    else throw new NoViableAltException("expecting stat found "+LT(1));
}
```

辅助推演解析的两个方法如下：

Download parsing/backtrack/BacktrackParser.java

```java
public boolean speculate_stat_alt1() {
    boolean success = true;
    mark(); // 标记当前位置以便放回输入
    try { list(); match(Lexer.EOF_TYPE); }
    catch (RecognitionException e) { success = false; }
    release(); // 不管是否匹配，都要放回输入
    return success;
}

public boolean speculate_stat_alt2() {
    boolean success = true;
    mark(); // 标记当前位置以便放回输入
    try { assign(); match(Lexer.EOF_TYPE); }
    catch (RecognitionException e) { success = false; }
    release(); // 不管是否匹配，都要放回输入
    return success;
}
```

其他规则转换后与模式四中的一样（如果模式四能解析，当然就不用推演和回溯了）。下面只需要编写管理向前看缓冲区的代码即可。

Parser 基类主要字段包括输入流、`mark()` 和 `release()` 所使用的记录栈、向前看缓冲区及当前词法单元的下标。

Download parsing/backtrack/Parser.java
```java
Lexer input;                 // 词法单元的来源
List<Integer> markers;       // 栈，存放用于记录位置的位标（标记）
List<Token> lookahead;       // 大小可变的缓冲区
int p = 0;                    // 当前向前看词法单元的下标
                             // LT(1)会返回lookahead[p]
```

访问和测试词法单元的方法与之前的一样。

Download parsing/backtrack/Parser.java
```java
public Token LT(int i) { sync(i); return lookahead.get(p+i-1); }
public int LA(int i) { return LT(i).type; }
public void match(int x) throws MismatchedTokenException {
    if ( LA(1) == x ) consume();
    else throw new MismatchedTokenException("expecting " +
                    input.getTokenName(x)+" found " +LT(1));
}
```

唯一的区别就在于 `LT()`，它的 `lookahead` 缓冲区是最一般的列表，而不是环形列表（也就是说，计算下标时不用进行模运算）。这意味着下标为 `p+i-1` 的地方总是存放有效的词法单元（第 `i` 个向前看符号）的。这就是函数 `sync()` 的功能，它可以保证当前的向前看缓冲区里从 `p` 到 `p+i-1` 都是有效的词法单元。

Download parsing/backtrack/Parser.java
```java
/**确保当前位置p之前有i个词法单元 */
public void sync(int i) {
    if (p+i-1>(lookahead.size()-1)){        // 词法单元是否越界?
        int n=(p+i-1)-(lookahead.size()-1); // 获取n个词法单元
        fill(n);
    }
}
public void fill(int n) {                   // 加入n个词法单元
    for (int i=1; i<=n; i++) { lookahead.add(input.nextToken()); }
}
```

解析器调用 `consume()` 方法，可以沿着输入流溯流而下，所用的 `consume()` 方法与固定向前看符号个数的解析器所用的方法基本一样，只是输入流读到末尾时会清空缓冲区。

Download parsing/backtrack/Parser.java
```java
public void consume() {
    p++;
    // 非推断状态，而且到达向前看缓冲区的末尾
    if ( p==lookahead.size() && !isSpeculating() ) {
        // 到了末尾，就该重新从0开始填入新的词法单元
        p = 0;
        lookahead.clear(); // 大小清0，但不回收内存
    }
    sync(1); // 取一个新词法单元
}
```

管理位标的两个方法很简单，因为它们只要控制好 markers 栈就好了。

Download parsing/backtrack/Parser.java
```java
public int mark() { markers.add(p); return p; }
public void release() {
    int marker = markers.get(markers.size()-1);
    markers.remove(markers.size()-1);
    seek(marker);
}
public void seek(int index) { p = index; }
public boolean isSpeculating() { return markers.size() > 0; }
```

要想进一步了解回溯解析器，可以查阅《ANTLR 权威指南》（Par07）的第 14 章，里面详细解释了 ANTLR 实现回溯的机制，第 11 章和第 12 章中还有示例，涉及 ANTLR 对回溯机制采用的优化策略。

相关模式

本模式对模式三进行扩展，允许使用任意数量的向前看符号，并提供回溯机制。模式六记录一些中间解析结果，避免此模式中不必要的重复解析。

6　记忆解析器

目的

此模式额外使用少量内存，记录回溯过程中不完整的解析结果，将整个解析过程的时间复杂度降到线性水平。

记忆(memoize，缓存、暂存)是动态规划的一种形式，采用它，第二次遇到同样的输入和规则时，就不用重复解析了。带有记忆机制的递归下降解析器又称 packrat parser（林鼠解析器），是 Bryan Ford 在《Packrat parsing:: simple, powerful, lazy, linear time, functional pearl》（For02）中提出的名字，这个名字比较形象。

讨论

如果不用记忆机制来避免重复解析，回溯解析器的解析速度就会很慢（指数级的时间复杂度），无法实际运用。此模式仅额外使用少量内存，就能将整个解析过程的复杂度降到线性水平，以空间换时间，十分划算。在我的开发经验中，为回溯解析器引入记忆机制以后，解析时间可以从数小时降到数秒。

但是，只有在同一个位置上的输入，多次调用同样的规则进行解析，记忆机制才有用。比如，输入(3+4);，对于下面的规则，回溯解析器会调用expr两次。

```
s    : expr '!'    // 假设回溯解析器先尝试这个选项
     | expr ';'    // 再尝试这个选项
     ;
expr : ... ;       // 匹配形如"(3+4)"的输入
```

尝试规则s中第一个解析选项时，会调用expr，expr能匹配成功，然后发现expr后面是;而不是!，那么第一个解析选项就匹配失败了，s放回输入，尝试第二个。解析器会在输入的同一位置上再次调用 expr 进行解析，这就浪费了计算资源。为了避免重复解析，要让解析器记住，expr 在这个输入位置上曾经匹配成功了。

如果 expr 可以匹配，那么下次只需假装解析（因为知道它能匹配成功）而不用真正地重复解析。为了模仿推演解析过程，可以直接跳到上次 expr 规则解析结束的输入中的位置上，然后直接返回。

出人意料的是，即使 expr 上次匹配失败，这次也不用再次解析。已经知道 expr 无法匹配，因此只需返回即可。解析器会放回输入，直接尝试下一个选项，无须调整输入位置。

为了记录这种不完整的解析结果，每个文法规则都要有自己的记忆映射表，记录词法单元缓冲区的位置下标当前的状态。状态分三种情况：unknown、failed 和 succeeded。unknown 表示这个位置上还没调用过此规则；failed 表示规则曾在这个位置上匹配失败；succeeded 则表示上次匹配成功了。

记忆解析器为什么快？

既然记录了解析的中间结果，就不会在同样规则和同样输入上浪费时间。因此，解析时间只受规则数量和词法单元数量的影响。而文法中的规则数目固定后，能影响解析速度的就只有词法单元数量了。因此记忆解析器的时间复杂度是线性的，虽然有时额外开销比较大。下面再看它的内存占用量，每组规则和输入位置，都能用一个整数来记录其中间解析结果，因此空间使用量也是线性的。在最不理想的情况下，可能要从每个输入位置调用所有规则（每次都要存储一个整数）。实际使用时，记忆解析器的生成器会对其进行大量的优化，尽力赶上向前看符号个数固定解析器的性能。

映射词典中，用负数表示 failed，如果查不到某个输入位置的记录，就默认为 unknown。大于等于 0 的整数表示匹配成功，它记录了解析成功时的下一个词法单元下标（当然，记录的是向前看缓冲区内的相对位置，不是输入流中的绝对位置）。

把模式五中的解析器增强为记忆解析器时，需要给每个规则方法都写一个负责记录的方法，这个方法要么提示无须重复解析，要么记录正常解析所得到的状态值。代码框架如下：

```
/** 将输入流中的位标映射到failed状态或者上一次解析后的下标值。
 *   如果找不到，说明没有在这个位置解析过这个规则。
 */
Map<Integer, Integer> «rule»_memo = new HashMap<Integer, Integer>();

public void «rule»() throws RecognitionException {
    boolean failed = false;
    int startTokenIndex = index();
    if ( isSpeculating() && alreadyParsedRule(«rule»_memo) ) return;
    // 那么之前没有解析过，现在解析
    try { _«rule»(); }
```

```
catch (RecognitionException re) { failed = true; throw re; }
finally {
    // 不管解析是否成功，回溯时都必须记录解析结果
    if (isSpeculating())
        memoize(«rule»_memo, startTokenIndex, failed);
}
}
```

这个记录方法用起来跟原先的规则方法一样，所以不必修改原先调用原始方法的地方，只需把原始的规则方法改名为_«规则名»即可。

实现

为了展示记忆式解析的实现过程，下面为模式五中的 list 方法添加记忆机制。规则 stat 在回溯过程中每次都是一开始就调用 list。

```
stat  : list EOF          // 先尝试这一个
      | list '=' list    // 不成功再试这一个
      ;
```

解析方法_list()跟原先的 list()方法一模一样。

```
// 匹配 '[' elements ']'
public void _list() throws RecognitionException {
    System.out.println("parse list rule at token index: "+index());
    match(BacktrackLexer.LBRACK);
    elements();
    match(BacktrackLexer.RBRACK);
}
```

为记录其解析结果，根据之前的代码框架得到如下方法。

```
/** list : '[' elements ']' ;        // 匹配方括号间的列表 */
public void list() throws RecognitionException {
    boolean failed = false;
    int startTokenIndex = index();  // 获取当前词法单元位置
    if ( isSpeculating() && alreadyParsedRule(list_memo) ) return;
    // 那么之前没有在tokenIndex处解析过，现在解析
    try { _list(); }
    catch (RecognitionException re) { failed = true; throw re; }
    finally {
        // 回溯时，不管解析是否成功，都必须记录解析结果
        if (isSpeculating()) memoize(list_memo, startTokenIndex, failed);
    }
}
```

Parser 类的基础代码还需要进一步增强。首先，需要添加用于表示解析失败的常量。

```
public static final int FAILED = -1; // 表示上一次解析失败
```

然后，需要实现方法 alreadyParsedRule() 和 memoize()。

```
/** 在当前输入位置上解析过这个规则吗？
 *   如果查不到相关的记录，那么没解析过。
 *   如果返回值是FAILED，那么上次解析失败。
 *   如果返回值大于等于0，这是词法单元缓冲区的下标，表示上次解析成功。
 *   方法有副作用：
 *   如果不用重新解析，则它会自动将缓冲区的下标向前移，以避免重新解析。
 */
public boolean alreadyParsedRule(Map<Integer, Integer> memoization)
    throws PreviousParseFailedException
{
    Integer memoI = memoization.get(index());
    if ( memoI==null ) return false;
    int memo = memoI.intValue();
    System.out.println("parsed list before at index "+index()+
                       "; skip ahead to token index "+memo+": "+
                       lookahead.get(memo).text);
    if ( memo==FAILED ) throw new PreviousParseFailedException();
    // 否则跳过去，就好像解析过这个规则一样
    seek(memo);
    return true;
}

/** 回溯时，记录解析的中间结果
 *   如果解析失败，则要记录下来
 *   如果解析成功，则下次在这对同一个规则进行解析时可以跳过，
 *   要记录该跳到哪里。
 */
public void memoize(Map<Integer, Integer> memoization,
                   int startTokenIndex, boolean failed)
{
    // 如果成功，就记录规则末尾的词法单元的下一个位置
    int stopTokenIndex = failed ? FAILED : index();
    memoization.put(startTokenIndex, stopTokenIndex);
}

public int index() { return p; } // 返回当前输入流的位置
```

最后，还有一个细节：在不推演时，consume() 方法会将向前看缓冲区下标 p 重置为 0，清空缓冲区。那么记忆机制的词典里记录的东西就无效了。但实际上这时并不需要那些信息，因为如果解析器不推演，则说明它已经进入某个解析选项了。

所以之前输入位置等信息就没有用了。此方法的关键部分如下：

Download parsing/memoize/Parser.java

```
// 该从下标0开始填充缓冲区
p = 0;
lookahead.clear(); // 大小清0，但不需要释放内存
clearMemo();        // 清除相关记录
```

下面来测试一下，是否真的能避免重复解析。

Download parsing/memoize/Test.java

```
BacktrackLexer lexer = new BacktrackLexer(args[0]); // 对输入参数进行解析
BacktrackParser parser = new BacktrackParser(lexer);
parser.stat(); // 从stat规则开始解析
```

这是输入[a,b]=[c,d]所得到的测试结果：

```
$ java Test '[a,b]=[c,d]'
attempt alternative 1
parse list rule at token index: 0
attempt alternative 2
parsed list before at index 0; skip ahead to token index 5: =
parse list rule at token index: 6
predict alternative 2
parse list rule at token index: 0
parse list rule at token index: 6
$
```

下面对上面的结果进行分析。stat 规则先尝试第一个解析选项（只有 list 和 EOF），调用带有记忆机制的 list()，list()再调用_list()，然后在下标 0 处成功解析并记录。但第一个解析选项失败了，因为 list 的后面是=，而不是 EOF。

然后 stat 规则尝试第二个解析选项，也是先调用 list()（规则 assign 中的），字典里关于下标 0 的结果是 5，说明解析器记得曾在下标 0 处解析过 list，而且它还知道上次一直解析到下标5之前的地方。这时 list()就不再解析了，而是直接向前跳。之后解析器匹配了=（下标为 5 的地方）和另一个 list（下标为 6），就推演完了第二个解析选项。这时，解析器已经能确定 stat 规则的第二个解析选项可以解析成功了。

推演完之后，解析器知道第二个解析选项能匹配成功，放回输入，然后对这个解析选项进行正常的匹配（记住，为了正常执行解析器中嵌入的操作，回溯接触器会对解析选项进行重新匹配）。

上面输出结果最后两行的 parse list rule…表示解析器正在匹配赋值符号左右的两个 list。

那么，分析这些输出能发现，为解析器增加记忆机制后确实能避免重复的计算。

相关模式

本模式对模式五进行效率上的优化。

| | 7 | 谓词解析器 |

目的

此模式采用任意的布尔表达式来辅助作出解析决定，增强所有的自顶向下解析器。

这种布尔表达式称为谓词，能描述语义，确定何时可用某些解析选项。谓词描述的内容不成立时，就封死某些解析路径（就是连成一串的解析选项）。从文法的角度来看，谓词不成立时，就把一些解析选项"隐藏"起来。

讨论

有时仅凭语法，解析器还无法作出解析决定，也就是说，在必须依赖运行时的信息才能区分不同解析选项的情况下，就需要谓词了。最常见的例子就是，解析的整个过程中都会用到符号表信息（见第 6 章）。从 3.3 节了解到，C++中的表达式 T(6) 的解析跟 T 的类型有关，因为 T 可能是函数或者类，所以 T(6) 既可能是函数调用语句又可能是类型转换语句。

在编写能解析不同版本的同种语言的解析器时，也能用得上谓词。比如，GCC 中的 C 编译器就是在 C 的基础上进行了一些扩展而得到的。为了支持枚举类型，Java 5.0 中也引入了关键词 enum。为了只用一个解析器来处理语言的不同版本，可以先为特性最齐全的那个版本编写解析器，然后以此为核心，用谓词解析技术关掉不同的版本所没有的特性。

　　谓词解析器的解析决策跟模式一中的框架大体一致，区别在于这里不光判断向前看符号，还引入了对布尔表达式的判断。代码的基本框架如下：

```
public void «规则名»() throws RecognitionException {
    if ( «用向前看符号测试alt1» && «谓词1» ) {          // 尝试 alt 1
        «匹配alt1 »
    }
    else if ( «用向前看符号测试alt2» && «谓词2» ) {  // 尝试 alt 2
        «匹配alt2 »
    }
    ...
    else if ( «用向前看符号测试altN» && «谓词N» ) {  // 尝试 alt N
        «匹配altN »
    }
    // 选项都不匹配，肯定出错了
    else throw new NoViableException("expecting «rule»")
}
```

　　对于(...)*和(...)+这样的文法子规则，带谓词判断的代码框架如下：

```
while ( «对循环的alts进行向前看符号判断» && «谓词判断» ) {
    «子规则的代码，用以匹配alts»
}
```

　　为了展示语义谓词解决解析难题的能力，下面还是拿 C++ 来举例。

实现

　　C++ 定义变量时可以添加多个类型修饰符，如下：

```
volatile unsigned long int x; // x拥有多个类型修饰符
```

　　在 const T y; 中，也能把类名当做修饰符。为了将这个问题说清楚，先构建处理变量定义的 C++ 文法。为了匹配 ID 前的类型描述符，通常使用循环来识别多个 qualifier 和 types（即修饰符）：

```
declaration  : (qualifier|type)+ ID ';' ; // 比如 "const int x;"
qualifier    : 'const' | 'volatile';
type         : 'int' | 'unsigned' | 'long'| ID ;
```

　　但是，declaration 中的循环遇到 ID 时，就会出问题。因为它不知道是在循环里立刻匹配，还是终止循环，在外面匹配 ID。若在循环中，ID 就是类型名；若在循环外，ID 就是变量名。

比如，遇到const T y;中的 T 时，循环不知道 T 到底是类型名还是变量名。那么循环中肯定会先匹配它：

```
while ( LA(1)==CONST || LA(1)==VOLATILE || LA(1)==INT ||
        LA(1)==UNSIGNED || LA(1)==LONG || LA(1)==ID ) {
    // 匹配限定词(qualifier)或类型
}
```

正确的解决方案是只有在 ID 是类型名的时候才将其当做类型，在 type 循环中匹配它。使用 ANTLR 文法，可以在 ID 前添加谓词，确保当前的向前看词法单元是类型名，如下：

```
type: 'int' | 'unsigned' | 'long'
    | {isTypeName(LT(1).getText())}? ID // 类型名
    ;
```

假设其中的 isTypeName() 方法能够根据向前看词法单元的文本内容，在类型定义表中查询相关信息（LT(1)是当前的向前看词法单元）。如果进行调整，那么要在 declaration 的(...)+循环中添加谓词判断：

```
while ( LA(1)==CONST || LA(1)==VOLATILE || LA(1)==INT ||
        LA(1)==UNSIGNED || LA(1)==LONG ||
        (LA(1)==ID&&isTypeName(LT(1).getText())) ) {
    // 匹配限定词(qualifier)或类型
}
```

这样，只有当 ID 是类型名时，解析器才会将其匹配为类型的限定词。从这个例子可以学到一点重要的经验，就是有时需要加入描述运行时信息的谓词，来指导解析过程。这个例子就必须根据上下文信息（比如，T 是否是类型名）来解析变量的声明语句。

接下来

前两章讲述了如何构造识别器，下面开始全书的第 2 部分。第 2 部分将讲解如何根据输入构造内部数据结构，遍历内部数据结构，以及分析语句，并验证其是否正确。

第 2 部分

分 析 语 言

Analyzing Languages

第 4 章

构建树形中间表示
Building Intermediate Form Trees

为了解释执行或者翻译输入的语句，必须彻底理解它。也就是说，要验证其是否合乎语法，并且有意义。第 1 部分主要是对输入的语法进行检查。这一部分将要讲述一些分析输入语句的模式。

只有最简单的语言应用，才能在读取输入内容之后，直接生成输出。这种应用称为语法导向的应用，因为它们只要（根据语法）识别出某种语言结构，就立刻产生输出。比如，如果要把 wiki 标记语言转换成 HTML 格式，就可以逐字翻译。语法导向应用的主要特征就是只用一次扫描，就把输入中的式子都翻译完。

但是，其余的大多数语言应用都需要构建 IR。而应用的读取器就是要把输入流中有用的元素填到 IR 数据结构中。有些语言应用唯一的任务就是构建 IR，比如配置文件读取器。但是在通常的语言应用中，读取器的工作仅仅是一系列流水线分支中的第一步。也正因为如此，IR 中的 I 代表的是中间（intermediate），而不是内部（internal）。

应用的需求决定 IR 的性质。比如，如果要统计文档中出现的单词，就可以用集合来存放单词，而不用排序。但是，如果要关注单词出现先后顺序，就得用有序的列表而不是集合。

通常情况下，要想让计算机明白一条稍微复杂点的语句，就得把它分解成很多操作和操作对象。因为计算机只会处理这样的问题。

识别出输入词法单元中的操作符和操作对象之后，还需要构建 IR 数据结构。大多数语言应用中的 IR 都采用树形数据结构，具体说来，都是 AST。AST 不但存储输入流中的关键词法单元，还会记录解析过程中找到的文法关系。在翻译器或者解释器的设计中，AST 非常重要，因此会用整整一章来讲述它。

语言应用中，AST 通常是流水线中不同阶段之间交流信息的途径。每个阶段都会进行计算，对树进行改写，或者创建新的数据结构，然后把 AST 传给下一个阶段。每个阶段在处理的时候，都必须对树进行遍历，遇到特定的子树结构就执行预先设置的操作。第 5 章展示手工编写树结构的匹配代码其实很麻烦，但是好在这个过程也能用工具自动完成，比如，生成匹配树的代码，正如前面解析语句一样。

不过，开始学习树的遍历和匹配之前，还要尽力多学点 AST 的东西。本章将讨论如下问题。

- 最初到底为什么想要构建 AST？

- 该怎么组织 AST 的结构，为什么？

- 怎么用面向对象的语言实现 AST？

- 怎么借助目标语言的静态类型系统来保证 AST 的结构无误？

- 怎样用 ANTLR 的 AST 操作符和重写规则构建 AST？

通过导言部分的讨论，可以先了解这 4 种常用的 IR 树模式，然后严格定义它们。

- 模式八，解析树（或分析树）。解析树记录了解析器识别输入语句的过程。内节点是规则名，叶节点是词法单元。不过对于大多数语言应用来说，解析树不如 AST 合适，但其优势在于解析器能很容易自动生成解析树。

- 模式九，同型 AST。对于树，最重要的就是它的形状，而不是树节点的数据类型。

> **用树表示嵌套结构**
>
> 　　数据结构中的树其实是节点集合，只不过这些节点之间具有层次关系。每个节点都有一个父节点和一个有序列表，列表中记录了零个或多个子节点。子节点可以单纯是一个节点，也可以是一棵完整的子树。研究计算机科学时，树常常画成根上叶下的样子。根节点就好比磁盘文件系统上的根目录，子节点就好比文件或子目录。

　　除非是要手工编写很多代码，否则少数几种甚至一种节点类型就足够了。如果树上的节点类型都一样，就称之为同型树。由于节点类型相同，就不存在引用子树的特殊字段。每个节点都用指针的列表来记录子节点。

- 模式十，规范化异型 AST。拥有多个节点类型的树称为异型树。规范化的异型树采用类似于同型树的规范化子节点列表。

- 模式十一，不规则的异型 AST。对于异型 AST，节点的子女通常是不规则的（即类型可能不同）。记录子节点时，父节点用的不是规范化的子节点列表，而是为每个子节点添加不同名的字段。

4.1　为什么要构建树
Why We Build Trees

　　正如在第 2 章里看到的那样，识别输入语句就是要找到其中的关键元素。比如，要想理解"小琳跑到公园"，就得知道"小琳"是主语，"跑到"是谓语，而"公园"是状语。当然，计算机语言的识别不仅仅是分解一句话，还要考虑元素出现的顺序。比如，在现代汉语的句子里，谓语常常放在主语和状语之间。如果说"小琳公园跑到"，听起来就有问题。[1]

---

1 当然，一般人还是能理解这句话的。

识别语句的时候，除了元素顺序，还要考虑其他问题。在许多语言中，都有子句和嵌套结构，比如有些面向对象语言中，类的定义也可以层层嵌套。内部类其实就是在外部类的定义中嵌入了另一个类的定义。那么这个 IR 不仅要记录重要的元素，还要记录它们间的关系。事实证明，如果要表示顺序和嵌套，树就是最合适的数据结构。这里将深入分析两种树：解析树和抽象语法树。

第 2 章已经对解析树（有时称语法树）有所介绍，那么先来分析它吧。解析树记录了解析器调用规则的次序及匹配的词法单元，其内节点是规则，叶节点是匹配的词法单元。

虽然解析器一般不会显式地创建解析树，但是根据解析时对递归下降规则方法的调用次序，就能够描绘出解析树。构建解析树的策略既简单又规范，因此解析器可以在内存中自动构建出来。解析树就好比解析器的执行轨迹，具体见模式八。

对于赋值语句 x=0;，解析器会创建如图 4.1 所示的解析树。这棵树中既包含赋值语句中的词法单元，又包含各符号之间的关系。这些足以把输入的词法单元流解释为一条赋值语句。内节点负责组织自己的子节点，并确定各节点的作用。

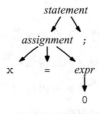

图 4.1 赋值语句 x=0;的解析树

解析树很容易看懂，而且能展示解析器对输入句子进行解释的过程。但是仅仅记录下解析过程还不是最合适的 IR。虽然确实需要知道各种子结构，但其实并不需要它们的名称。而且，出人意料的是，记录规则的内部节点其实没什么用。4.2 节将介绍只含词法单元的树。

4.2　构建抽象语法树
Building Abstract Syntax Trees

可以用解析器简单生成的解析树当做 IR，但这之前还应该好好想想，IR 中一般都会放些什么。如果考虑清楚了，那么最终所得到的就是抽象语法树（AST）。

为了得到 AST 的设计结构，首先提出几条设计理念。理想的 IR 树应该有如下性质：

- 紧凑：不含无用的节点。

- 易用：很容易遍历。

- 显意：突出操作符、操作对象，以及它们相互间的关系，不拘泥于文法中的东西。

前两点的意思是，要便于识别树中的模式。使用 IR 树的语言应用常需要多次遍历这些树，才能分析清楚里面的东西，以构建其他数据结构。因此希望 IR 的结构简之又简。

最后一点是，文法中的变更（最起码那些与语法无关的变更）不能影响树的结构。在开发和维护过程中，文法可能会有所变动。谁也不希望仅仅是某个规则名变化了，原先语言应用中其他的组件就不能正常运行了。

好了，来看看，如果使用这几条，赋值语句 x=0;的树形结构是什么样的。首先把图 4.1 中可有可无的节点去掉，去掉节点;，因为分号无任何意义，只是为了便于解析器（还有程序员）划分程序的语句。

信不信由你，其实连规则节点都可以去掉。因为只要知道给解析器输入的是一个 statement，其实这个根节点就没用了。还有 assignment 呢？当然也可以去掉，因为真正需要记住的是语句的类型，而不是它的文法名。

而实际上，光凭操作符=就知道这是赋值语句了。前面说过，计算机只关注操作符和操作对象。

将输入内容压缩成它最本质的东西，就将其与原始的语法剥离开来，这个过程是解耦。比如，赋值语句的语法变为一个赋值操作符和两个操作对象。这个解耦过程做了两件事：第一，使输入内容更类似于 CPU 的运算模型，只关心操作符与操作对象；第二，不同语言可采用同种 IR。编译器的作者常常将自己的语言翻译为现有的 IR，以便利用现成的优化器和代码生成器。

现在，原先的解析树只剩下三个节点：x、=和 0，接下来还要确定它们之间的关系。可以肯定一点：不管怎么变，还是得采用二维的树结构。一维的树其实就是链表，但这充其量只是再现输入内容，因为它丢失了解析器分析得到的有关语句结构的信息。

AST 结构蕴涵的关键思想就是：表示操作符或运算符的这类节点映射为子树的根节点，其他所有节点都映射为上一类节点的子节点。最后，得到了 x=0; 的 AST，如下：

来检查这个 AST，看它能否契合之前的设计理念。首先，树中没有无用的节点，这已经是最简单的形式。其次，由于比之前的解析树少了很多表示规则的节点（内节点），所以遍历起来会更快。识别子树也很容易，因为仅依据根节点就能判断这是子树类型，上例中，子树能执行赋值操作。最后，这棵 AST 能抽象地表示赋值操作。不管编程语言中的赋值语句是什么样的，都能把它转换成这样的 AST。

那么，有了这样的基础，再来考虑对于更复杂的树，如何确定子树间的关系。

AST 如何记录操作的优先级

赋值语句 x=0; 中只含一个操作，那么对应的 AST 也只有一棵子树。而 x=1+2; 虽然也是赋值语句，却含两个操作：一个赋值，一个加法运算。因此其 AST 中该有两棵子树，每棵子树对应一个操作，但它俩如何组合呢？

组合的方式取决于先执行哪一个操作。从语义上看，赋值操作要求先求出右边表达式的值，再赋值。为了表示"x 发生在 y 之前"，可以把 x 放得比 y 低些。本例中，加法运算的子树放在赋值操作子树的子节点位置上。

执行赋值时，先取右子节点的值。这就确定了=和+的优先级（+的优先级更高）。

同一个表达式里的操作都遵循同样的规则。AST 中，操作符的优先级越高，位置就越低。比如在 3+4*5 中，*的优先级高于+，那么*子树就是+节点的子节点。如果添上括号，两个符号的优先级就颠倒过来，如(3+4)*5，+子树就成了*节点的子节点。下面是两种 AST 表示法：

3+4*5 的 AST　　　**(3+4)*5 的 AST**

文本形式的树

为了后面几章的行文方便，下面将采用文本形式简练地表示树的结构。为了制定合适的记法，可以把这些树看成是嵌套的函数调用：

```
add(3, mul(4,5)); // 3+4*5
mul(add(3,4), 5); // (3+4)*5
```

如果把(移到函数的左边，并用相对应的操作符词法单元来替换函数名，就得到了如下 LISP 风格的记法：

```
(+ 3 (* 4 5)) // 3+4*5
(* (+ 3 4) 5) // (3+4)*5
```

(a b c)表示 a 是根节点，b 和 c 是 a 的子节点。

前面已经介绍了如何处理含有操作符词法单元的语言结构。下面为没有操作或运算的语句创建 AST，比如变量声明。

在 AST 中使用伪操作

不是所有的编程语句都能直接映射为可执行代码。有些语言甚至不含任何可执行的语句。比如，制图语言 DOT[2]就是纯粹的声明式语言。使用它时，先定义节点，再说明节点间的关系，最后由 DOT 负责绘制图表。

为了表示这种语言的结构，必须定义一些伪操作。比如，下面是 DOT 中定义 car 节点的代码：

```
node "car" [shape=ellipse, fontsize=14]
```

由于这条声明语句中不含任何可执行的操作，所以只好把 node 当成能"定义节点"的操作符。后面的属性赋值语句都是 node 的操作对象。也就是说，每个属性赋值语句都是 node 节点的子树：

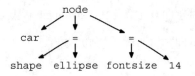

有时找不到适合用做根节点的词法单元，还可以定义"虚"词法单元（因为这种词法单元不是从输入中解析出来的）。比如，在类 C 的语言中，变量的声明就需要虚词法单元。当然，虚词法单元用什么名字都行，但使用类似于 VARDECL 这样的能表明意义的比较好。变量声明 int i;的 AST 的根节点就是 VARDECL，int 和 i 都是其子节点。类似地，函数、类和形式参数的声明都需要虚节点。

好了，现在树的样子已经确定了，语言结构到 AST 上的映射也清楚了，下面再考虑该如何在内存中表示 AST，接着就能使用 ANTLR 文法来构建 AST 了。

---

2 http://www.graphviz.org。

用 Java 实现 AST

之前所有的讨论都未涉及数据类型或者 AST 节点的类型。那是因为，严格来说，一种类型就够了，也就是带有子节点列表的通用树节点。既然关心的是树的结构（节点间的关系），那就不必考虑节点的实现类型。只用下面一种类，就足够表示树中的所有节点：

```
public class AST {
    Token token;              // 节点源自于哪个词法单元?
    List<AST> children;    // 操作对象
    public AST(Token token) { this.token = token; }
    public void addChild(AST t) {
        if ( children==null ) children = new ArrayList<AST>();
        children.add(t);
    }
}
```

由单一类型节点组成的树称为同型树，见模式九。你可能会想，如果只用一种数据类型，如何区分加法语句和赋值语句的节点呢？答案是用节点的词法单元类型，对于节点 t，就是 t.token.getType()。上面看到，每个节点都会记录它的原始词法单元。

因为只有一种类型，所以可以用 List<AST>定义规范子节点列表。重申一下，谁也不关心子节点的类型，因为只要能区分它们是叶节点还是子树就够了，甚至都不用给字段起名。对于+节点，其第一个子节点 children[0][3]就是左操作数，而第二个子节点 children[1]就是右操作数。

将节点的子节点进行规范化之后，就很容易构建和遍历树了。本章后面会展示 ANTLR 构建树的能力。不过，树的子节点必须是规范化的。在第 5 章里会看到，对于带了不规范子节点列表的树，很难为其生成访问者。不过，即使使用了规范子节点列表，也并不意味着无法采用不同的子节点类型。

---

3 简洁起见，书里使用了 children[i]，而不是 children.get(i)。

在第8章中会讨论如何为树加注一些信息（即注释）。比如，对于表达式树，可以添加返回值类型（比如 3+4.0 的返回值是 float 型）。如果用的是同型树，为某个节点添加了 evalType 字段之后，所有的节点（包括不是表达式的节点）都必须有这个字段。这样下去，所有节点所需的字段都会出现在 AST 的类定义中。这一方面浪费内存，另一方面又难以分清哪个字段属于哪个节点。

为了弥补同型树的缺点，下面介绍异型树，它可以构建不同类型的节点。模式十中会进一步探讨带有规范化子节点列表的异型树。其核心思想就是以同型 AST 类为基类。

```
public class ExprNode extends AST { DataType evalType; ... }
public class AddNode extends ExprNode { ... }
public class MultNode extends ExprNode { ... }
public class IntNode extends ExprNode { ... }
...
```

对于采用规范子节点的异型树，缺点之一就是必须根据下标来寻找子节点，而不是根据名称寻找。比如前面赋值语句节点的子节点，可以用 children[0] 和 children[1]，而无法用类似于 left 和 right 的名称。很多情况下，使用有名字的字段可以提高代码的可读性。模式十一里会继续探索这种树的细节。在这里，先看看用不规则子节点实现的 ExprNode 和 AddNode：

```
public abstract class AST {
    Token token;
    // 去掉了规范化的子节点列表；由子类定义各自的字段
}
public abstract class ExprNode extends AST { ... }
public class AddNode extends AST {
    ExprNode left, right;          // 不规则的有名字段
    《AddNode的专有代码》
}
```

下面会看到，使用异型节点类型，还能在一定程度上巩固树的结构。

借助类型系统巩固树的结构

编写软件的时候，谁都可能出错。所以，应该调整写代码的方式，尽量让编译器来检查代码中是否含有逻辑错误。也就是说，有些地方没弄对的时候就通不过编译。

根据这种想法，为了保证 AST 的结构正确，可以借助语言的静态类型系统来强化 AST 的结构。比如，异型节点 AddNode 的构造方法中就只接受两个 ExprNode 参数：

```
public AddNode(ExprNode left, ExprNode right) {...}
```

这个构造方法通过参数类型提出了限制，加法只能用在表达式上。所以不能把声明等语句当做加法的操作对象：

```
// 类的构造方法采用类型系统来巩固树的结构
// 编译错误：PrintNode is not an ExprNode
a = new AddNode(new IntNode(1), new PrintNode(...));
```

这种方法可以在一定程度上强化树的结构，但有些地方还照顾不到，比如，VectorNode。为了不限制 vector 中元素的个数，构造函数中会传入列表：

```
public VectorNode(List<ExprNode> elements) {
    for (ExprNode node : elements) { addChild(node); }
}
```

不幸的是，这个构造方法没法保证结构无误。因为文法要求 vector 至少有一个元素，但这儿还是可以传入空列表。这是常见编程语言类型系统的限制，没法描述元素的数量（或者集合的势）。

如果使用靠语言的类型系统来表示树的结构，为了确定顺序和子节点的数量，就只能对方法进行检查，看它们是如何使用这些子节点的。因此就不对合法的树形数据结构和组织进行显式地描述了。

更糟糕的是，节点功能的实现方法可能会分散在若干个节点的类文件里。树形数据和组织方式也无法封装在一个描述文件里。在第 5 章中会看到，只用一个树文法文件就能对合法结构的集合进行简洁的形式化描述。还要注意，对于 Ruby 或 Python 等动态类型语言，根本无法使用类型系统来限制树的结构，因为它们没有静态类型系统。

要创建 AST 并验证其结构，最好的方法是使用形式化方法。在 4.4 节中可以看到，如何根据树的文法来显式地创建树。然后在第 5 章里，可以学到如何利用树的文法来验证树的结构并进行模式匹配。但是，在这之前还需要先稍微了解 ANTLR，以便在继续讨论时能解释清楚。

4.3 简要介绍 ANTLR
Quick Introduction to ANTLR

知道该如何手工编写词法解析器和语法解析器之后，就可以使用解析器生成器来提高编码效率了。本节介绍如何使用 ANTLR[4]和文法 DSL（如果已经熟悉此部分内容，可以跳过）。下面将使用 ANTLR 处理一个简单文法，以便熟悉 ANTLR 的工作过程，然后用测试代码验证所生成的词法解析器和语法解析器。

先为简单的制图语言制定一套文法，此语言中只有一个画线命令。下面的代码用它画边长为 10 的正方形：

Download parsing/antlr/box
```
line from 0,0 to 0,10
line from 0,10 to 10,10
line from 10,10 to 10,0
line from 10,0 to 0,0
```

这种语言其实就是由一系列的 line 命令组成的：

Download parsing/antlr/Graphics.g
```
grammar Graphics;

file : command+ ; // 文件包含许多命令

command : 'line' 'from' point 'to' point ;

point : INT ',' INT ; // 比如"0,10"
```

规则有三个：file、command 和 point。单引号括起来的字符串表示语言关键字的词法单元，INT 就是整数词法单元。下面是词法规则（没有用于匹配关键字的规则）：

Download parsing/antlr/Graphics.g
```
INT : '0'..'9'+ ; // 匹配一个或多个数字的词法规则

/** 跳过空白符 */
WS:('' |'\t' |'\r' |'\n'){skip();};
```

为了让解析器忽略空白符，ws 规则会立刻丢弃所遇到的空白符。这样，解析器就不用处理规则元素之间的空白符了。

---

4 http://www.antlr.org。

使用 ANTLR 处理此文法，就能得到词法解析器类和语法解析器类：
GraphicsLexer 和 GraphicsParser。首先要确保 CLASSPATH 环境变量中包含了
antlr-3.2.jar 文件的路径，然后执行命令：

```
$ java org.antlr.Tool Graphics.g
$ ls
Graphics.g          GraphicsLexer.java       box
Graphics.tokens     GraphicsParser.java
$
```

如果想手动指定 JAR 文件的位置，则可在调用 java 时加上 -cp 选项。假设
代码位于 code/parsing/antlr 目录下：

```
$ java -cp ../../antlr-3.2.jar org.antlr.Tool Graphics.g
```

tokens 文件中含有词法单元的类型列表（这里暂时先不看它）。如果看了
ANTLR 生成的语法解析器，则会发现类中的方法使用的是模式一。比如，规
则 point 对应方法的主要部分如下：

Download parsing/antlr/GraphicsParser.java
```
// Graphics.g:8:9: INT ',' INT
match(input,INT,FOLLOW_INT_in_point39);
match(input,9,FOLLOW_9_in_point41);
match(input,INT,FOLLOW_INT_in_point43);
```

FOLLOW_INT_in_point39 是辅助解析器在出现语法错误后进行自动同步的
词法单元。

测试解析器时，可以使用下面的 main 方法：

Download parsing/antlr/Test.java
```
public static void main(String[] args) throws Exception {
    CharStream input = null;
    // 选择一个输入流（命令行或者 stdin 输入的文件名）
    if ( args.length>0 ) input = new ANTLRFileStream(args[0]);
    else input = new ANTLRInputStream(System.in);
    // 创建词法解析器
    GraphicsLexer lex = new GraphicsLexer(input);
    // 在词法解析器和语法解析器之间创建词法单元缓冲区
    CommonTokenStream tokens = new CommonTokenStream(lex);
    // 在词法单元缓冲区之上创建解析器
    GraphicsParser p = new GraphicsParser(tokens);
    p.file(); // 使用规则文件启动解析器
}
```

因为还没有在文法中插入生成输出的动作，因此这段代码运行后似乎没有
任何结果。但如果输入不符合文法，就会报语法错误：

```
$ javac *.java      # 或者 javac -cp ../../antlr-3.2.jar *.java
$ java Test box     # 或者 java -cp .:../../antlr-3.2.jar Test box
$ java Test
line to 2,3
line 1:5 mismatched input 'to' expecting 'from'
$
```

使用解析器生成工具的 DSL 描述文法可以节省很多时间。只需人工写 15 行文法，ANTLR 就能生成 500 多行 Java 代码。想进一步了解 ANTLR，可以访问网站或者购买《ANTLR 权威指南》（Par07）。下一节中会看到，无须借助通用编程语言，就能使用 ANTLR 构建 AST。

4.4 使用 ANTLR 文法构建 AST
Constructing ASTs with ANTLR Grammars

为了展示 ANTLR 构建 AST 的机制，首先为一个简单的向量数学语言构建 AST，这个向量数学语言能做加法、乘法和点积。

制定文法之前，先看这个语言的例句。下面列出几条向量数学语言中的合法语句：

```
x = 1+2
y = 1*2+3
z = [1, 2] + [3, 4]
a = [1, 2] . [3, 4]
b = 3 * [1, 2]
print x+2
```

粗看起来，它们很像赋值语句或输出语句。可以使用下面的文法来表示其语法结构：

Download IR/Vec/VecMath.g
```
statlist : stat+ ;         // 匹配乘法语句
stat: ID '=' expr          // 匹配类似"x=3+4"这样的赋值语句
    | 'print' expr         // 匹配类似"print 4"这样的输出语句
    ;
```

这些语句里，看到了几种数学操作符（比如+、*和.）和操作对象（整数、标识符和向量）。

文法表示如下：

```
expr: multExpr ('+' multExpr)* ;          // 比如 "3*4+9"
multExpr: primary (('*'|'.') primary)* ;   // 比如 "3*4"
primary
  : INT                                    // 整数
  | ID                                     // 变量名
  | '[' expr (',' expr)* ']'               // 矢量
  ;
```

构建 AST 时有两种选择。一种选择是在文法中添加语义动作，手工构建 AST；另一种选择是使用 ANTLR 来完成（ANTLR 提供了构建 AST 的操作符和推导规则）。

手工构建树也不难，但是会很烦琐。可以体会一下，下面是手工构建树所编写的带语义动作的规则（圆括号中的代码）：

```
expr returns [AST tr] // 表示规则expr能返回AST子树
  :  a=multExpr {$tr = $a.tr;}
     ( '+' b=multExpr {$tr = new AddNode($tr, $b.tr);} )*

  ;
primary returns [AST tr]
  : INT {$tr = new IntNode($INT.text);}
  ...
```

构建 AST 是一项重要的任务，ANTLR 内置了一些辅助构建 AST 的功能。只要将 output 设置为 AST，ANTLR 就会给每个规则方法都增加返回值 tree（就像手工编写的一样）。起始规则会返回整个树的根节点。ANTLR 可以插入代码，为每个输入词法单元生成 AST 节点（CommonTree 类型）。

相反，如果没特别指定，则 ANTLR 会生成一个链表型的树。先看设置了 output 的文法文件，其开头如下（里面还定义了后面会用到的虚词法单元）：

```
grammar VecMathAST;
options {output=AST;} // 创建AST
tokens {VEC;} // 为向量表示定义虚词法单元
```

下面的规则采用了 ANTLR 的 AST 改写规则，可以描述树的结构。

```
Download IR/Vec/VecMathAST.g
statlist : stat+ ;                               // 构建stat树的列表
stat: ID '=' expr -> ^('=' ID expr)              // '=' 是根节点
    | 'print' expr -> ^('print' expr)            // 'print' 是根结点
    ;
```

为了避免与文法子规则混淆，重写规则表示树的模式时使用的是^(...)而不是(...)。赋值语句的子树跟之前用过的一样，都用=操作符作为根节点。

ANTLR 的 AST 构建机制不仅简洁、表达能力强，而且还有另外一个优点：与语言无关。ANTLR 的代码生成器能生成多种语言的代码，其中只有手工添加的代码跟语言相关。

有时，这种重写规则很不方便，特别是在处理表达式的时候。因此可以用后缀操作符^直接指定操作符词法单元，其他的词法单元就默认是操作对象了，这样更方便。下面是采用 AST 构建操作符的表达式规则（除了识别向量的那个解析选项，那是重写规则）：

```
Download IR/Vec/VecMathAST.g
expr: multExpr ('+'^ multExpr)* ;                 // '+' 是根节点
multExpr: primary (('*'^|'.'^) primary)* ;        // '*', '.' 是根节点
primary
    :  INT    // 自动根据INT的字符串创建AST节点
    |  ID     // 自动根据ID的字符串创建AST节点
    |  '[' expr (',' expr)* ']' -> ^(VEC expr+)
    ;
```

规则中^(VEC expr+)的意思很清楚，就是要以虚拟节点 VEC 为根、以向量的元素为子节点，创建子树。ANTLR 会自动暂存所有 expr 返回的树，因为规则中 expr+（就是->右边的）的意思是"把所有 expr 返回的东西都放在这里"。若要深入了解 AST 的构建方式，请看《ANTLR 权威指南》（Par07）中的第 7 章，或者 ANTLR 构建树的文档。[5]

默认情况下，ANTLR 会构建 CommonTree 类型的同型树，但如果需要，也能轻松用它构建异型树。

---

5 http://www.antlr.org/wiki/display/ANTLR3/Tree+construction。

在词法单元后面可以指定节点类的全称。比如，下面的 primary 规则中就含有节点类型：

```
primary
    :   INT<IntNode>      // 自动根据INT的字符串创建AST节点
    |   ID<VarNode>       // 自动根据ID的字符串创建AST节点
    |   '[' expr (',' expr)* ']' -> ^(VEC<VectorNode> expr+)
    ;
```

对于 INT<IntNode>，**ANTLR** 会将其转换为对应的代码 new IntNode(«INT 词法单元»);。而如果不指定异型树节点的具体类型，它就会生成 adaptor.create(«INT 词法单元»);。adaptor 是 TreeAdaptor 接口的实例，这个接口的功能有点类似工厂模式，能将词法单元转换为 AST 节点。

AST 构建操作符 ^(VEC expr+) 能构建表示向量的子树，也是一种树模式。实际上，这里采用的就是文法到树文法的改写规则，将词法单元流转化为带有二维结构的 AST。关键是，这里只需要声明 AST 的样子，而不用手工去构建；这类似前面只写描述语法的文法，而不用手工构建解析器。第 5 章会涉及更多相关内容。

在本讨论部分中，介绍了两种组织 **IR** 的方法（解析树和 **AST**），以及三种实现 **AST** 的方法。每一种都应用于不同的环境。下面列出它们的优点和缺点。

- 模式八，解析树。优点：无须额外的人工参与，解析器生成器就能自动构建解析树。缺点：解析树中含有很多无用信息，而且发生语法无关的文法修改时，解析树的结构也会受到影响。如果解析器生成工具要生成异型树，可能需要定义上百个类。

- 模式九，同型 AST。优点：同型树很简单。缺点：注释 AST 时很不方便，因为一个节点类里必须包含所有可能需要的字段，而且也无法为某一个节点单独添加特有的方法。

- 模式十，规范化异型 AST。优点：很容易针对某种操作符或操作对象添加特定的字段和方法。缺点：由于像 Java 之类的语言文法复杂，如果对它们完全采用异型 AST，则可能要定义 200 多个类。文件太多会导致读、写都很麻烦。

- 模式十一，不规则异型 AST。优点： 很容易针对某种操作符或操作
  对象添加特定的字段和方法。而且子节点有自己的名字，不必用
  `children[0]`之类的名字，因此编写的方法更清晰、容易阅读。对于
  节点较少的异型树，很容易编写它们的遍历方法。缺点：和模式十一
  样，需要读取很多的 AST 类，由于含有不规则的子节点，所以构建外
  部访问者时也会遇到麻烦。大多数情况下，都会使用模式十二为树手
  工构建遍历器。

如果不知道该用哪种模式，就用模式十，这个没有风险。但我更倾向于使
用模式九，因为我关心的是树的结构，而不是节点类型。不过在需要对树中的
节点添加注解时，我会另加一些节点类型，也就形成了异型树。

现在对 IR 已经有了大概了解，那么可以深入考察树模式的细节了。之后还
要对树进行遍历。后面几章还会从树中抽取信息、进行计算，这都会对树进行
大量的遍历。

8 解析树

目的

解析树描述了解析器识别输入语句的过程。

解析树有时也称语法树（与抽象语法树相对应）。尽管对于构建解释器或翻
译器来说，这个模式作用不大，但构建文本改写系统或者开发环境时经常会用
到这个模式，因此我还是决定将这种模式收入书中。

讨论

解析树记录了解析过程中解析器调用规则的顺序，以及所匹配的词法单元。
解析树的内节点记录所调用的规则，叶节点表示匹配到的词法单元。解析树把
输入符号组织成子树，以描述语句的结构。

解析树中的子树能表示子句（语句的片段）的结构。比如下面的解析树就表示句子"the cat runs quickly"：

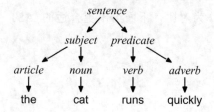

通过识别子句所套用的规则，解析器就能判断子句在整个语句中的作用。比如，解析树知道"cat"是名词，而"the cat"是句子的主语。

解析树是语法相关的，下面是这棵解析树的主要文法：

```
grammar English;
sentence : subject predicate ;
subject : article? noun ;
predicate : verb adverb? ;
...
```

对于计算机语言来说，解析树的内节点对应语言子结构的名字。比如，图 4.2 所示的是向量数学语言 5*[1,2]的解析树。

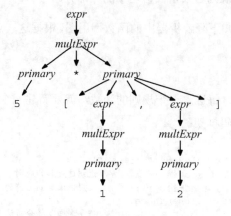

图 4.2 5*[1,2]的解析树

用手工构建解析树也不难，但这种构建方式很有规律，因此也可以采用 ANTLR 之类的自动工具来完成。这是解析树的优点，而缺点是不方便对其遍历或者修改。解析树中含有大量的有关规则的内节点，因此含有很多无用信息。修改文法也会影响解析树。作为对比，下面给出更合适的 AST 结构：

AST 只关注输入中最关键的信息，也就是输入词法单元，还用恰当的结构将它们组织起来。内节点不再是规则名，而是操作符或者操作名。

不过，对于有些工具或应用来说，解析树能作为中间表示而大显身手。比如，开发环境可以借助解析树实现语法高亮和错误检查。很多文本改写系统或者美化输出工具都会以解析树为中间表示。这些工具都需要能反映语言语法的正确转换形式的中间表示，因此适合使用解析树，因为在改写的时候，都希望用特定的名字来为语句命名。比如，大家习惯说"把赋值语句中的=换成:="，或者以汉语为例就是"把句中主语里的形容词都找出来"。使用解析树能用文法中的规则名来指代语句中的一部分。

解析树反映递归下降解析器中的函数调用图，根据这一点就很容易构建它。

实现

构建解析树时，每进入一个规则的函数，就要新建一个内节点。下面是解析器规则方法的代码框架：

```
void «规则名»() {
    RuleNode r = new RuleNode("«规则名»");
    if ( root==null ) root = r;           // 说明这是起始规则
    else currentNode.addChild(r);          // 将规则添加到当前的节点上
    Parse Tree_save = currentNode;
    currentNode = r;                       // 将要递归下降分析这条规则
    «原始的规则代码»
    currentNode = _save;                   // 将节点名恢复为之前的保存状态
}
```

此外还需要记录整棵解析树的根节点及当前的节点：

```
class MyParser extends Parser {
    ParseTree root;                          // 解析树根节点
    ParseTree currentNode;                   // 当前节点，正为其添加子节点
    public void match(int x) {               // 覆写默认的match函数
        currentNode.addChild(LT(1)); // 添加当前的词法单元
        super.match(x);                      // 正常的匹配过程
    }
    «规则方法»
}
```

这里重写了 `match()` 函数，新的 `match()` 函数能够在匹配词法单元的时候将其添加为子节点。当然解析的核心机制仍然不变。

对于树本身，下面是通用的解析树节点类。

Download IR/ParseTree.java
```
import java.util.*;
// 节点都是此类的实例，所以实际上并没有Node类
public abstract class ParseTree {
    public List<ParseTree> children; // 规范化子节点列表
    public RuleNode addChild(String value) {
        RuleNode r = new RuleNode(value);
        addChild(r);
        return r;
    }
    public TokenNode addChild(Token value) {
        TokenNode t = new TokenNode(value);
        addChild(t);
        return t;
    }
    public void addChild(ParseTree t) {
        if ( children==null ) children = new ArrayList<ParseTree>();
        children.add(t);
    }
}
```

示例代码中有这个类的子类 `TokenNode` 和 `RuleNode`。关于解析树的构建，就说这么多。

目的

同型树采用单节点类型及规范化子节点列表实现 AST。

讨论

AST 隐含的关键思想是用操作符-操作对象组成树，而不关心节点的数据类型。节点类型只是实现 AST 时的技术细节。AST 包含了输入词法单元流中最本质的信息，以及操作符和操作对象之间的关系。

实际上并不需要用编程语言中的类型系统来区分不同的节点。AST 中的所有节点都源自于词法单元，因此用词法单元的类型就能区分节点。实际上，对于 C 等非面向对象语言来说，用同型节点来实现 AST 最方便。比如，若用 C 语言实现模式十，则每个节点的 struct 定义里都必须定义规范化子节点列表，所以要么得复制—粘贴一些代码，要么就得 include 对应的文件。

同型 AST 需要采用规范化子节点列表：List<AST>，这样编写外部访问者时就比较容易了（模式十三，遍历时，依赖于格式统一的子节点列表）。

实现

同型 AST 节点的关键字段有两个：一个是原始的词法单元，一个是子节点列表。

Download IR/Homo/AST.java
```java
public class AST {          // 同型AST节点类型
   Token token;             // 原始词法单元
   List<AST> children;      // 规范化子节点列表

   public AST()                    { ; } // 创建作为根节点的空节点
   public AST(Token token)    { this.token = token; }
   /** 根据词法单元类型创建节点；主要用于虚节点 */
   public AST(int tokenType) { this.token = new Token(tokenType); }
```

```java
/** 对于同一类型的节点，外部访问者
 *  会执行同样的代码 */
public int getNodeType() { return token.type; }

public void addChild(AST t) {
    if ( children==null ) children = new ArrayList<AST>();
    children.add(t);
}
public boolean isNil() { return token==null; }
```

有了方法 isNil() 以后，表示列表结构就方便了。列表相当于去掉根节点的子树，可以用空根节点来模拟。空节点满足 token==null。

为了打印树的文本形式（见 4.2 节），可以调用递归方法 toStringTree()。toString() 方法能将节点转换为文本。下面的方法 toStringTree() 能生成如下形式的字符串：(root child1 child2 ...)。

```java
/** 生成单个节点的文本形式 */
public String toString() { return token!=null?token.toString():"nil"; }
/** 生成整个树而不是某个节点的文本形式 */
public String toStringTree() {
    if ( children==null || children.size()==0 ) return this.toString();
    StringBuilder buf = new StringBuilder();
    if ( !isNil() ) {
        buf.append("(" );
        buf.append(this.toString());
        buf.append(' ');
    }
    for (int i = 0; i < children.size(); i++) {
        AST t = (AST)children.get(i); // 规范化的子节点列表，因此节点没有名称
        if ( i>0 ) buf.append(' ');
        buf.append(t.toStringTree());
    }
    if ( !isNil() ) buf.append(")");
    return buf.toString();
}
```

下列的测试代码为 1+2 构建 AST 并输出：

```java
Token plus = new Token(Token.PLUS,"+");
Token one = new Token(Token.INT,"1");
Token two = new Token(Token.INT,"2");
```

```
AST root = new AST(plus);
root.addChild(new AST(one));
root.addChild(new AST(two));
System.out.println("1+2 tree: "+root.toStringTree());

AST list = new AST(); // 空节点是某个列表的根节点
list.addChild(new AST(one));
list.addChild(new AST(two));
System.out.println("1 and 2 in list: "+list.toStringTree());
```

运行如下:

```
$ java Test
1+2 tree: (+ 1 2)
1 and 2 in list: 1 2
$
```

下一种模式扩充了本模式的节点类型, 但依然使用规范化的子节点列表。

相关模式

模式十也使用规范化子节点列表, 但子节点能使用多种类型。

10 规范化异型 AST

目的

本模式采用多种节点数据类型实现 AST, 用规范化列表来表示子节点。

讨论

本模式是模式九的变体, 区别在于本模式能借助语言的类型系统来区分不同功能的节点。由于本模式还要使用规范化子节点列表, 所以就以模式九中的 AST 为基类, 派生出其他的异型节点。

当需要为节点存储专有数据, 并使用模式十三时, 本模式就用得上了。由于使用了规范化子节点列表, 构建外部访问者时会更容易些。而如果需要添加许多节点专有的方法, 或者打算使用模式十二, 就该用模式十一构建 AST(使用内部访问者时, 异型节点的各个类定义中都内嵌了遍历方法)。

下面根据 4.2 节中的 AST 类扩展异型节点类的定义。为了记录表达式的类型信息，其中添加了 `evalType` 字段（见模式二十）。`evalType` 记录表达式计算出的值的类型，比如，`1+2` 的类型就是整型。下面的抽象类中就含有这个字段：

```java
public abstract class ExprNode extends AST {
    public static final int tINVALID = 0; // 非法表达式
    public static final int tINTEGER = 1; // 整数表达式
    public static final int tVECTOR = 2;  // 向量表达式
    /** 记录每个expr节点的表达式类型（整数型或向量型）
     *  这里指的是表达式值的类型，不要与getNodeType()混淆。
     *  getNodeType()是外部访问者用的，能区分不同节点。*/
    int evalType;

    public int getEvalType() { return evalType; }
    public ExprNode(Token payload) { super(payload); }
    /** 如果ExprNode已经知道表达式的类型，转换文本时就该加上 */
    public String toString() {
        if ( evalType != tINVALID ) {
            return super.toString()+"<type="+
                (evalType == tINTEGER ? "tINTEGER" : "tVECTOR" )+">" ;
        }
        return super.toString();
    }
}
```

构建+子树（加法子树）时，不是像上种模式那样在某个泛型节点后逐个添加子节点，现在要用 `AddNode` 的构造方法：

```java
public class AddNode extends ExprNode {
    public AddNode(ExprNode left, Token addToken, ExprNode right) {
        super(addToken);
        addChild(left);
        addChild(right);
    }
    public int getEvalType() { // ...
```

注意，在 AST 的节点中，最好还是记录词法单元+，因为在很多情况下都可能会用得上，比如用它产生更详细的错误信息。

整数和向量等操作对象的节点类型都是 ExprNode 的子类。

```java
public class IntNode extends ExprNode {
    public IntNode(Token t) { super(t); evalType = tINTEGER; }
}
```

```java
import java.util.List;
public class VectorNode extends ExprNode {
    public VectorNode(Token t, List<ExprNode> elements) {
        super(t); // 记录向量词法单元 (虚词法单元)
        evalType = tVECTOR;
        for (ExprNode e : elements) { addChild(e); } // 加到子节点列表中
    }
}
```

下面的测试代码为 1+2 构建 AST 并输出：

```java
Token plus = new Token(Token.PLUS,"+");
Token one = new Token(Token.INT,"1");
Token two = new Token(Token.INT,"2");
ExprNode root = new AddNode(new IntNode(one), plus, new IntNode(two));
System.out.println(root.toStringTree());
```

运行结果如下：

```
$ java Test
(+ 1<type=tINTEGER> 2<type=tINTEGER>)
$
```

上面的输出表明了子节点 1 和 2 的类型为 tINTEGER。那么加法操作的返回值类型自然也是整型，因此根节点的类型也是 tINTEGER。第 8 章中会介绍如何进行类型推导，这里暂时不深入。

相关类型

本模式对模式九中的 AST 类进行扩展，定义其子类型，作为节点类型。下一种模式不使用规范化子节点列表，而会使用不规则的子节点列表。

11 不规则异型 AST

目的

本模式实现 AST 时采用多种类型，用不规则列表表示子节点。

讨论

与模式十相比，本模式记录子节点的方式不同。本模式中没有采用统一的子节点列表，而是给不同的子节点命名。因此子节点的记录方式是不规则的。有时，给子节点命名后，写出的代码会更容易看懂。比如，方法里可以用 left 和 right，而不是 children[0]和 children[1]这种含义模糊的名字。

最开始构建树的时候，很多程序员都会想到这种模式。因为大家习惯给类的字段起不同的名字，也就是给子节点起不同的名字。不规则记录方式的缺点就是，对树进行遍历时会困难些（比如模式十三）。本模式用在小项目中很划算，因为虽然在遍历时会麻烦些，却能大大提高代码的可读性。不过大项目中会多次遍历树，因此对整个项目来说，不规则的子节点列表的弊大于利。

那么为什么会有这种缺点呢？我们来看模式九中树的输出方法 toStringTree()。由于节点的每个子节点都一样，所有节点都能用 toStringTree()处理。而采用不规则子节点列表时，不同节点就都得调用不同的 toStringTree()。无法用统一的方式来访问所有的节点，也就是说，由于字段名不同，所以必须编写很多不同的代码来处理名称不同的节点，虽然各段代码的处理逻辑完全一致。从本书的源代码里可以看到，ListNode.java 和 AddNode.java 中都实现了各自的 toStringTree()方法。

由于节点类中定义了记录自己子节点的字段，所以抽象基类 HeteroAST 没有规范列表字段。

```
Download IR/Hetero/HeteroAST.java
public abstract class HeteroAST { // 异型AST节点类型
    Token token;                   // 原始的词法单元
```

下面的节点类 AddNode 就是不规则异型 AST。它的子节点字段有自己的名字，还有专用的方法。这个示例中有两个方法，一个能输出树的结构，一个能计算表达式返回值的类型。

```java
public class AddNode extends ExprNode {
    ExprNode left, right; // 不规则的子节点, 有节点自定义的名字
    public AddNode(ExprNode left, Token addToken, ExprNode right) {
        super(addToken);
        this.left = left;
        this.right = right;
    }
    public String toStringTree() {
        if ( left==null || right==null ) return this.toString();
        StringBuilder buf = new StringBuilder();
        buf.append("(" );
        buf.append(this.toString());
        buf.append(' ');
        buf.append(left.toStringTree());
        buf.append(' ');
        buf.append(right.toStringTree());
        buf.append(")" );
        return buf.toString();
    }
}
```

源代码中也含有其他节点类的定义；这些节点类只有在子节点字段的定义上才能看出不同。Test.java 中有测试文件。

相关模式

见模式十。

接下来

树的构建模式已经介绍完了。第 5 章将介绍如何为这些中间表示构建遍历器。

第 5 章

遍历并改写树形结构
Walking and Rewriting Trees

第 4 章介绍了 AST 的构建方式，本章将介绍如何从 AST 中抽取信息。为了化简或者转换，有时需要重新组织树的结构。比如，可能会将 x+0 化简为 x，或者将 x==y 转换为 strcmp(x,y)。为了抽取信息或者对操作进行改写，就得对树进行遍历。在大型的语言应用中，遍历是十分关键的一个处理步骤。

初看之下，遍历树没什么难的。大家初学编程时，就学过如何编写遍历树的递归函数。然而，实际应用中树的遍历却十分复杂。这个问题能演化出很多形式，有时仅仅一个应用就可能会用到不同的形式。

具体选用哪一个呢？这个问题的答案取决于下面几个因素：是否能看到树节点类的源代码；是否用规范化列表记录的子节点；是同型树还是异型树；遍历时是否还需要进行改写；遍历树的顺序。本章将分析四个关键的遍历模式，它们能适用于大多数语言应用。

- 模式十二，内嵌遍历器（异型树专用）。对于异型树来说，节点类中就定义了遍历方法，既执行遍历时所需的操作，又递归遍历其子节点。然而，遍历树的代码可能分散在（可能有上百个）类定义文件中。这种模式最简单，但是最不灵活。

- 模式十三，外部访问者。此模式将遍历代码（包括同型树和异型树）封装在单个类中。改变树的遍历操作时，不必修改 AST 节点的类定义。访问者和内嵌式遍历者这两种模式都很简单，但如果要手工实现就会比较麻烦。

- 模式十四，文法访问者。树的文法描述了 AST 的结构。前面能根据语言的文法自动生成解析器，这里也能根据树的文法自动生成访问者，道理都一样。这种模式既能应用于同型树，也能处理异型树，因为文法只依赖节点的词法类型，而跟具体的节点类型（类似 AddNode）无关。跟前面的 2 种模式一样，树的文法可以显式地控制节点的访问顺序。

- 模式十五，模式匹配者。使用此模式时，不必考虑完整的文法，而只需考虑自己关心的子树。由于语言应用程序在不同阶段可能会关注树的不同部分，因此这种模式很有用。模式匹配器将树的模式与遍历的顺序分开了，这与前 3 种模式不一样，树模式中不会指定遍历树的方式，而由模式匹配引擎来控制树的遍历方式。最简单的方式是多次访问，在子树中寻找合适的树模式。一遇到匹配的地方，就会触发预置的操作（比如对树进行修改）。

为了挑选合适的模式，必须了解各模式的工作原理，以及各自的优点和缺点。所以在具体深入这些模式本身之前，还是先从大体上了解树的遍历。在这个循序渐进的过程中，你会发现，前一种模式的缺点能在后一种模式中得到弥补，这对了解模式的设计方式大有裨益。下面先从分析遍历树和访问树的差别开始。

5.1 遍历树及访问顺序
Walking Trees and Visitation Order

访问树一般是指遇到树的节点时执行一些操作。那么遍历的顺序就很重要了，因为这关系到执行操作的顺序。下面列出三种主要的遍历顺序。

- 前序遍历（又称自顶向下遍历）：+ 1 2，先访问父节点，再访问子节点。

- 中序遍历：1 + 2，根节点的访问排在子节点的访问之间。

- 后序遍历（又称自底向上遍历）：1 2 +，先访问节点的子女，再访问节点本身。

大家可以在树上用"一笔画"的方式，大概区分不同顺序的遍历过程。而写代码时一般会用深度优先搜索（depth first search，DFS）算法。深度优先搜索从根节点开始，递归地依次遍历子节点。

遍历过程到达节点 t，就称为"发现"节点 t。换句话说，walk()方法开始在节点 t 上执行的时刻，就是发现节点 t 的时刻。而 walk() 处理完 t 并返回时，对 t 的访问就"结束"了。

对节点的访问，就是在"发现"和"结束"两个时刻之间执行一些操作。对于深度优先搜索之类的特定访问策略来说，节点的"发现"顺序是固定的。但确定发现顺序之后，遍历顺序也可能有差异，因为这还要取决于操作相关的代码在 walk()中的位置。

下面用一个简单的例子来展示遍历和访问之间的区别。采用模式十一，通过用 AddNode 类和 IntNode 类构建整数加法操作树。比如，下面是 1+2 的 AST：

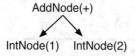

AddNode(+)

IntNode(1)　　IntNode(2)

以下代码用抽象类 ExprNode 表示树节点的泛型，并编写了树的遍历方法：

```
/** 不规则（节点自定义其子节点字段）
 * 异型树的抽象类 */
public abstract class ExprNode {
    Token token; // 原始词法单元
    public void walk(); // 基本的遍历操作
}
```

本例中只有两个具体的表达式节点类，即 IntNode 和 AddNode：

```
public class IntNode extends ExprNode {
    public void walk() { ; } // 无子节点，什么都不做
}

public class AddNode extends ExprNode {
    ExprNode left, right;  // 不规则的子节点，有节点自定义的名字
    public void walk() {
        left.walk();       // 遍历左子树
        right.walk();      // 遍历右子树
    }
}
```

调用根节点+的 `walk()` 方法时，会执行 `AddNode.walk()`。这个方法会从左到右依次调用每个整型操作数的 `walk()`，即 `IntNode.walk()`。这个过程中，节点的"发现"顺序为+ 1 2，这正是前序遍历。

下面用一棵大些的树来分析 `walk()` 发现节点的顺序。图 5.1(a)所示的是表达式 1+2+3 的 AST，其中的虚线表示 `walk()` 方法深度优先的搜索过程。

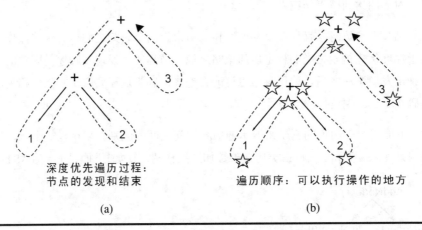

深度优先遍历过程：   遍历顺序：可以执行操作的地方
节点的发现和结束

(a)   (b)

图 5.1　树节点发现顺序 vs.遍历顺序

最初从根节点开始调用 `walk()` 方法，然后依次对其子节点进行递归遍历。因此 `walk()` 首先发现了 `root` 节点，然后向下进入各个子节点中。这个过程中，子节点中第一个发现（+子树的）左子节点，然后发现右子节点（节点3）。往下是逐个发现节点的过程，往上是结束遍历的过程。`walk()` 发现叶节点后就直接返回。

仔细看虚线就会发现，如果采用深度优先搜索，则在每个（非叶）节点上都能执行多次操作，即在图 5.1（b）所示 AST 中用星号所标注的这些地方，包括发现节点的时候（+节点左边的星号）、遍历子节点的时候（下面的星号）、快结束的时候（右边的星号），都能执行多次操作。而对叶节点，只能执行一次操作。完整的节点发现顺序是+ + 1 2 3，这是前序遍历；而结束的顺序是1 2 + 3 +，相当于后续遍历；遍历子节点间的操作次序就是中序遍历，即 1 + 2 + 3。

想要使用不同的遍历，可以修改 AddNode.walk() 中执行操作的顺序，这个操作可以放在遍历子节点之前、之间、之后三个地方（根据应用的需要，可以在一到三个地方执行操作）：

```
public void walk() {
    《前序操作 》
    left.walk();
    《中序操作 》
    right.walk();
    《后序操作 》
}
```

比如，如果想后序输出节点，就在 AddNode 的 walk() 中加入输出语句：

```
public void walk() {
    left.walk();
    right.walk();
    System.out.println(token); // 输出词法单元 "+"
}
```

然后在 IntNode 的 walk() 中加入输出语句（节点没有子节点，因此只有一次执行操作的机会）：

```
public void walk() { System.out.println(token); }
```

这种在异型节点中添加遍历代码的方法来自模式十二，其"优雅"之处在于简洁：代码的作用一目了然。

但是，这样也有很多缺陷。负责遍历的代码分布在所有的节点类里，而实际中，定义节点类的文件可能有上百个，因而很难从中了解树的全貌。不过，主要问题是，如果要修改遍历算法或者添加新的遍历操作，就必须修改节点类本身。实际上编写应用时可能根本就看不到节点类的源代码，而没有源代码几乎就意味着无法修改、插入新的遍历方法。所以，最好把遍历操作集中放在某个特定的类中，这样有了专门负责遍历的类，就不会影响树的定义。

5.2 封装访问节点的代码
Encapsulating Node Visitation Code

将模式十二中的树遍历方法收集起来，放到单独的类中，这就是模式十三。

主要目的是隔离遍历代码和树的定义代码。这种模式的主要优势是访问者在遍历对象之外。

为了实现这种隔离，可以采用很多方法，具体取决于所使用的编程语言。如果使用 Ruby 或 Python 就很容易，因为这些语言可以在运行时动态添加方法。而使用 Java 或 C++之类的静态语言就需要额外下点儿工夫了。

对于 Java 来说，第一个方案，也是最常用的方案，就是在每个异型节点的类定义中加上通用的 visit() 方法。但这还是要修改源代码，而前面说了，实际项目中不一定能看到源代码。可以参看模式十三中的示例。

再好点的解决方案就是使用访问者，与原来的节点类定义完全隔离开。比如，如果要再次实现之前的后序输出操作，可以将 AddNode 和 IntNode 的 walk() 方法，以及负责调度它们的方法合放在一个类中：

```java
/** 彻底封装并独立的节点访问者 */
public class IndependentPostOrderPrintVisitor {
    /** 调度方法，根据参数类型调用其他方法 */
    public void print(ExprNode n) {
        if ( n.getClass() == AddNode.class ) print((AddNode)n);
        else if ( n.getClass() == IntNode.class ) print((IntNode)n);
        else «错误，不支持这种节点类型»
    }

    public void print(AddNode n) {
        print(n.left);                   // 访问左子节点
        print(n.right);                  // 访问右子节点
        System.out.print(n.token);       // 后序遍历，因此操作放在这里
    }
    public void print(IntNode n) { System.out.print(n.token); }
}
```

调度方法 print() 会根据运行时的参数类型（要么是 AddNode，要么是 IntNode），判断具体该使用哪一个重载方法。实际上，调度方法利用了 Java 中参数的多态机制，因此访问者能独立于节点类的定义。但若要处理大量的节点类，那么一大串 if-then-else 会降低效率。所以可以用 switch 语句来判断节点的词法类型，依次调度。

```
public void print(ExprNode n) {
    switch ( n.token.type ) { // 判断词法类型
        case Token.PLUS : print((AddNode)n); break;
        case Token.INT : print((IntNode)n); break;
        default : «错误，不支持这种节点类型»
    }
}
```

访问者模式相比内嵌式遍历者模式是一种进步，但也有自身的缺陷。首先，手工编写调度方法会很烦琐，所以最好使用自动方法来生成它。看上例，很多 print() 方法都很类似或者根本就一样（比如，所有的二元操作符）。而大家都知道，写代码时应努力避免重复相同的代码，因为这说明设计有问题。不过，好在模式十四能为我们解决这个问题。

第二个缺陷更严重。目前描述的策略都是在遇到节点时执行相关联的代码。实际应用时，可能需要匹配子树的模式，而不是单个节点的类型。因为大部分情况下不会去关注某个节点（比如 ID 节点），通常要么会指定匹配赋值语句左边的 ID 节点，要么会匹配方法定义子树中的方法名或参数名。如果采用手工方式编写树模式的匹配代码，则既容易出错又枯燥无趣。同样，模式十四能简化这个过程。

5.3 根据文法自动生成访问者
Automatically Generating Visitors from Grammars

前面说过，其实不用自己一行行手工编写解析器，而是写出文法，然后让 ANTLR 之类的解析器生成工具自动生成解析器。同样，ANTLR 还能根据树的文法定义自动生成树的访问者。这样很好，因为对于树结构的描述，谁都希望使用专门的树描述语言，而不是复杂的 Java 代码。使用这种语言时，只需告诉 ANTLR 树的样子，然后由 ANTLR 负责考虑如何遍历。所以剩下的问题就是考虑如何用文法来描述二维的树结构。

要解析树的二维结构，就必须再把它打散，组成节点的列表，然后使用常规的解析器来进行处理。将其转换为列表的时候，可以采用 4.2 节中制定的树的文本表示法，只是把括号替换为用于导航的虚节点 UP 和 DOWN。比如，1+2 这样的 AST，其文本形式是 (+ 1 2)，括号中是对子树进行前序遍历的顺序。

(+ 1 2)转化为

```
+ DOWN 1 2 UP
```

其中，导航节点相当于树遍历器上升-下降的动作，可以使一维的解析器也模仿这个过程。

下面看看加法表达式树的文法，里面的节点要么是整数，要么是加法子树。仅用一条文法就能表示这个结构：

```
expr : ^('+' expr expr) // 比如 "(+ 1 2)" 和 "(+ (+ 1 2) 3)"
     | INT // 比如 1 和 2
     ;
```

第一个解析选项的递归反映了表达式树的自相似性质，即表达式中操作符的子节点也是表达式。里面用前缀^将树的构造规则与普通的子规则加以区别。

ANTLR 会自动将树模式^('+' expr expr)转换为'+' DOWN expr expr UP。那么根据 expr 规则会生成类似如下解析器：

```
void expr() {                            // 匹配表达式子规则
    if ( LA(1)==Token.PLUS ) {           // 如果下一个词法单元是 +
        match(Token.PLUS);
        match(DOWN);                     // 模拟向下的动作
        expr();
        expr();
        match(UP);                       // 模拟向上的动作
    }
    else if ( LA(1)==Token.INT ) {       // 如果下一个词法单元是INT
        match(Token.INT);                // 匹配INT节点
    }
    else «非法的树结构» // 发现畸形的树
}
```

现在回头看之前异型节点的定义，从本质上看，它们和规则 expr 中的内容几乎一样。ExprNode 要么是 AddNode，要么是 IntNode，因为它们都是 ExprNode 的子类。而 AddNode 也有两个 ExprNode 子节点（left 和 right 字段）。只是规则 expr 将树的结构阐述得更清楚。

跟任何文法一样，可以在树文法中插入操作。比如，为了后序输出树，可以在两个解析选项后面加上输出语句，如下：

```
expr : ^('+' expr expr) {System.out.println("+");}
     | INT {System.out.println($INT.text);}
     ;
```

对于树(+ 1 2)，ANTLR 生成的访问者会输出 1 2 +。这里不用为每个节点类型都创建访问方法，而是告诉解析器在遇到特定的树结构（模式）时执行操作就行。解析选项开头的操作是在发现节点的时候执行；末尾的操作在结束的时候执行；嵌在解析选项中的操作则在中间执行。

树文法描述了某个应用中合法 AST 的"语法"，就好像解析器的文法描述了合法输入语句一样。树的文法能描述解析器所生成的树的结构，也就相当于可以执行的文档。

树文法能描述树的合法结构，那么 ANTLR 根据树文法所生成的访问者自然能验证树的结构是否合法。这里跟 4.2 节的做法不一样，不是在构建过程中利用语言的静态类型系统来限制树的结构，而是在运行时刻检查树的结构。编译时若能发现结构上的错误自然很好，但既然总是会遍历树，倒不如在这个遍历过程中也进行一些检查。况且，仅仅使用类型系统也不足以确保树的结构无误。再加上如果是使用动态类型语言来编写应用，那根本就没法在编译时根据类型错误来检查树的结构。这时，只能用树的文法来控制其结构。

如果要在树上完成大量工作，树文法的优越性就彻底体现出来了。换句话说，当需要在树的各个角落里执行操作的时候，文法最好用。观察在遍历过程中生成源代码的例子，能看出确实是这样的（12.5 节会使用树文法生成 C 语言子集代码）。这时，用树文法就能简洁地描述完整的访问者和其中的代码生成操作。

但是，大多数的遍历过程都只关注树中的某些片段。比如，有时只关心树中的方法和变量定义，那么，如果还要为此来构建完整的树文法就有点不方便了。通常我会创建树文法的原型，然后在每个阶段都拷贝一份，但这样维护起来很麻烦，因为 AST 的结构可能会在开发阶段发生变化，那么即使文法只变化一处，也必须对所有复制的文法进行修改。

在树的遍历过程中，希望有某种机制只关注当前阶段最关心的树结构模式。为此，最好将树的遍历机制与模式匹配及操作执行分离开。下一节会考虑如何用树的匹配器（基于树的文法）来实现这种分离机制。

5.4 将遍历与匹配解耦
Decoupling Tree Traversal from Pattern Matching

如果仅仅为了输出 Python 程序中赋值语句的变量，就要拿出完整的 Python 解析器，未免有点大材小用，因为需要的只是一种模式。如果用正则表达式及 UNIX 中的 awk 工具，只用一行命令，就能过滤 Python 程序，找出其中的赋值语句：

```
$ awk '/[ \t]+[a-zA-Z]+ =/ {print $1}' < myprog.py   # $1 是 '='的左操作对象
style
x
keymap
pt
...
```

不用拘泥于上面的细节（这个方法当然还有点小问题），里面的主要思想就是可以编写一个只查找一种模式或操作的工具。而遍历输入内容的工作完全交给了 awk，因为谁也不关心 awk 是怎么遍历输入内容的，管它是顺序、倒序还是乱序，都无所谓。而当 awk 发现某一行符合这种模式时，就会执行对应的操作。而模式也不用包含任何有关遍历的指令。比如，操作 print $1 中不必特地命令 awk 继续遍历文件的其余部分。

如果搞不清为什么这里要把模式的匹配和遍历混起来，可以回忆之前的内嵌式遍历器和外部访问者。看看之前编写的访问者方法：

```
public void print(AddNode n) {
    print(n.left);                    // 访问左子节点
    print(n.right);                   // 访问右子节点
    System.out.print(n.token);        // 后序遍历，因此操作放在这里
}
```

前两句让访问者先访问左子节点再访问右子节点，很明显，这里是在指定匹配了 AddNode 之后的遍历方式。如果没有第一个 print() 调用，那么访问者就不会遍历任何加法节点的左操作数。

毕竟有时只会关心某几种子树，这时再构建完整的树文法或者外部访问者就是小题大做了。但只描述部分规则或者访问者的方法也不行，还需要每个子树和节点的模式，因为模式里包含了关于遍历的指令。如果树的描述不完整，就没法访问所有的节点。

那么唯一的出路就是将树的遍历与树结构的识别过程分离开来。换句话说，应将模式的匹配及节点上的操作与应用模式的时机及方式分开考虑。其实也就是需要一组向下的模式和一组向上的模式。

比如，向下的过程中可以跳过不可达代码，因为没必要在这上面浪费时间。像 if，如果其判断条件为 false，那肯定就不必再分析 if 里的语句了。

同样，向上的过程中也需要一些改写。比如，将含有因子 0 的乘积式改写为 0，其 AST 如下：

在访问最上面的乘号节点之前，就该把 4*0 替换成 0，不然下一步所看到的就不是 0*2，也就无法替换成 0 了。

重复用特殊的（通常是自底向上的）遍历方式来改写子树的过程称为项的推导。项就是子树。有很多用来推导项的专用工具，ASF+SDF[1]就是其中的佼佼者。Eelco Visser 在自己的 Stratego/XT[2]中实现了可编程的推导策略，因而大大地推进了项推导技术。如果想进一步了解这个技术专题，可以访问 Stratego 的官方网站，那里有很多分离树的遍历过程与转换过程的文档。

不过要想使用这些工具，首先得熟悉纯函数式编程风格，这一点对大多数人来说还有难度。

---

1 http://www.meta-environment.org。

2 http://strategoxt.org。

由于对操作的类型有限制，因此加大了集成到现有应用中的难度。不过，有个叫做 Tom[3] 的项推导的工具，就是 Java 的扩展库。

ANTLR 能进行树的模式匹配，这一点在模式十五中会详加论述。ANTLR 使用了深度优先的树遍历器，它会在每个节点上调用树的文法规则，以匹配模式。如果当前的子树不匹配，那么 ANTLR 会试着套用另一种模式。如果还找不到，ANTLR 就到另一个节点上继续寻找。

本章描述的模式各有千秋。具体用谁还要取决于当前任务的性质。各个模式的优缺点总结如下。

模　　式	用 在 何 处
模式十二	如果要构建树的遍历器，最简单的方法就是在树的节点中插入一些遍历方法。不过节点的类型数如果达到 50 或 100 数量级，这种方法就不好用了，因为用于遍历的代码会零星分散在那么多的文件里，很难控制或修改
模式十三	访问者把遍历机制封装在一个类中，因而能更方便地修改访问者。这种模式可以完成一些简单的任务，比如说，收集信息，或者简单的翻译动作（类似于表达式求值）。但是，如果需要对树进行模式匹配，它就不合适了。访问者只能对节点进行逐个访问
模式十四	前 2 种模式都得靠手工编写。而 ANTLR 能自动根据树的文法生成树的外部访问者。树的文法能描述整棵树的结构，如果需要在多条规则中执行操作，则这种方法尤其有用。比如，生成代码的遍历过程中就得一直生成代码，文法上每一处都得有相关的操作

---

3 http://tom.loria.fr。

续表

模　式	用　在　何　处
模式十五	有时只需要在某几种符合模式的子树上执行操作，因此没必要写出完整的树文法（也没必要构建完整的访问者）。前面的访问者，不管是手工编写的还是自动生成的，都会把操作和遍历指令混在一起。那么，为了查找整棵树上的符合模式，就需要写出完整的树文法。如果只需处理某些 AST 结构，则可以使用树的模式匹配器

　　了解了这些细节之后，下面就可以深入这 4 种模式的细节了。这个过程中，会一直以 4.4 小节的小型向量语言为示例。

12　内嵌式遍历器

目的

　　本模式在异型树的节点类中定义用来遍历的递归方法。

讨论

　　如果是面向对象的程序员，自然就会把遍历树的方法放到节点的定义中。这样一来，如果需要执行不同的任务，就只需添加不同的递归方法。比如，若要输出树的文本形式，就可以在所有节点的基类中添加虚方法 print()。为了对表达式进行求值，就可以在所有表达式的基类中加上虚方法 eval()。

　　这是最容易理解的遍历模式，但到头来会发现这种方法不容易扩展。由于树的遍历操作分散在所有的节点定义中，所以只有在节点数不多的时候，这种方法才好用。还有一点就是，手头必须有节点类的源代码。如果没有相关的源代码（或者希望能方便地修改遍历的动作），就得用模式十三。

构建内嵌式遍历器的主要工作就是编写这样的方法（这里只考虑前序操作）：

```
class «节点名» extends «节点基类» {
    public void «遍历方法名»() {
        «前序操作»
        «遍历子节点»
    }
}
```

上面的遍历方法做了两件事：首先，在每个节点处执行一项操作；其次，引导遍历器继续访问树。如果遍历器里没写遍历子节点的代码，就不会遍历子节点。

实现

下面的代码定义了 4.4 节中向量语言的异型 AST 节点。节点的基类里定义了节点对应的词法单元：

```java
public class HeteroAST {        // 异型AST节点类型
    Token token;                // 原始词法单元
    public HeteroAST()                      { ; }
    public HeteroAST(Token token)  { this.token = token; }
    public String toString()       { return token.toString(); }
}
```

另一个基类 VecMathNode 内嵌了遍历方法 print()：

```java
/** 向量语言中使用的通用节点 */
public abstract class VecMathNode extends HeteroAST {
    public VecMathNode() {;}
    public VecMathNode(Token token) { super(token); }
    public void print() { // generic print tree-walker method
        System.out.print(token != null ? token.toString() : "<null>" );
    }
}
```

向量语言中有两大类节点：语句（赋值和输出）和表达式，可以用 StatNode 和 ExprNode 来表示，而具体的实现类会重载 print()。

比如 `AssignNode`：

```java
public class AssignNode extends StatNode {
    VarNode id;
    ExprNode value;
    public AssignNode(VarNode id, Token token, ExprNode value) {
        super(token); this.id = id; this.value = value;
    }
    public void print() {
        id.print();                    // 遍历左子节点
        System.out.print("=");         // 输出操作符
        value.print();                 // 遍历右子节点
        System.out.println();
    }
}
```

注意，`print()` 中不仅输出自己的操作符，还遍历子节点。

`AddNode` 中的 `print()` 与之类似：

```java
public void print() {
    left.print();                   // 遍历左子节点
    System.out.print("+");          // 输出操作符
    right.print();                  // 遍历右子节点
}
```

测试代码中构建了带有两条语句的树：一条赋值语句和一条输出语句。为了简单起见，采用代码直接构建树，而没有使用基于 AST 的解析器。为了启动内嵌式遍历器，可在根节点处调用 `print()` 方法：

```java
statlist.print(); // 启动内嵌式遍历器
```

测试代码运行如下：

```
$ java Test
x=3+4
print x*[2, 3, 4]
$
```

下一种模式会将这些遍历方法放在一个外部类里。

13 外部访问者

目的

本模式将完成任务所需要的遍历代码封装在单个访问者类中。

访问者将树的遍历及操作移出 AST 节点的定义。那么，不用修改 AST 类的定义就能修改遍历器的操作，甚至还能动态换用其他访问者。外部访问者既能访问同型树，也能处理异型树。

讨论

大多数语言运用中遍历树都使用访问者模式。如果不想手工编写访问者，还可以采用模式十四或模式十五来自动生成。但为了理解自动生成访问者的机制，先得学会手工编写访问者。

其访问者的代码与模式十二的差不多。唯一的区别就是访问者置身于 AST 节点类定义之外，这种隔离带来的结果是少了很多顾忌。遍历的方法全都放在一个单独的类文件里。

实现

这种模式有两种实现方法。第一种更传统，只依赖节点类型。第二种还需要知道节点的词法类型。下面讨论这两种方法，还是使用 4.4 节中的向量语言做示例。

判断节点类型

访问者模式的传统实现方法最早见诸《Design Patterns: Elements of Reusable Object-Oriented Software》（GHJV95），依赖于 AST 节点中的调度方法。这种负责调度的方法会在节点调用 visit() 时将其引导到符合节点类型的方法。

访问者中包含了很多回调方法。为了实现这种机制，需要事先在节点的基类中声明关键的 visit() 调度方法。

```java
/** 向量语言中使用的通用节点 */
public abstract class VecMathNode extends HeteroAST {
    public VecMathNode() {;}
    public VecMathNode(Token t) { this.token = t; }
    public abstract void visit(VecMathVisitor visitor); // 调度器
}
```

其不便之处在于，每个类中都要实现 visit() 方法（稍后再看方法的参数类型，VecMathVisitor）。出乎意料的是，所有的 visit() 方法其实都一样。下面是 AddNode 中的：

```java
public void visit(VecMathVisitor visitor) { visitor.visit(this); }
```

只要调用节点的 visit() 方法，就会转到相关联的访问者方法。比如，如果运行时的 n 是 AddNode 类型，那么一旦调度 n.visit(myVisitor) 就会调用 myVisitor.visit((AddNode)n)。

了解了双重调用机制以后，再来看看访问者是什么样的。对于访问者来说，唯一的要求就是要实现接口 VecMathVisitor：

```java
public interface VecMathVisitor {
    void visit(AssignNode n);
    void visit(PrintNode n);
    void visit(StatListNode n);
    void visit(VarNode n);
    void visit(AddNode n);
    void visit(DotProductNode n);
    void visit(IntNode n);
    void visit(MultNode n);
    void visit(VectorNode n);
}
```

为了举例，下面模仿模式十二输出向量语言中的节点。其实具体输出的内容没有变化，但实现机制却不同。

下面是访问 `AssignNode` 的 `PrintVisitor` 的开头一部分：

```
Download walking/visitor/PrintVisitor.java
public class PrintVisitor implements VecMathVisitor {
    public void visit(AssignNode n) {
        n.id.visit(this);
        System.out.print("=" );
        n.value.visit(this);
        System.out.println();
    }
```

要输出树，就要调用根节点的 `visit()` 方法并传入访问者：

```
Download walking/visitor/Test.java
PrintVisitor visitor = new PrintVisitor();
statlist.visit(visitor); // 告诉根节点用这个访问者来进行遍历
```

访问者模式的实现需要异型节点类型，而且调度方法 `visit()` 依然依赖 AST。下面在同型节点上的实现就完全不依赖于 AST 的定义。

构造判断词法类型的独立访问者

在语言应用中，树来自于词法单元。既然能根据词法单元的类型区分词法单元，那么同样也能以此区分 AST 节点。如果根据词法类型来调度，就不用在每个 AST 节点中都添加 `visit()` 方法了。这样访问者中就只需要一个调度方法了：

```
Download walking/visitor/IndependentPrintVisitor.java
public void print(VecMathNode n) {
  switch ( n.token.type ) {
      case Token.ID :         print((VarNode)n); break;
      case Token.ASSIGN :     print((AssignNode)n); break;
      case Token.PRINT :      print((PrintNode)n); break;
      case Token.PLUS :       print((AddNode)n); break;
      case Token.MULT :       print((MultNode)n); break;
      case Token.DOT :        print((DotProductNode)n); break;
      case Token.INT :        print((IntNode)n); break;
      case Token.VEC :        print((VectorNode)n); break;
      case Token.STAT_LIST :  print((StatListNode)n); break;
      default :
          // 捕获异常"未处理的节点类型"
          throw new UnsupportedOperationException("Node "+
                  n.getClass().getName()+ " not handled");
  }
}
```

调度方法会自动调用合适的重载方法。比如，下面是 `AddNode` 的访问方法：

```java
public void print(AddNode n) {
    print(n.left);               // 遍历左子节点
    System.out.print("+");       // 输出操作符
    print(n.right);              // 遍历右子节点
}
```

现在遍历 AST 时，是把 AST 节点传入访问者中，而不是把访问者传递给 AST。下面的测试代码先创建了访问者，然后告诉它要从根节点开始遍历：

```java
IndependentPrintVisitor indepVisitor = new IndependentPrintVisitor();
indepVisitor.print(statlist); // 从根节点开始遍历
```

相比于内嵌式遍历器，这种实现方法有很多优点。将访问者抽离之后，方法名可以根据所能完成的任务来取，比如可以是 `print()`，而之前的实现方式中却必须统称为 `visit()`。实际上，这种实现方式根本不需要定义同一的接口，因为其调度机制完全封装在访问者中。唯一的缺陷就是，如果不小心漏掉了节点类型的访问方法，编译过程也不会给出提示。只有在运行调度方法时抛出 `UnsupportedOperationException` 异常，才能知道有些地方出错了。

相关模式

本模式将模式十二中的遍历方法集中放置在外部访问者中。ANTLR 可以利用模式十四自动构建外部访问者。

14　树文法

目的

树文法是构建外部访问者的方法，既简洁又形式化。

树文法中的访问者称为树解析器，它相当于二维数据结构的解析器。

讨论

从 5.3 节可以看到，树文法和常规的解析器文法看起来一样，只是树文法还能匹配子树的结构模式。就像采用解析器文法一样，可以向其中嵌入一些提取信息的操作，或者对输入（这里指的是树）进行重新组织。

可以采用模式一把树的文法转换为树的解析器（即访问者）。对于树结构的处理，只需额外添加一条映射关系：

```
// 匹配 ^(«根节点» «子节点»)
match(«根节点 »);
match(DOWN); // 模仿遍历过程中的下降动作
«匹配子节点 »
match(UP); // 模仿遍历过程中的上升动作
```

虽然«根节点»通常是单个词法单元，但也可以是一组词法单元。«子节点»可以是词法单元、规则，甚至嵌套的子树。

从功能上看，ANTLR 根据树文法所生成的遍历器与这里的解析器是一样的。比如，遍历器能自动检测树结构上的错误，并输出错误信息（同样，解析器也能检查语法错误）。如果构建了'='（x 1）这样不合法的树（本该是（'=' x 1）），树遍历器就会输出这样的信息：

```
Printer.g: node from line 1:0 extraneous input 'x' expecting <DOWN>
```

树的文法不关心实现 AST 节点的类（同型、异型都无所谓）。不过它们会根据 AST 节点中词法单元的类型差别区分不同种类的节点。使用这种方式，遍历器比较 x 和 1 的词法类型（ID 和 INT），因此发现它们分别是 VarNode 和 IntNode。

熟悉树文法之后，就会发现用它生成遍历器要比手工编写访问者（模式十三）更方便，也更不容易出错。树文法和访问者的能力是一样的，唯一的区别就是一个用文法实现，另一个用手工编写。

实现

为了对利用树文法自动生成和手工编写加以对比，下面将完成模式十三中 PrintVisitor 的功能。

最明显的区别就在于原来的 `PrintVisitor.java` 有 82 行，而这里需要手工编写的树文法只有 25 行。

文法一开头就告诉 ANTLR 将使用解析器文法 `VecMath.g`（可以参看源代码）中的词法类型，其中 `VecMath` 就是为向量语言构建 AST 的文法，之后还告诉 ANTLR 这里要用同型树（ANTLR 默认的是 `CommonTree`）。

```
Download walking/tree-grammar/Printer.g
tree grammar Printer;          // 将要定义树文法Printer
options {
    tokenVocab=VecMath;        // 使用VecMath.g中的词法符号
    ASTLabelType=CommonTree;   // 使用统一类型CommonTree来表示$ID等节点
}
@members { void print(String s) { System.out.print(s); } }
```

语言的树就是语句子树的列表，有两种语句：

```
Download walking/tree-grammar/Printer.g
prog: stat+ ; // 匹配语句列表
// 匹配形如 ('=' x 1) 和 ('print' ('+' 3 4))的子树
stat: ^('=' ID {print($ID.text+" = ");} expr) {print("\n");}
    | ^('print' {print("print ");} expr) {print("\n");}
    ;
```

`print` 操作会在遇到前面文法元素之后和后面元素之前执行。因此解析选项末尾处的输出换行符的 `print` 也会在输出完语句后执行。ANTLR 生成的遍历器会在遍历树的时候执行操作，这一点跟手工编写的访问者一样。

为了输出表达式，还必须为所有操作及操作对象（向量、整数和表达式）定义子树模式：

```
Download walking/tree-grammar/Printer.g
expr:   ^('+' expr {print("+");} expr)
    |   ^('*' expr {print("*");} expr)
    |   ^('.' expr {print(".");} expr)
    |   ^(VEC {print("[");} expr ({print(", ");} expr)* {print("]");})
    |   INT {print($INT.text);}
    |   ID  {print($ID.text);}
    ;
```

测试代码中根据输入的内容构建向量语言的树形结构如下：

```
// 根据输入内容构建树的词法解析器/语法解析器
VecMathLexer lex = new VecMathLexer(new ANTLRInputStream(System.in));
CommonTokenStream tokens = new CommonTokenStream(lex);
VecMathParser p = new VecMathParser(tokens);
RuleReturnScope r = p.prog(); // 从起始规则开始解析
// 返回解析好的树
CommonTree tree = (CommonTree)r.getTree();
System.out.println(tree.toStringTree()); // 输出LISP风格的树的文本表示
```

测试代码中对解析器生成的树进行遍历：

```
// 将树分解为节点
CommonTreeNodeStream nodes = new CommonTreeNodeStream(tree);
Printer tp = new Printer(nodes);     // 创建树的遍历器
tp.prog();                           // 从起始规则开始运行
```

可以用 ANTLR 根据相关的文法生成代码并编译：

```
$ java org.antlr.Tool VecMath.g
$ java org.antlr.Tool Printer.g
$ javac *.java
$
```

输出如下：

```
$ java Test < t1 # t1中含有赋值语句和输出语句
(= x (+ 3 4)) (print (* x (VEC 2 3 4)))
x = 3+4
print x*[2, 3, 4]
$
```

后面两行是树的遍历器 Printer 输出的。

源代码中有两种构建 AST 的解析器文法，分别构建同型树和异型树。为了能构建异型树，必须采用异型树的 AST 节点定义。不管是哪种树，树文法 Printer 都可以处理。

相关模式

本模式以模式一为基础，将树文法转换为树的遍历器，即模式十三中的结果。模式十五中的代码也采用本模式中的树文法来匹配子树。

15　模式匹配器

目的

本模式能遍历树，在匹配到某模式的子树时会执行操作或改写。

匹配和改写动作一般称为项的推导。

讨论

树的模式匹配器与树文法在使用上有两个区别：

- 只需描述所关心的子树模式；

- 不用管树的遍历过程。

从 5.4 节可以看到，树的匹配器跟 awk、sed、perl 之类的文本改写工具很像，都是只考虑所关心的输入模式，以及遇到这些模式时应该执行的操作，不考虑遍历工具和匹配模式的时机。而树文法的使用方式与之相反，因为需要描述所有子树的模式，其文法规则跟手工编写的遍历器一样，都包含了有关遍历的指令。为了遍历所有的节点，必须为访问者指定完整的文法。

最好用例子来展示匹配树模式的原理。Meta-Environment(ASF+SDF)[4]和 Stratego/XT[5]是两个比较成熟的推导工具，下面先通过它们了解几个化简布尔表达式的推导规则。描述子树结构时，两个工具用的语法与 ANTLR 用的语法不大一样。比如，如果有一棵根节点（即操作符节点）为 and，子节点是 x 和 y 的子树，这两种工具会用 and(x,y)来表示，而 ANTLR 则用^('and' x y)来表示。ASF 等式可以方便地表示化简布尔表达式的推导规则[6]。

4　http://www.meta-environment.org。

5　http://strategoxt.org。

6　http://www.meta-environment.org/Meta-Environment/Documentation。

避免死循环

对于树的改写过程,有一点要小心:在使用各种遍历策略和模式时,可能会引起死循环。比如,规则 a 将 x+0 化简为 x,而规则 b 将 x 转换为 x+0,那么 a、b 两个规则会不停地对代码进行修改,程序永远也无法结束。

```
equations
 not(true) = false
 not(false) = true
 and(X, true) = X
 and(true, X) = X
```

Stratego/XT 的语法与之类似。根据其文档[7],使用它的语法,以上内容可以表示为

```
rules
  E: Not(True)      -> False
  E: Not(False)     -> True
  E: And(True, x) ->x
  E: And(x, True) ->x
```

这个工具的优点是能自己控制改写过程中的各种策略,可以手动指定如何遍历树,以及套用规则的顺序。比如,下面是化简布尔表达式应该采用的策略:

```
strategies
 eval = bottomup(repeat(E))
```

这句话是说,先使用自底向上的遍历顺序来匹配树中规则 E 的解析选项。遇到子树时继续匹配规则 E,直到无法再匹配为止。

还可以利用 **ANTLR** 树文法中的 `filter` 选项进行匹配。下面是采用 **ANTLR** 树文法编写的化简布尔表达式的推导规则:

```
e : ^('!' 'true') -> 'false'   // !true -> false
  | ^('!' 'false') -> 'true'   // !false -> true
  | ^('&&' 'true' x=.) -> $x   // true && x -> x
  | ^('&&' x=. 'true') -> $x   // x && true -> x
  ;
```

---

7 http://buildfarm.st.ewi.tudelft.nl/releases/strategoxt/strategoxt-manual-unstable-latest/manual。

这里的!和&&分别表示逻辑非和逻辑与。点表示通配符，以匹配任意节点或子树。这个规则描述了树模式到树模式的匹配。后面将依据布尔逻辑的相关知识，将一棵子树化简为单个节点。

跟模式十四一样，模式匹配器不依赖节点类的实现语言，所以模式九的同型树及模式十的异型树都能使用这种模式。但是这种模式会使用规范化子节点列表（见模式十和模式九）。由于遍历策略不依赖节点，所以必须使用子节点列表，以便采用统一的方式递归访问子节点。树的结构最为重要，而实现类型等细节并不重要。

以下有两个改写树的完整例子，并会详细讨论遍历策略。

实现

现在通过几个具体的例子（使用 ANTLR）来仔细了解树模式的匹配过程。首先还是使用向量语言，将数乘向量化简为向量（原向量中的每个分量都要乘以那个数）。然后再考虑几个编译器常用的表达式优化。

如果觉得树模式语法之类的细节太复杂也不要紧，因为现在只要了解其中的主旨就好，可以等将来需要改写树的时候再掌握这些例子。后面几章还会多次论述树的模式匹配，比如，第 6 章中的相关内容，只不过那时的匹配是为了执行操作而不是改写罢了。

改写、化简数乘向量

现在要将输入 4*[0, 5*0, 3]的树化简为[4*0, 4*5*0, 4*3]，那么为了一步到位，还要化简其中的乘零表达式，也就是最终化简为[0, 0, 4*3]。查看图 5.2 中的化简顺序，最左边的原始 AST 依然取自 VecMath.g，这一章一直都要使用这个文法。

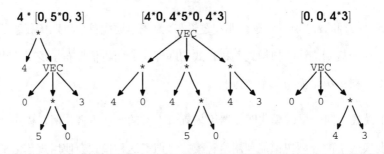

图 5.2 改写 AST 以化简 4 * [0, 5*0, 3]

ANTLR 中树的改写操作包括模式的匹配和生成，看起来就像是树文法片段的转换。直接处理数乘向量有点难，还是先分解这个过程。下面是匹配数乘向量子树的模式，特点在于其右操作对象是向量子树：

```
^('*' INT ^(VEC .+)) // '*' 为根节点，第二个子节点是向量
```

如果用树的文法来实现，也需仔细描述向量子树的结构，因为只有这样，遍历器才知道该如何遍历。树模式 ^(VEC .+) 会匹配以 VEC 为根节点的子树，其子节点数量不限。为了对乘法进行变形，需要记下所有子节点，以便将其放在新的 VEC 树中（语句 e+=. 能将子节点放到列表 $e 里）：

```
scalarVectorMult : ^('*' INT ^(VEC (e+=.)+)) -> ^(VEC ^('*' INT $e)+) ;
```

推导符号 -> 左边的文法生成新的向量子树，子节点是乘法子树。模式 ^('*' INT $e)+ 是个循环，对 $e 中的乘法子树进行遍历，生成新的乘法子树。

新建的乘法子树中可能会出现乘零子树，那么将 5*0 之类的式子化为 0 时，只需把操作数中含 0 的子树替换成 0。下面是所用的规则：

```
zeroX : ^('*' a=INT b=INT {$a.int==0}?) -> $a ; // 0*x -> 0
xZero : ^('*' a=INT b=INT {$b.int==0}?) -> $b ; // x*0 -> 0
```

如果只用树模式，则会匹配所有表示整数相乘的子树。而加了 {$a.int==0}? 这种谓词以后，就会只匹配乘数中有 0 的子树了。

接下来，还需要描述哪个规则用在下降过程，哪个规则用在上升过程。
ANTLR 中没有定义什么特殊的语法，只是为其预留了特殊的规则：

```
topdown : scalarVectorMult ; // 告诉 ANTLR该套用哪个规则
bottomup: zeroX | xZero ;
```

ANTLR 进行深度优先搜索，发现节点的时候调用 `topdown` 指定的规则，
结束节点访问的时候调用 `bottomup` 中的规则。

如果用自底向上的方式进行数乘向量的化简，就会漏掉这个 "`*4`" 过程
中产生的乘零式。自底向上遍历过程中，先访问向量的各个元素，然后是整
个向量的根节点，最后才是向量之上的乘法子树。我们不会再回来将 `4*0` 化
简为 `0`。

另外，自顶向下的方法无法处理乘零式的化简问题。比如，对于子树`(* 4`
`(* 5 0))`，只能化简其中的`(* 5 0)`，最后得到`(* 4 0)`。而用自底向上的方法
就能将`(* 5 0)`化简为`0`，并继续将`(* 4 0)`化简为`0`。

为了检测这些功能是否实现，可以先用 `VecMath` 的解析器将输入内容转换
为 AST。然后使用先下后上的方式来执行应用相关的操作。ANTLR 中
`TreeRewriter` 类的 `downup()`方法会启动遍历过程。下面是测试代码：

```
System.out.println("Original tree: "+t.toStringTree());
// 先下后上对树进行遍历，并套用改写规则
CommonTreeNodeStream nodes = new CommonTreeNodeStream(t);
Simplify s = new Simplify(nodes);
t = (CommonTree)s.downup(t, true); // 遍历t，输出变形过程
System.out.println("Simplified tree: "+t.toStringTree());
```

测试文件 `t1` 中的内容是 `x=4*[0, 5*0, 3]`。下面用它来测试，并输出原始
的树、中间的变形过程，以及最终的树：

```
$ java Test < t1 # t1 is "x = 4 * [0, 0*5, 3]"
Original tree: (= x (* 4 (VEC 0 (* 0 5) 3)))
(* 4 (VEC 0 (* 0 5) 3)) -> (VEC (* 4 0) (* 4 (* 0 5)) (* 4 3))
(* 4 0) -> 0
(* 0 5) -> 0
(* 4 0) -> 0
Simplified tree: (= x (VEC 0 0 (* 4 3)))
$
```

　　本例中，一棵子树只需套用一个规则。但有时可能需要对某棵子树多次执行同一个规则，直到子树的结构稳定为止。下一个例子对表达式子树进行变形，以简化操作。

迭代使用规则

　　编译器的优化过程中常常会对操作进行等价变换，减少操作以生成更快的代码。比如，3+3 和 3<<1 等价，但左移操作更快。不过这种变化过于跳跃，实际上一般是先将 3+3 化为 2*3，然后再把乘法变为左移。而连续的移位操作 x<<1<<2 可以变形为 x<<3。

　　对加法运算的变形是这一系列编译优化的第一步：

```
Download walking/patterns/Reduce.g
// x+x -> 2*x (INT["2"] 生成标记为 "2"的INT节点)
xPlusx: ^('+' i=INT j=INT {$i.int==$j.int}?) -> ^(MULT["*"] INT["2"] $j);
```

　　其中加上了谓词{$i.int==$j.int}?，因此只有两边的操作数一样才会匹配成功。

　　为了改写乘 2 子树，可以用谓词匹配所有操作数中含有 2 的乘法表达式：

```
Download walking/patterns/Reduce.g
// 将2*x变为 x<<1
multBy2
    : ^('*' x=INT {$x.int==2}? y=.) -> ^(SHIFT["<<"] $y INT["1"])
    | ^('*' a=. b=INT {$b.int==2}?) -> ^(SHIFT["<<"] $a INT["1"])
    ;
```

　　然后合并相邻的移位操作，下面的规则能匹配两个挨着的移位子树，其中最右边移位操作的右操作数必须是整数：

```
Download walking/patterns/Reduce.g
combineShifts // x<<n<<m 变形为x<<(n+m)
    : ^(SHIFT ^(SHIFT e=. n=INT) m=INT)
      -> ^(SHIFT["<<"] $e INT[String.valueOf($n.int+$m.int)])
      ;
```

　　为了让 ANTLR 使用自底向上的方式套用这些规则，需要将这些规则列在 buttomup 规则中（本例中向下的过程没有操作）。

```
bottomup // 自底向上匹配这些规则
    : xPlusx
    | multBy2
    | combineShifts
    ;
```

默认情况下，ANTLR 使用"先下后上"策略，因此会多次套用自底向上的规则，直到子树稳定不再变化为止。比如，如果只套用一次规则，那么 `3+3` 会变成 `2*3` 而不是 `3<<1`。

接下来使用测试代码 `Test2` 来观察这些变化过程。`Test2` 与之前的 `Test` 的区别在于，`downup()` 调用的是模式文法 `Reduce.g` 而不是 `Simplify.g`：

```
System.out.println("Original tree: "+t.toStringTree());
CommonTreeNodeStream nodes = new CommonTreeNodeStream(t);
Reduce red = new Reduce(nodes);
t = (CommonTree)red.downup(t, true); // 遍历t，输出变形过程
System.out.println("Simplified tree: "+t.toStringTree());
```

测试文件 u1 中 `x=2*(3+3)`。运行 `Test2`，输入 u1，则会输出原始的树、中间的规约过程及最终的结果（其中的注释是后来添加上去的）：

```
$ java Test2 < u1 # u1 是 "x = 2*(3+3)"
Original tree: (= x (* 2 (+ 3 3))) # x = 2*(3+3)
(+ 3 3) -> (* 2 3)
(* 2 3) -> (<< 3 1)
(* 2 (<< 3 1)) -> (<< (<< 3 1) 1)
(<< (<< 3 1) 1) -> (<< 3 2)
Simplified tree: (= x (<< 3 2))    # 规约为 x = 3 << 2
$
```

如果想了解 ANTLR 如何在树文法的基础上实现树模式匹配，则可以查看 `org.antlr.runtime.tree` 中 `TreeParser` 的子类 `TreeFilter` 和 `TreeRewriter`。

相关模式

本模式使用树文法的片段（模式十四）对树进行匹配。模式六和模式八都会广泛地使用树的模式匹配。

接下来

第 6 章开始使用这些遍历模式来分析句子。

第 6 章

记录并识别程序中的符号
Tracking and Indentifying Program Symbols

前面的章节介绍了三种实现语言所要用到的重要技巧，包括识别输入的解析器、生成抽象语法树的解析器，以及遍历并改写树的遍历器。那么，现在差不多可以着手语义分析了。语义分析其实就是序言中所说的"探测代码，看看它是否合理"的专业说法。"语义"和"意义"的意思差不多。

第 8 章将会讲解语义分析，在此之前，还得先为这种分析做好基础准备。为了进行语义分析，必须记录符号的定义，并且跟踪记录符号的使用情况（符号就是程序中实体的名称，比如变量名、方法名），就好像记住小说中的人物角色一样。小说先介绍新的角色，之后会多次讲到他们，要想看懂小说的故事情节，就必须记住这些角色及他们的相关信息。如果某个角色死了，那么一般情况下，他就不该再在书中亮相了。与此相同，计算机语言中也会在代码中定义和使用符号，而代码结束时，符号就不能使用了（代码块之外的符号没有意义）。

语言应用常常使用符号表作为记录符号的抽象数据结构。

本章会定义并实现两种基本的符号表模式：

- 模式十六，单作用域符号表，即所有的符号都在同一个作用域中，比如，简单的属性文件和早期的 BASIC 语言就采用这种模式。

- 模式十七，嵌套作用域符号表，即作用域不止一个，而且还能相互嵌套。比如，C 语言就实现了嵌套作用域。语言结构的首末界定了作用域的范围。

每种模式都有例子，详细演示了符号表的生成和使用。为了学好这 2 种模式，还需要先学习程序中符号的表示、按作用域划分符号，并且解析符号以追溯其定义。

6.1 收集程序实体的信息
Collecting Information About Program Entities

要构建符号表，就必须实现那些大家在读写代码时无意识中完成的动作。首先要表示这些程序中的实体，看下面的 C++代码：

```
class T { ... };          // 定义类T
T f() { ... }             // 定义函数f，其返回值类型为T
int x;                    // 定义int型变量x
```

大家在无意中就记下了这三个符号（程序实体）：类 T、函数 f 和变量 x。要构建处理语言的程序，在软件中也得模仿这个过程。对于这些定义，代码中可能得这么写：

```
Type c = new ClassSymbol("T");                   //定义类
ethodSymbol m = new MethodSymbol("f", c);        //定义方法（函数）
Type intType = new BuiltInTypeSymbol("int");     //定义int类型
VariableSymbol v = new VariableSymbol("x", intType); //定义变量x
```

这几个构造函数差不多包括了所有的相关信息。为了加以强调，下面正式列出每个符号都得有的三个关键属性：

- 名称：符号一般会使用 x、f 和 T 之类的标示符，但也可能使用操作符。比如，在 Ruby 中，可以使用+之类的操作符当做方法名。

- 类别：用于说明符号属于哪一类，是类、方法、变量、标签等中的哪一个。

比如，验证函数调用语句 `f()` 的合法性时，就得先保证 `f` 是函数而不是变量或类。

- 类型：在验证操作语句（比如 `x+y`）的合法性时，得知道 `x` 和 `y` 的类型。Python 之类的动态类型语言会动态记录类型信息。而 C++ 和 Java 等静态类型语言在编译时就记下了这种类型信息。程序员必须显式地为符号声明其类型（不过在有些语言中，编译器会做类型推导）。

基本上用这三个参数就能区分不同的程序实体了。比如，返回字符串的函数 `f` 跟整型变量 `x` 肯定是不一样的。对应地，小说里可能会这样介绍角色：精灵族人（类别）Sri（名称）后来当了兵（类型）。

符号表中的每个类别都被单独定义为类，而名称和类型就是符号表中的属性。这些共同属性可以抽取到超类 `Symbol` 中：

```
public class Symbol {
    public String name;        // 符号都有名称
    public Type type;          // 符号都有类型
}
```

最简单的类别就是 `VariableSymbol`，其代码类似于

```
public class VariableSymbol extends Symbol {
    public VariableSymbol(String name, Type type) { super(name, type); }
}
```

现在来看用户自定义的类型或者 `struct`。为了保持一致性，用户自定义的类型跟其他程序符号的表示方法一样，那么从 `Symbol` 类中可以（通过继承）派生出 `BuiltInTypeSymbol` 和 `ClassSymbol` 类（当然这些类其实不需要 `type` 字段）。

为了将用户自定义的类型和普通程序符号区分开，可以用接口 `Type` 来区别这些类型。比如，下面是表示 `int` 和 `float` 等内置类型的类：

```
public class BuiltInTypeSymbol extends Symbol implements Type {
    public BuiltInTypeSymbol(String name) { super(name); }
}
```

而接口 `Type` 无须实现什么，因为它只是用来做标记的：

```
public interface Type { public String getName(); }
```

对于面向对象中的概念"接口"，我的理解是它表示了类所能履行的职能。那么在这里，实现了接口 `Type` 的符号类就能当类型来用。

下面是一幅不完整的继承图，里面包括了 Symbol 及其子类，以及实现了 Type 接口的类：

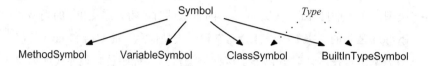

用符号表记下这些符号并不难，难点在于如何跟踪和查询它们的信息。

6.2 根据作用域划分符号
Grouping Symbols into Scopes

作用域就是有明确界限的代码块，它能划分符号的定义（定义在与代码块相关联的字典中）。比如，类作用域划分出类成员；函数作用域划分参数和局部变量。通常，作用域可以使用代码中表示起始和结尾的词法单元（比如花括号）来界定，就好像打电话时的"你好"和"再见"一样。由于作用域的范围由词法来确定，因此也称之为词法作用域。不过其实应该称之为静态作用域，因为不用动态执行，仅根据源代码就能确定所有的作用域。下面是不同语言的作用域可能存在的差异。

- 静/动态：大多数语言都是静态作用域，但是有些采用了动态作用域，比如，LISP 和 PostScript。可以这么理解动态作用域，被调用的函数中可以看到调用者的局部变量。

- 名称：大多数作用域都有名称，比如，类作用域和方法作用域；不过全局作用域和局部作用域没有。

- 嵌套：一般语言都支持作用域的嵌套，比如，花括号之间嵌套的代码就引入了嵌套的新作用域。C++和 Java 还支持嵌套的类定义。通常语言会限制嵌套的形式。比如，Python 能嵌套函数定义，而 Java 就不允许。

- 内容：有些作用域中可以进行定义，有些可以嵌入执行语句，有些都行。C 的 struct 作用域中只能进行定义。而 Python 的全局作用域中既可以进行定义又可以执行语句。

- 可见性：作用域中的符号对外是否可见。C 语言中 struct 的字段在其他代码中都可见，而类中定义的字段就会使用修饰符 public 和 private 来控制其可见性。函数内的局部变量常常是对外不可见的。

还可以使用接口来实现作用域，以便标注函数和类等程序实体。比如，函数是一种 Symbol，但同时也表示某个作用域。作用域有名称，还得有指针，以便指向其外部作用域（这个等会儿再说），不过不用记录它们对应的代码块，相反，代码所对应的 AST 得记录所对应的作用域。这自有道理，因为需要在 AST 对应的作用域里查找节点中的变量。

下面先看 Scope 接口中的前三个方法（之后再讲 resolve()）：

```
public interface Scope {
    public String getScopeName();        // 有名称吗?
    public Scope getEnclosingScope();     // 有外部作用域吗?
    public void define(Symbol sym);       // 在作用域中定义符号
    public Symbol resolve(String name);   // 根据名称查找
}
```

那么第一步先看看使用 Scope 对象能干什么。

单作用域

早期的 BASIC 等程序语言中只有全局作用域。现在的配置文件等简单语言也只有一个作用域。比如，下面是属性文件：

```
host=antlr.org               # 在全局作用域中定义属性
port=80                      # 具有符号表功能的集合
webmaster=parrt@antlr.org
```

在作用域内，一个符号只能表示一个实体，那么多次定义同一个符号要么覆盖之前的定义，要么就是错误。单作用域中记录符号就是要维护 Symbol 对象的集合，遇到定义就创建新的对象并加入集合中，之后根据名称来查询相关信息，所以能将符号名映射为 Symbol 对象的字典就可以完成这项功能。模式十六定义了处理单作用域的符号表。

多重、嵌套作用域

如果采用多重作用域，就可以在不同代码块中使用同一个名称，当然，它们表示的是不同的程序实体。比如，下面方法中的变量名 x 就指代两个不同的变量：

```
void f() { int x; printf(x); }     // 这个x在f的作用域中
void g() { float x; printf(x); } // 这个x在g的作用域中
```

为防止产生歧义，程序语言中根据上下文（也就是运行环境）来判断使用的到底是哪一个符号。上下文就是指符号所在的作用域及所有的外部作用域。在方法f()的运行环境中，printf()的参数x就是int型的局部变量。而在g()的运行环境中，x是float型变量。出现在方法定义之外的局部变量脱离了作用域（不可见了）。

程序语言中还可以对作用域进行嵌套。嵌套的作用域就好比你在开会时，突然有人闯进办公室问了个问题，等他问完离开后，你还继续开会。记录嵌套作用域时，需要对作用域栈进行压入和弹出操作。进入新作用域时，会将其压入栈内，栈顶的作用域就是当前作用域。离开作用域时，再弹出栈中的作用域，而前一个作用域成为新的当前作用域。

符号定义都是在当前作用域中进行的。下面是注释了作用域信息的 C++代码：

```
❶  //开始全局作用域
   int x;         //定义全局作用域中的变量x
❷  void f(){      //定义全局作用域中的函数f
     int y;       //定义f作用域中的变量y
❸   { int i; }  //在嵌套作用域中定出变量i
❹   { int j; }  //在嵌套作用域中定出变量j
   }
❺  void g() {     //定义全局作用域中的函数g
     int i;       //定义g作用域中的变量i
   }
```

不同的数字表示不同的作用域。下面展示了定义符号之后的作用域栈。随着作用域的压入、弹出，作用域栈也随之扩大、缩小。

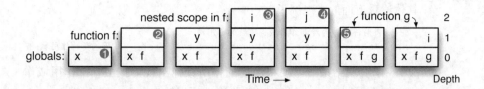

从栈中弹出某个作用域，就相当于把它扔掉。但通常还可能用到这个作用域的相关信息，比如要检查正确性、生成输出内容，等等。为了记录这些信息，得用到作用域树，这个数据结构就好比栈的集合。图 6.1 所示的是前面C++代码所对应的作用域树。节点到根之间的每条路径都表示一个作用域栈。比如，节点4表示作用域栈❹❷❶，节点5表示栈❺❶。树的层数跟栈的嵌套层数有关。沿着树上升一层，就相当于跳出一个作用域。向栈中压入作用域，就相当于向作用域树上添加新的节点。

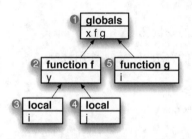

图 6.1　包含全局作用域、函数作用域和局部作用域的作用域树

这棵树有点与众不同，因为这棵树里的节点都指向父节点。查找某个符号的时候，需要朝着根部向上搜索。

构建作用域树的过程可以分解为下面这些操作：push（压入）、pop（弹出）和 def（定义）。这两章中的模式会用这些核心的抽象操作来生成符号表。

- push：作用域开始时，往栈中压入新作用域，即使是类这种复杂的作用域也这样。对于作用域树，push 相当于树操作中的"添加节点"，而跟栈操作没什么联系。

具体请看下面的实现例子：

```
// 以当前作用域为外部作用域构建新的作用域
currentScope = new LocalScope(currentScope); // 压入新的作用域
```

● pop：作用域结束后，要将当前的作用域弹出栈，把上一个作用域作为当前作用域。pop 操作将当前作用域的指针指向上一层作用域。

```
currentScope = currentScope.getEnclosingScope(); // 弹出作用域
```

● def：在当前作用域中定义符号。符号定义语句如下。

```
Symbol s = «新的符号»;
currentScope.define(s); // 在当前作用域中定义符号
```

下面看使用解析器生成图 6.1 中的作用域树时所需的操作序列。先不看如何执行这些操作（实现后面的模式时会深入细节），重要的是操作的顺序（比如，如果要想在某个作用域中定义变量，那么 def 就必须夹在对应的 push 和 pop 操作之间）：

1. push 全局作用域❶。

2. def 作用域❶中的变量 x。

3. def 作用域❶中的方法 f，push 作用域❷。

4. def 变量 y。

5. push 局部作用域❸。

6. def 变量 i。

7. pop ❸，回到❷。

8. push 局部作用域❹。

9. def 变量 j。

10. pop ❹，回到❷。

11. pop 函数 f 的作用域❷，回到❶。

12. def 作用域❶中的方法 g，压入作用域❺。

13. def 变量 i。

14. pop 函数 g 的作用域❺，回到❶。

15. pop 全局作用域❶。

在 6.3 节中会看到，如果要查找所记录的符号，使用作用域树则会很方便。

6.3 解析符号
Resolving Symbols

当程序中出现符号 x 的时候，自然会去找离它最近的定义。换句话说，大家会下意识地解析（识别）它到底表示什么。如果只有一个作用域，那么解析符号就很容易了，反正符号都在作用域的 Symbol 字典里，要么有，要么没有，看看就知道。代码的大概形式如下：

```
myOnlyScope.resolve(《符号名》);
```

方法 resolve() 只需在作用域的字典里查找《符号名》。

不过，在多作用域的情况下，解析符号时就得看它的具体位置了。换句话说，如果代码中符号出现的位置不一样，那么所表示的东西也不一样。出现的作用域不同，当前的作用域栈内容也不一样。作用域栈就是作用域树中当前作用域与根节点之间的路径，这个栈也称为语义环境。

因此，为了解析符号，应该从当前作用域开始在语义环境中进行查找。如果 resolve() 找不到，那么它会请求在外部作用域中继续进行查找。这样，resolve() 进行递归查找，直到找到或者搜遍所有的作用域为止，算法如下：

```
public Symbol resolve(String name) {
    Symbol s = members.get(name);      // 在本作用域中查找
    if ( s!=null ) return s;           // 找到就返回
    if ( enclosingScope != null ) {    // 有外围作用域吗?
        return enclosingScope.resolve(name); // 请求外围作用域进行查找
    }
    return null; // 没找到，或者再没有外围作用域了
}
```

变量 enclosingScope 指向作用域树中本作用域之外的作用域（当前节点的父节点），这里不要总想着递归，递归只是为了方便算法的表述。resolve() 中的递归其实相当于循环遍历 enclosingScope 组成的链表。

下面分析算法中最精粹的部分，这也是作用域树合并的重要之处。不管作用域树有多复杂，都能用这段代码来解析其中的符号：

```
currentScope.resolve(《符号名》);
```

编程语言实现模式

根据 enclosingScope 指针，resolve() 方法就知道该从哪里查找。不是编写实现所有查找规则的智能算法，而是将这些东西放到简单的数据结构中。

下面来看看 resolve() 方法，它优雅地处理了嵌套作用域的两个重要特征：一是能看到外部作用域的符号，二是能重新定义外部作用域中的符号。不同语言中 resolve() 的工作方式有差异，下面看看其 C++ 代码是如何进行的：

```
❶ // 全局作用域的开始
   int x;                   // 定义全局作用域中的变量x
   int y;                   // 定义全局作用域中的变量y
❷ void f() {               // 定义全局作用域中的函数f
     float x;               // 将x重新定义为局部变量，隐藏了外部的x
     printf("%f" , x);      // x是f的局部变量
     printf("%d" , y);      // y是全局作用域中的变量
❸   {int z;}               // 嵌套在f作用域中的局部作用域
     printf("%d" , z);      // z已经不可见了，因此静态分析时这里会出错
   }
```

在函数 f 中，有三处使用了变量，都在 printf 的调用语句中。使用变量 x、y 和 z 时，语义环境是 ❷❶，因此先从作用域 ❷ 中查找变量的定义。解析 x 的时候，resolve() 方法直接在作用域 ❷ 中找到定义。但当前的作用域 ❷ 中没有 y，不过在外围作用域 ❶ 中找到了 y。而 printf 中的 z 无法找到定义，因为 z 是在作用域 ❸ 中定义的。但是使用 z 的时候，语义环境中不包括作用域 ❸。那么 resolve() 会返回 null，提示错误。

可以看出，由于采用了作用域树为数据结构，符号解析问题就变成了树的简单遍历，因而降低了难度（第 7 章里处理类继承时也是如此）。在后面的几种模式中，用 ref 表示抽象操作，指代符号的解析。那么一共有四个抽象操作：用于构建作用域树的 push、pop 和 def，以及根据作用域树来解析符号的 ref。有了这些操作，再加上对符号表的良好管理，就能深入分析前 2 种符号表模式了。下面是这些模式的使用场景：

模　　式	如 何 使 用
模式十六	此模式能用于在单作用域中定义所有符号的语言
模式十七	如果语言支持多重作用域，甚至嵌套作用域，那么就得用这种模式了

在学习后面几章有关符号表和语义分析的模式时，为了保持连贯性，都会对同一种语言进行分析。选择使用 C++语言的子集，称之为"Cymbol"[1]。先考虑定义变量的语法，处理几个简单的表达式，然后不断扩充语言的要素，加入函数和 struct，最后加入类。为简单起见，只在非常需要的时候才处理指针，而且也不考虑可执行语句（不会出现在符号的定义中）。

16　单作用域符号表

目的

本模式用于为单作用域语言构造符号表。

本模式适用于简单的编程语言（没有函数）、配置文件、小型绘图语言及其他不大的 DSL。

讨论

构建符号表的重心就是构建作用域树。不过这种模式的作用域树没什么意思，因为它始终只有一个节点（表示全局作用域）。下面的表阐明了该如何处理输入，构造单作用域。严格来说，这里不需要 pop 和 push 操作，只是为了保持一致才这么写。

遇　　到	执　　行
文件开始	push GlobalScope，为 int 或 float 等内置类型 def BuiltInType
定义 x	ref x 的类型，在当前作用域内 def x
使用 x	在当前作用域内 ref x
文件结束	pop GlobalScope

1　不要与 AT&T 的 Cymbal 混淆。http://www.research.att.com/~daytona/。

使用这些操作来处理下面 Cymbol 语言中的定义语句：

```
int i = 9;
float j;
int k = i+2;
```

执行操作的顺序如下：push 全局作用域，def int，def float，ref int，def i，ref float，def j，ref int，def k，ref i，pop 全局作用域。定义内置类型也属于符号表的初始化工作，解析器遇到输入语句时不会自动执行这些操作。简单说来，先创建全局作用域，然后定义三个变量 i、j 和 k。定义变量之前，必须解析其类型。此外，还要解析变量初始化语句中所使用的其他变量。

为了生成符号表，要用到表示变量和内置类型的对象。类型符号的类实现了 Type 接口，同时由于符号表中的对象也有作用域功能，因此还需要 Scope 接口。类继承和接口的实现如下：

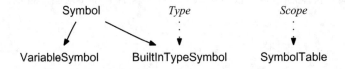

下面不但实现了完整的 Cymbol 解析器，还实现了符号表中采用的对象。

实现

目前还没有为 Cymbol 添加向后引用的功能，因此表达式不能使用后面定义的变量，必须调整好定义和使用的关系，一次定义完所有的变量。这里只用解析器和少数几个操作就能演示符号表的管理。

需要为上面展示的 Cymbol 程序生成输出，以确保处理符号的方法得当。那么，现在考虑生成如下的内容（不含内置类型的 def 操作）：

```
$ java Test < t.cymbol
line 1: ref int
line 1: def i
line 2: ref float
line 2: def j
line 3: ref int
line 3: ref to <i:int>  // <i:int>表示i是int型的
```

```
line 3: def k
globals: {int=int, j=<j:float>, k=<k:int>, float=float, i=<i:int>}
$
```

遇到变量定义就将其添加到符号表里，并输出相关信息；使用变量或类型就对其进行解析，也输出相关的信息；最后还会输出作用域符号表中的所有符号。

首先定义符号，记录这些符号。基类 Symbol 的字段包括名称及类型：

```java
public class Symbol { // 符号的泛型
    String name;        // 符号都有名称
    Type type;
    public Symbol(String name) { this.name = name; }
    public Symbol(String name, Type type) {this(name); this.type = type;}
    public String getName() { return name; }
    public String toString() {
        if ( type! = null ) return '<'+getName()+":"+type+'>';
        return getName();
    }
}
```

目前本章中的 Cymbol 只加入了两种符号，即变量和内置类型：

```java
/** 符号表中表示变量定义（名称和类型） */
public class VariableSymbol extends Symbol {
    public VariableSymbol(String name, Type type) { super(name, type); }
}
```

```java
/** 表示int和float等内置的基础类型的符号 */
public class BuiltInTypeSymbol extends Symbol implements Type {
    public BuiltInTypeSymbol(String name) { super(name); }
}
```

然后使用字典来记录这些符号(单节点的树，或者深度为 1 的作用域栈)。可以使用 SymbolTable 对象存放字典。由于符号表中只有一个字典（字段 symbols），因此还用 SymbolTable 来表示 Scope。

```java
import java.util.*;
public class SymbolTable implements Scope { // 单节点符号表
    Map<String, Symbol> symbols = new HashMap<String, Symbol>();
    public SymbolTable() { initTypeSystem(); }
    protected void initTypeSystem() {
        define(new BuiltInTypeSymbol("int"));
        define(new BuiltInTypeSymbol("float"));
    }
    // 实现接口 Scope
    public String getScopeName() { return "global"; }
    public Scope getEnclosingScope() { return null; }
    public void define(Symbol sym) { symbols.put(sym.name, sym); }
    public Symbol resolve(String name) { return symbols.get(name); }

    public String toString() { return getScopeName()+":"+symbols; }
}
```

现在符号表和符号都有了，该创建 **Cymbol** 的解析器了，以便对其进行测试。**Cymbol.g** 中定义了 **Cymbol** 语言的文法，可以往里面嵌入动作，以创建符号、插入符号表并进行解析。

文法的细节不重要，要注意识别定义的规则会创建 Symbol 对象，并调用 define()。用到标识符的规则会调用 resolve() 以便查询其含义。记住，动作执行的顺序与其在文法中的位置相关。比如，解析选项末尾的某个动作在解析器匹配完整个结构后才会执行。动作中使用$ID 来指代 ID 所匹配的词法单元。

首先，需要为起始符号添加参数 compilationUnit，以便传入符号表：

```
grammar Cymbol; // 文法名为Cymbol
// 在生成的解析器中定义SymbolTable字段
@members {SymbolTable symtab;}
compilationUnit[SymbolTable symtab] // 将符号表传给起始规则
@init {this.symtab = symtab;}        // 设置解析器的字段
    :   varDeclaration+ // 识别至少一个变量定义语句
    ;
```

SymbolTable 中定义了两种内置类型，识别变量定义时可以查到。规则 type 会根据类型名进行查询，并返回 Type 类型的符号。

```
type returns [Type tsym]
@after { // $start就是规则所匹配到的第一个树节点
    System.out.println("line "+$start.getLine()+": ref "+$tsym.getName());
}
    : 'float'   {$tsym = (Type)symtab.resolve("float");}
    | 'int'     {$tsym = (Type)symtab.resolve("int");}
    ;
```

之后，规则 varDeclaration 会用 type 规则返回的 Type 对象创建

VariableSymbol 对象：

```
varDeclaration
    : type ID ('=' expression)? ';' //如 "int i = 2;", "int i;"
      {
      System.out.println("line "+$ID.getLine()+": def "+$ID.text);
      VariableSymbol vs = new VariableSymbol($ID.text,$type.tsym);
      symtab.define(vs);
      }
    ;
```

其中的式子$type.tsym 会调用规则 type，计算返回值。

最后，还要解析所使用的符号，文法中只有一处可以使用其他变量，即在

变量定义时的初始化语句中：

```
primary
    : ID // 表达式中使用变量
      {System.out.println("line "+$ID.getLine()+": ref to "+
       symtab.resolve($ID.text));}
    | INT
    | '(' expression ')'
    ;
```

为了检验 Cymbol 文法中符号表管理是否可行，可以使用下列代码进行测

试：

```
CharStream input = null; // 从文件或终端中读入
if ( args.length>0 ) input = new ANTLRFileStream(args[0]);
else input = new ANTLRInputStream(System.in);
CymbolLexer lex = new CymbolLexer(input);      // 创建词法解析器
CommonTokenStream tokens = new CommonTokenStream(lex);
CymbolParser p = new CymbolParser(tokens);     // 创建语法解析器
SymbolTable symtab = new SymbolTable();        // 创建符号表
p.compilationUnit(symtab);                     // 调用解析器
System.out.println("globals: "+symtab.symbols);
```

运行测试代码，先向 ANTLR 中输入文法 Cymbol.g，编译，再向 Test 中输入测试代码 t.cymbol。

```
$ java org.antlr.Tool Cymbol.g
$ javac *.java
$ java Test < t.cymbol
line 1: ref int
...
```

这种模式相当于最基本的符号表管理，虽然对大部分 DSL 来说够用了，但基本上唯一的用处是为学习复杂的符号表打基础。

相关模式

下一种模式会为文中 C++的子集 Cymbol 添加函数和嵌套作用域。

17　嵌套作用域符号表

目的

本模式记录符号并为带多重、嵌套作用域的语言构建作用域树。

程序语言中的函数就是嵌套作用域的例子。每个函数都有自己的作用域，函数作用域嵌套在全局作用域或者类作用域中。有些语言甚至支持嵌套函数定义或者多重的局部作用域。大多数 DSL 也有嵌套作用域，比如，制图语言 DOT[2]有子图的概念，可以嵌套在其他的图里。使用本模式可以优雅地处理这些语言。

讨论

讨论嵌套作用域之前，先为前面的示例文法——C++的子集 Cymbol 添加函数支持。这需要为函数（或方法）定义 Symbol 类，以及全局变量、参数和局部变量。下面来看看示例，其中不同的作用域都用数字标出。

---

2 http://www.graphviz.org。

```
❶  // start of global scope
   int i = 9;
❷  float f(int x, float y)
❸  {
       float i;
❹      {float z=x+y;i=z;}
❺      {float z=i+1;i=z;}
       return i;
   }
❻  void g()
❼  {
       f(i,2);
   }
```

还需要两个类：一个为 `Symbol` 的子类，用来表示函数；一个表示局部作用域。下面的类继承与接口实现图中囊括了所有的符号表对象：

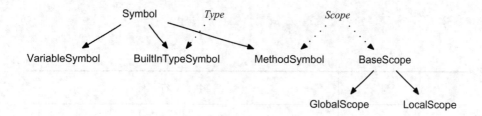

`MethodSymbol` 既是符号，又是作用域。一个方法实际上有两个作用域：一个用于定义参数（就是 `MethodSymbol` 本身），另一个用于定义局部变量（`MethodSymbol` 的子类 `LocalScope`）。

确定了符号表中对象的类名之后，可以具体考虑作用域树的构造了。之前的作用域树（见图 6.1）只勾勒出了树的大体轮廓，现在可以看到图 6.2 中 t.cymbol 对应的作用域树，其中标注了几个关键对象的属性。本模式的最终目标就是构建类似的作用域树。

下页表所示的规则有两项功能，一是根据嵌套作用域构建作用域树，二是在正确的语义环境下对符号进行解析。t.cymbol 的操作序列类似如下：push 全局作用域、def int、def float、def void、ref int、def i、ref float、def f、push f、ref int、def x、ref float、def y、push 局部作用域 f、ref float、def i……

注意，这里没有用符号表来区分全局变量、参数和局部变量，它们都是 `VariableSymbol` 对象。

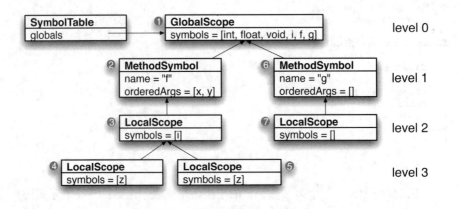

图 6.2 全局变量和函数的作用域树

遇　　到	执　　行
文件的开头	push GlobalScope，对于 int、float、void 进行 def，生成 BuiltInType 对象
定义变量 x	ref x 的类型，在当前作用域内 def x
定义方法 f	ref f 的类型，在当前作用域内 def f，并 push f，用做当前的作用域
{	push LocalScope，作为新的当前作用域
}	pop 将上一个作用域当做当前作用域
方法定义结束	pop 当前的 MethodSymbol 作用域（参数作用域）
使用 x	ref x，从当前作用域开始查找，找不到就找上一层
文件结束	pop GlobalScope

两者的唯一区别在于它们定义在不同的作用域中。比如，`f` 的参数是用 `def` 操作定义的，这个动作发生在压入 `f` 的方法作用域和压入 `f` 的局部作用域之间。

现在已经清楚了大概的过程，下面看看实际应用时如何使用规则管理嵌套作用域的符号表。

实现

在这个实现中将根据输入内容构建 AST，然后在遍历 AST 的过程中执行创建作用域树的操作。当然也能像模式十六中那样在解析器运行时执行操作，但是在 AST 上进行操作更灵活。在模式十九中也将对输入进行多次扫描，因此倒不如现在就习惯这种做法。

以上一种模式中的实现代码为基础，如果要为其添加函数和嵌套作用域功能，那么还需要满足以下条件。

1. 使语法支持函数。增强 `Cymbol.g`，以支持函数定义、函数调用、返回和嵌套代码块。

2. 构建 AST。使用解析器文法构建 AST。

3. 定义新的符号表对象。为了支持作用域，需要定义抽象类 `BashScope` 和它的两个实现类：`GlobalScope` 和 `LocalScope`。`BaseScope` 实现了接口 `Scope`。还要定义 `MethodSymbol`，它有双重职责，既是 `Symbol`，又是 `Scope`（是传入参数的）。

4. 遍历 AST，生成符号表并解析对变量和函数的引用。其中将使用树模式的匹配规则，并嵌入上页表中的操作。

在本模式和模式十八中将把符号定义和解析结合在一次扫描中，而在模式十九中，这两个过程会分为两次执行，因为这样能支持前向引用（前面的方法能调用后面定义的方法）。

在深入细节之前，先略去从源代码构建 AST 的部分。

在进行 AST 操作之前,先看这个简单的函数定义语句所对应的 AST,在代码上注释有操作和作用域。根据图 6.3 可以分析出该在 AST 的哪儿进行 push、pop、def 和 ref(为了简洁,省略了对内置类型的解析)。AST 节点左边的操作会在发现节点的时候执行,也就是在向下扫描的过程中执行;AST 节点右边的操作是在结束遍历的时候执行,也就是在向上的过程中执行。图中用虚线将变量的引用处与其定义位置连接起来(注意,引用 y 的地方找不到相关的定义)。

那么,为了创建作用域树,只需对 AST 进行深度优先遍历,在"之前"和"之后"两个地方执行操作即可。下降的时候 push,上升的时候 pop,遇到符号时,要么 ref,要么 def。

对于具体实现,之后会详细讲解。

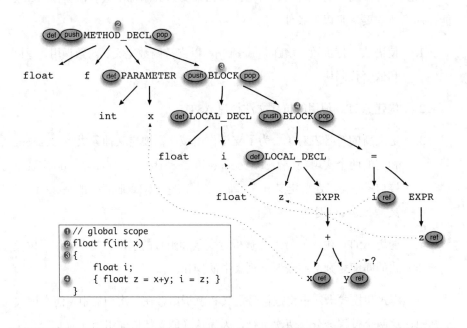

图 6.3 带有嵌套作用域的函数所对应的 AST

添加有关函数的语法、构建 AST

为了向 Cymbol 中添加函数支持，需要往 Cymbol.g 中添加规则 methodDeclaration 和 formalParameters。然后还要添加构建 AST 的规则，比如，下面是修改后的 varDeclaration：

```
varDeclaration
    : type ID ('=' expression)? ';' -> ^(VAR_DECL type ID expression?)
    ;
```

这个规则生成以 VAR_DECL 为根的子树，子结点包括类型、标识符，还可能有变量初始化语句。方法定义规则中生成以 METHOD_DECL 为根的子树：

```
methodDeclaration
    :  type ID '(' formalParameters? ')' block
        -> ^(METHOD_DECL type ID formalParameters? block)
    ;
```

解析和 AST 构建不是本模式的重点，所以略览之后继续下一步。

构建作用域树

为了构建作用域树，先前制定的规则（见 P148 页表）是这样的：遇到输入结构 A，就执行操作 B，最直接的实现就是编写一组"树模式-操作"对。比如，在代码块的起始位置{处，push 新的作用域，而在代码块的结束位置}处，pop 那个作用域。实际上，这里说的"起始位置"和"结束位置"就对应了在AST遍历过程中的"向下"和"向上"。下面是处理push和pop的树模式规则：

```
enterBlock
    :  BLOCK {currentScope = new LocalScope(currentScope);} // push
    ;

exitBlock
    :  BLOCK
       {
       System.out.println("locals: "+currentScope);
       currentScope = currentScope.getEnclosingScope();    // pop
       }
    ;
```

这两个规则虽然都会匹配 BLOCK 结构，但会执行不同的操作（push 和 pop），具体执行什么要看是刚发现节点，还是刚遍历完节点。只要把规则名添加到 topdown 和 buttomup 规则中，就能制定规则是在向下还是向上的过程中执行：

```
topdown : enterBlock | enterMethod | ... ;
bottomup : exitBlock | exitMethod | ... ;
```

为了控制方法的作用域，还要创建方法符号对象，在向下的过程中 push 进栈；在上升的时候，无须细看方法的子树，只匹配根节点 METHOD_DECL。下面是处理方法定义子树的规则：

```
enterMethod // 匹配方法子树，可能有参数
    : ^(METHOD_DECL type ID .*)
      {
      System.out.println("line "+$ID.getLine()+": def method "+
                    $ID.text);
      Type retType = $type.tsym; // 子规则type会返回Type符号对象
      MethodSymbol ms = new MethodSymbol($ID.text,retType,
                                  currentScope);
      currentScope.define(ms); // 方法是全局的
      currentScope = ms; // 将方法作用域设为当前作用域
      }
;
exitMethod
    : METHOD_DECL
      {
      System.out.println("args: "+currentScope);
      currentScope = currentScope.getEnclosingScope();// pop 参数作用域
      }
;
```

你可能在想，方法作用域是在哪儿定义的。其实方法定义的 AST 中也包含子树 BLOCK（见图 6.3），因此规则 enterBlock 会自动创建作用域。

生成符号表

作用域树已经创建好了，接下来就只需在遍历 AST 的过程中，将符号放在正确的作用域中即可。对于所有的定义语句来说，其处理方法都一样：创建相对应的 Symbol，然后调用 Scope.define()。

下面是定义各种变量的规则：

```
varDeclaration // 全局变量、参数或者局部变量
    :   ^((ARG_DECL|VAR_DECL) type ID .?)
        {
        System.out.println("line "+$ID.getLine()+": def "+$ID.text);
        VariableSymbol vs = new VariableSymbol($ID.text,$type.tsym);
        currentScope.define(vs);
        }
    ;
```

`currentScope` 字段总是指向当前作用域的，因此树的模式匹配器总会在当前作用域中定义符号。

现在反过来想想，该怎么在作用域树中查找变量的定义。

解析变量引用和方法引用

第 8 章在进行类型检查的时候，经常需要查找符号。下面这个规则，它负责查找表达式中出现的所有标识符：

```
idref
    :   {$start.hasAncestor(EXPR)}? ID
        {
        Symbol s = currentScope.resolve($ID.text);
        System.out.println("line "+$ID.getLine()+": ref "+s);
        }
    ;
```

使用谓词 `hasAncestor()`，`idref` 能够确保当前匹配的 `ID` 处于 `EXPR` 节点的下面。

根据老一套的流程，下面该进行测试了。测试代码会根据源文件创建 AST，然后采用 ANTLR 内置的 `downup()` 策略遍历 AST：

```
CommonTree t = (CommonTree)r.getTree(); // 从解析器返回的树
CommonTreeNodeStream nodes = new CommonTreeNodeStream(t);
nodes.setTokenStream(tokens);
SymbolTable symtab = new SymbolTable(); // 创建全局作用域和内置类型
DefRef def = new DefRef(nodes, symtab); // 使用自定义的构造方法
def.downup(t); // 遇到某些子树就执行符号表相关的操作
System.out.println("globals: "+symtab.globals);
```

然后将文法输入 ANTLR 中运行，再编译所得的文件：

```
$ java org.antlr.Tool Cymbol.g DefRef.g
$ javac *.java
$
```

下面是输入图 6.3 中的源代码所得到的输出：

```
$ java Test < t2.cymbol
line 2: def method f
line 2: def x
line 4: def i
line 5: def z
line 5: ref <x:int>
line 5: ref null        // y没有定义，因此解析得到null
line 5: ref <z:float>
line 5: assign to <i:float>
locals: [z]
locals: [i]
args: method<f:float>:[<x:int>]
globals: [int, float, void, f]
$
```

相关模式

本模式是模式十八和模式十九的基础。

接下来

现在已经熟悉了嵌套作用域，就能编写大部分处理 C 语言中符号的基础框架了。唯一没有涉及的就是 struct 数据聚合体，这将在第 7 章介绍。

第 7 章

管理数据聚集的符号表

Managing Symbol Tables for Data Aggregates

第 6 章学习了符号表管理的基础知识，包括：定义符号、根据作用域对其进行划分，以及使用作用域树组织作用域。作用域树很重要，因为其结构蕴涵了解析符号所要遵循的规则。解析符号就是要在当前作用域或者外围作用域中查找，而在作用域树中，这些外围作用域位于当前作用域与根节点之间的路径上。

本章将学习另一种作用域——数据聚集[1]作用域。与其他作用域一样，数据聚集作用域中也包含了符号，也使用作用域树来管理。其特点在于，在作用域外也能使用类似于 user.name 的代码访问聚集作用域内的成员。后面将会讲解非面向对象语言中的数据聚集，也会涉及面向对象语言中的数据聚集。

- 模式十八，数据聚集的符号表。此模式讲解如何定义并访问类似 C 中 struct 的简单聚集中的字段。

- 模式十九，类的符号表。此模式讲解如何处理定义有超类，并且还能定义函数的数据聚集。

struct 结构体和类相似，两者都是 Symbols，都是用户自定义的类型，同时还是作用域。最大的区别在于，类不但有外围作用域，还有父类作用域。为了解析符号，需要修改算法，以便为作用域树中的父指针找到正确的位置。为了处理前向引用，遍历 AST 时还需多跑一次。

---

1 译者注：如前所述，文中的数据聚集是指类似 struct 这种结构体的数据结构，也译作数据集合。

在符号表的学习中，大家倾注了大量的心思，因为它是大多数语言应用的基石。几乎所有稍稍复杂点的语言应用都需要解析符号，以将其识别为某个程序实体。即使是生成某个方法的调用图，其报告生成器也需借助正确的符号表。至于解释器或者翻译器等更复杂的应用，它们需要检查程序是否合法，包括检查变量和方法的类型（将在第8章中介绍）。学完本章，不管是处理简单的数据格式还是复杂的编程语言，所要使用的符号表你都能编写。

不过在深入模式之前，还是先看几个例子，了解类继承带来了什么问题。与第6章一样，本章仍以 C++ 的子集为例。虽然讲解时使用的是特定的语言，但对其他大多数语言来说，这些模式的用法都一样。

7.1　为结构体构建作用域树
Building Scope Trees for Structs

对作用域树来说，struct 的作用域与局部作用域没什么区别，只不过是树上的一个节点，也就是说，与 LocalScope、MethodSymbol 和 GlobalScope 一样，也可以创建 StructSymbol 类。下面是一段代码示例，其作用域树在图 7.1 中。

```
❶  // 全局作用域的开始
❷  struct A {
     int x;
❸    struct B { int y; };
     B b;
❹    struct C {int z; };
     C c;
   };
   A a;

❺  void f()
❻  {
❼    struct D {
       int i;
     };
     D d;
     d.i = a.b.y;
   }
```

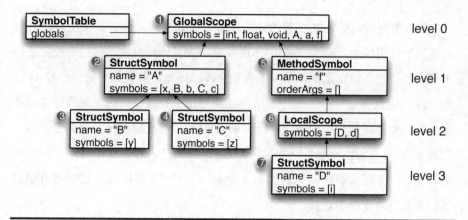

图 7.1 带嵌套的数据聚合对应的作用域树

跟前面一样，代码和作用域树上的数字用于标识作用域。可以看到，这里的作用域树与之前看到的其他树没有区别。`StructSymbol` 节点也包含符号字典和外围作用域（父节点）指针。

在 `struct` 作用域内，解析符号的方式与处理其他嵌套作用域一样，都是向上扫描解析树的。而由于 `struct` 中没有可执行语句，因此只需查找类型名即可。比如，A 的第一个字段就是 `int` 型的。先在作用域❷中查找 `int`，如果这里没有，那么继续在外围的全局作用域❶中查找。处理第二个字段 B b; 的定义时也是这样的。因为类型 B 定义在这句话之前，因此直接能在 A 的作用域中找到。

但在 `struct` 的作用域之外也需要解析此作用域中的符号。具体说来，一般的语言应用必须通过解析，计算出«表达式».x 到底指向哪一个字段。比如，在前面的代码中，就得解析 f 中的 `d.i` 和 `a.b.y`。解析«表达式».x 所用的规则大体如下。先找到«表达式»所属的类型，然后在其类型作用域中找到 x，当然这个过程也是递归的。从函数 f 的作用域❻往根节点看，作用域栈就是❻❺❶。在这个语义环境下解析 `d.i`，可以发现 d 的类型作用域为 D，那么就在 D 中解析 i。而 `a.b.y` 的处理方式也类似，先解析 a，发现其类型为 A，然后在 A 的作用域里查找 b，发现其类型为 B，最后在 B 的作用域中查找 y。

解析带有成员访问操作符的表达式时，需要注意一点。解析变量得限制在特定的作用域中，即 struct 的作用域中。成员访问表达式相当于设定了作用域，解析时必须在这个作用域中查找字段。比如，解析 f 中的 d.a，即使作用域 D 中没有 a 字段，也不能去外围作用域中查找，而应立刻报错"无此字段"。如果任其一层层向上解析，那么最终 d.a 会被解析为全局变量 a。这肯定不对。因此，模式十八还需要继续涉及这些内容，其中使用了两个解析方法，一个用来解析 d 这样的孤立变量，一个用来解析 d.i 这种带有成员访问操作符的变量表达式。

7.2 为类构建作用域树
Building Scope Trees for Classes

类很像 struct，它们都能从另一个类（即超类）中继承成员。也就是说，类有两个父作用域：外围作用域（由代码中的位置来决定）和超类的作用域。解析符号时，有时会使用外围作用域指针，有时会使用超类的作用域指针。下面先介绍 Cymbol 代码的作用域树（见图 7.2）。

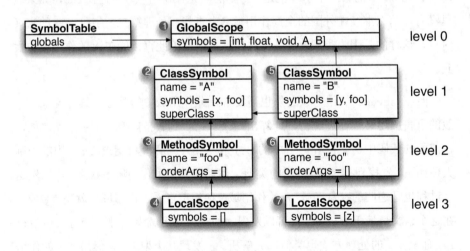

图 7.2　类 A 和 B 的作用域树

```
❶  // 全局作用域的起始位置
❷  class A {
   public:
     int x;
❸     void foo()
❹     { ; }
   };
❺  class B : public A {
     int y;
❻     void foo()
❼     {
       int z = x + y;
     }
   };
```

外围作用域指针顺着作用域树指向上方的作用域（见模式十八），而超类的作用域指针却指向平级的作用域，这是因为类（除了内部类）的作用域都处于同一级别。那么每个 ClassSymbol 节点都引出两个指针，每个类实际上牵扯到多个作用域栈，而一般节点只有一个指针。比如，类 B 中的方法 foo 既可以使用作用域栈❼❻❺❷❶，也可以使用❼❻❺❶。

具体使用哪个栈，还要看语言的定义。如果按面向对象语言常规定义，这里应该采用前一个栈（即作用域栈❼❻❺❷❶）。也就是说，先在继承链中查找，再在全局作用域中查找。模式十九中介绍的方法 getParentScope()，能查找某个 Scope 对象所对应的父作用域（是外围的，还是超类的）。递归查找时，resolve() 方法会用到这个方法获取下一个作用域。

解析成员访问表达式

与 struct 相似，类成员访问表达式的解析方式与通常的符号查找也不一样。如果在类里和超类里都找不到某个变量的定义，就会到全局作用域里查找。不过在类外，成员访问表达式不能用来访问全局变量。比如，main() 中的 a.g 就不对，因为 g 是全局变量：

```
int g;                 // 全局变量 g
class A {
public:
  int x;
  void foo() { g = 1; }    // 可以使用全局变量 g
};
```

```
int main() {
A a;
a.x = 3;                    // 可以，因为x是A的字段
a.g = 3;                    // 错！无法用，g不是A的成员
```

在类 A 的 foo 方法中可以直接使用 g，但是 a.g 这种写法完全讲不通。为了分别处理这两种情况，需要给 ClassSymbol 添加 resolveMember() 方法。对于普通符号，还是使用 resolve()，但对于 a.g 这种带成员访问操作符的，就使用 resolveMember()，一律限定在作用域 A 中查找 g。

处理前向引用

类中还能使用前向引用。前向引用就是提前使用在后面定义的方法、类型或者变量。比如，下面的代码中，方法 foo 中使用的字段 x 就是在方法后面才定义的。

```
class A {
  void foo() { x = 3; } // 前向引用字段x
  int x;
};
```

遇到这些前向引用时，可以试着向后扫描，查找其定义，但这样还不够简单。处理输入的代码文件时，可以扫描两次，一次用来定义符号，一次用来解析符号。因此，在第一次扫描时，肯定会定义A、foo和x。那么在第二次扫描时，很容易就能在A的成员字典里找到x的定义。模式十九会进行两次扫描（对AST）。

但是这种扫描方式也会带来问题，因为在类的外面不应该使用前向引用（至少 Cymbol 的语义不允许，因为 Cymbol 是 C++的子集）。下面的代码中，方法 main 的赋值语句使用了 x 和 y，而它们是在赋值语句后面定义的，因此不允许这样使用。

```
❶  // 全局作用域
❷  int main()
❸  {
    x = y; // 全局变量x和局部变量y都未定义，应该报错！
    int y;
    }
    int x;
```

借助词法单元下标，可以甄别这种不合法的前向引用。如果符号解析为局部符号或全局符号，那么使用符号的词法单元下标肯定比定义符号的要大（假设会缓存所有的词法单元）。在这个例子中，如果 main 中 x 和 y 的使用都在 x 和 y 定义的前面，就能由此发现这两个前向引用是不合法的，应该报错。如果使用和定义符号的词法单元下标的大小无误，就没问题。

现在，已经了解了本章中模式的这些相关背景，该如何应用它们概括如下。

模　　式	如　何　使　用
模式十八	如果语言中有类似 C 的 struct 或 Pascal 的 record 或 SQL 的 table 等数据结构，就使用这种模式
模式十九	如果为 C++ 或 Java 式的面向对象语言构建符号表，就使用这种模式

好了，下面先来看看如何为数据聚集管理符号表。

18　数据聚集的符号表

目的

本模式记录符号，为 C 中 struct 这样的数据聚集构建作用域树。

讨论

管理 struct 的作用域时，作用域树的构建和符号的定义都与模式十七中的类似。唯一有区别的是符号的解析。a.b 这样的成员访问表达式能够看到 struct 作用域中的字段。

7.1 节的例子用到 Cymbol 中 struct 定义所对应的作用域树。本模式描述如何构建那样的树，并介绍节点中填充符号时所用的规则和机制。

遇　　到	执　　行
文件起始位置	push GlobalScope，为 int、float 或 void 等内置类型 def BuiltInType
变量 x 的定义	ref x 的类型，def x（在当前的作用域中添加 VariableSymbol 对象）。全局变量、struct 字段、参数和局部变量都是这样
struct S 的定义	def S（在当前的作用域中添加 StructSymbol 对象），并 push S，使其成为当前作用域
方法 f 的定义	ref f 的返回值类型，def f（在当前的作用域中添加 MethodSymbol 对象），并 push f，使其成为当前作用域
{	push 一个 LocalScope，使其成为当前作用域
}	pop，将上一个作用域设为当前作用域。struct、方法和局部作用域都是这样
使用变量 x	ref x，从当前作用域开始查找，如果没有，就逐层在外围的作用域中查找
成员访问语句 «表达式».x	使用上一个和这一个规则来递归计算«表达式»的类型。只在此类型的作用域中 ref x，不能从外围或者全局作用域中查找
文件结束	pop GlobalScope

开始利用这些规则之前，需要定义新作用域树节点 StructSymbol 来表示 struct。下面是本模式符号表中类的完整继承：

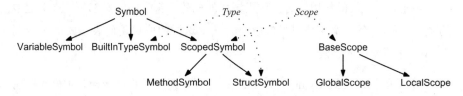

这里有两个作用域符号类，所以最好先将其共同功能提取到公共父类 ScopedSymbol 里，然后派生出 StructSymbol 和 MethodSymbol。

根据上页表中的规则，使用这些对象构建作用域树并解析符号。在前面的规则表中，为每个重要的输入结构都指定了该执行的操作，但是具体的实现方式还有很多。下面将用 ANTLR 的文法来构建 AST，然后在遍历 AST 时定义并解析符号。当然，也可以先跳过这里的实现例子，等你需要实现自己的语言时再来看。

实现

模式十七的实现中囊括了实现本模式所需的大部分内容，因此以之为基础。下面是为 Cymbol 语言加入 struct 机制的步骤。

- 为 struct 的定义和成员访问表达式添加语法和构建 AST 的规则。为了专注思考有关符号表，就先不考虑这部分。源代码目录的 Cymbol.g 文件中涵盖了这些细节。

- 定义符号表中新的对象。要添加 StructSymbol，需要重构类继承图，加入 ScopedSymbol 基类，MethodSymbol 类也由此继承而来。

- 添加定义 struct 作用域的模式匹配规则。这跟模式十七中对局部作用域和函数作用域的做法一样，需要在遇到 struct 的定义时执行 push 和 pop 操作。

- 添加解析成员访问表达式的模式匹配规则。

先看符号表中的对象，主要的变化就是加入了 StructSymbol 对象：

```java
public class StructSymbol extends ScopedSymbol implements Type, Scope {
    Map<String, Symbol> fields = new LinkedHashMap<String, Symbol>();
    public StructSymbol(String name,Scope parent) {super(name, parent);}
    /** 解析a.b时，只在struct的作用域中查找，不顺着作用域树查找 */
    public Symbol resolveMember(String name) { return fields.get(name); }
    public Map<String, Symbol> getMembers() { return fields; }
    public String toString() {
        return "struct "+name+":{"+
                stripBrackets(fields.keySet().toString())+"}" ;
    }
}
```

根据作用域树的构建规则，遇到 struct 就创建 StructSymbol 对象。因为在遍历 AST 的时候需要执行各种操作，所以先看个 AST 的例子。图 7.3 是下面 Cymbol 代码的 AST。

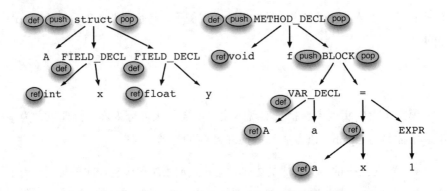

图 7.3 函数定义和结构体的 AST

```
❶   // 全局作用域的起始
❷   struct A {
        int x;
        float y;
    };
❸   void f()
❹   {
        A a; // 定义struct A类型的变量a
        a.x = 1;
    }
```

遇到 struct 节点时，会根据 A 创建 StructSymbol，压栈使其成为当前作用域。处理完 struct 子树后，再弹出，将上一个作用域恢复为当前作用域。下面是树模式规则 DefRef.g 的部分内容：

```
enterStruct // 在发现struct节点的时候进行匹配（向下的过程中）
    : ^('struct' ID .+)
      {
      System.out.println("line "+$ID.getLine()+": def struct "+$ID.text);
      StructSymbol ss = new StructSymbol($ID.text, currentScope);
      currentScope.define(ss); // 在当前作用域中定义struct
      currentScope = ss; // 将struct的作用域设为当前作用域
      }
    ;
```

```
exitStruct // 在结束struct节点的时候进行匹配 (向上的过程中)
    : 'struct' // 不关心子节点，只看struct
      {
      System.out.println("fields: "+currentScope);
      currentScope = currentScope.getEnclosingScope(); // 弹出作用域
      }
    ;
```

处理 a.x 这种结构体成员变量访问语句时，会执行两个 ref 操作。第一个 ref 查找 a，获取其类型；第二个 ref 在 a 的作用域中解析 x（遇到.节点时执行这个操作）。匹配（包括嵌套结构的）成员访问表达式时，可以使用下面的（递归的）文法规则：

```
member // 如"a"，"a.b"，"a.b.c"，等等
    : ^('.' member ID)
    | ID
    ;
```

不过这里还有个问题，不该直接让模式匹配器去匹配这种模式，如果这样，就连a这种一般的ID节点也会被匹配到。比如，实际上不希望这个规则匹配到函数定义中的ID节点上。

为了控制表达式树的遍历，仅仅依赖树模式的匹配器还不行，还要使用树文法。不过其他的语言结构依然需要模式匹配。因此可以将这两种方法结合起来，使用模式匹配来查找 EXPR 的根节点和赋值语句。但找到以后，就调用树文法规则 member。这样，规则 member 就不是树模式匹配中的动作了（不把它放在 topdown 或 bottomup 规则中）。模式二十会涉及更多的相关内容。添加方法的 member 规则如下：

```
member returns [Type type] // expr.x，比如"a"，"a.b"，"a.b.c"，...
    : ^('.' m=member ID)
      {
      StructSymbol scope=(StructSymbol)$m.type; // 获取expr的作用域
      Symbol s = scope.resolveMember($ID.text); // 在作用域中解析ID
      System.out.println("line "+$ID.getLine()+": ref "+
                         $m.type.getName()+"." +$ID.text+"=" +s);
      if ( s!=null ) $type = s.type;     // 返回ID的类型
      }
    | ID // 解析，并返回找到的类型
      {
      Symbol s = currentScope.resolve($ID.text);
      System.out.println("line "+$ID.getLine()+": ref "+$ID.text+"="+s);
      if ( s!=null ) $type = s.type;
      }
    ;
```

规则 member 的主要功能就是计算成员访问表达式的类型。因此，必须解析表达式中的所有符号。对于«表达式».x，member 规则必须知道«表达式»的类型，因为它得根据«表达式»的作用域解析 x。再来看看遇到单个 ID 节点时的操作，解析符号后直接返回其类型。如果 ID 是成员访问子树的节点，就像 a.b 的 AST 那样，还要根据 a 的类型来解析 b。遇到成员访问操作符.，所执行的操作隐含地要求了 a 的类型也必须是作用域。然后在此作用域中查找 b。它会返回 b 的类型，因为 a.b 还有可能是 a.b.c 这种大表达式的一部分。

本模式的测试代码与模式十七的一样。从源代码中构建 AST，然后使用 DefRef 的 downup() 方法遍历 AST。那么构建测试代码也就是把文法文件输入给 ANTLR，然后编译生成结果。下面是测试代码在 t2.cymbol 上的执行结果：

```
$ java org.antlr.Tool Cymbol.g DefRef.g
$ javac *.java
$ java Test < t2.cymbol
line 2: def struct A
line 3: def x
line 4: def y
fields: struct A:{x, y}
line 7: def method f
line 9: def a
line 10: ref a=<local.a:struct A:{x, y}>
line 10: ref A.x=<A.x:global.int>
line 10: assign to type int
locals: [a]
args: <global.f():global.void>
globals: [int, float, void, A, f]
$
```

现在已经能够处理结构体了，那么接下来可以对类进行处理。与 struct 相比，类的作用域树更为复杂，因为还要处理类的继承。而且，为了处理前向引用，需要将模式匹配器 DefRef.g 分成两部分，然后在 AST 上跑两次，一次定义，一次解析。

相关模式

此模式以模式十七为基础。模式十九会对此模式进行扩展，以处理类的符号表。

19 类的符号表

目的

本模式记录符号，并为使用单一继承的类（非内部类）构建作用域树。

讨论

虽然类是数据聚集，但是能定义方法成员，并且还能从父类中继承成员。在加入了面向对象支持的 Cymbol 语言（Cymbol 是 C++的子集，所以遵循 C++中的规矩）中，类中的方法能够访问全局变量。为了支持这些语义，还需要对模式十八中 struct 所用的作用域树进行调整。这里用类 ClassSymbol 代替 StructSymbol，这个类既指向外围作用域，又指向父类（见图 7.2）。本模式中所有符号表的对象都在图 7.4 里。

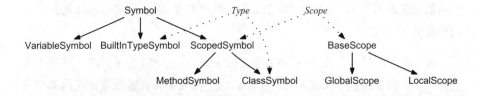

图 7.4　符号表管理相关的类继承图

类似 Cymbol 的面向对象语言还需要支持前向引用，以便使用定义在后面的符号。这里没有在单次 AST 扫描中加入"能预知未来"的代码，而是扫描两次。这两个阶段里，第一次扫描负责定义符号，第二次扫描负责解析所用到的符号。

但是，这种分解动作带来了数据交流上的不便。要解析符号的引用，就必须知道当前的作用域，但是在第一次扫描符号定义完了以后，作用域信息就没了，因此得想办法把这种信息保留到第二次扫描。那么最合乎逻辑直觉的做法就是把信息存放在 AST 中（遍历 AST 比遍历原始词法单元流的效率要高很多，这一点在多次扫描中更明显）。

定义阶段里，照常记录当前的作用域，但是会把它放在相关的 AST 节点里。比如，{节点会存放相关的 `LocalScope` 对象。而定义符号的时候，当然也能将所得的 `Symbol` 对象放在 AST 里。那么在解析阶段里，可以在 AST 中找到作用域信息和符号的定义。解析所用到的符号时，其实也能将其放在 AST 中。因为之后可能会有分析或者翻译阶段，而这些动作常会借助于符号的指针。

为了说清楚一点，下面用 Cymbol 语言的方法来演示这两个阶段，以便了解 AST 和相关作用域树是什么样的：

```
❶  // 全局作用域
❷  int main()
❸  {
     int x;
     x = 3;
   }
```

图 7.5 所示的是定义阶段完成后的 AST 和作用域树。为了简洁，图上只绘出 AST 中有关 x 定义和使用的指针。定义阶段里创建 `VariableSymbol` 对象，然后把定义语句的 ID 节点指向这个对象。同时对象 `VariableSymbol` 的 `def` 字段也指向 ID 节点。

定义阶段同时也会给某些 AST 节点标注 `scope` 字段（为了简洁，这里不再使用箭头，而采用数字来表示 `scope`）。这一阶段必须设置变量定义的类型节点（`int`）和赋值语句中 x 的 `scope` 字段，因为解析符号时会从这里查询相关的作用域信息。

这样，解析阶段所需的信息全都有了，就能够正确地解析所用到的符号了。这个过程中会修改两个 AST 节点的 `symbol` 字段，还会填写 `VariableSymbol` 的 `type` 字段，这一过程反映在图 7.6 中。当第二次访问 x 的定义子树时，先解析出它的类型，再指向 `BuiltInTypeSymbol`。而对于赋值语句中的 x，解析后会让指针指向 `VariableSymbol`。

为了检查出不合法的前向引用，必须用到 `VariableSymbol` 对象中的 `def` 字段。`main` 在赋值语句中引用 x 的时候，需要检查 x 定义的相对位置。为了获取 x 的位置信息，可以使用从 AST 节点指向符号表的 `symbol` 指针，然后可以使用指向 AST 中定义节点的 `def` 指针来查询符号的信息。

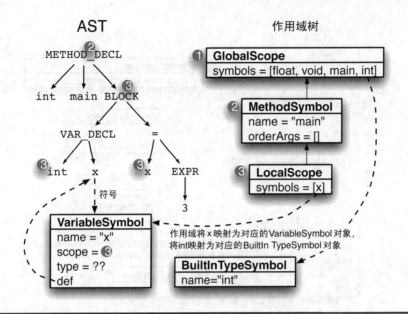

图 7.5 定义阶段之后的 AST 和作用域树，其中对变量 x 做了标注

这个例子中，x 的定义在引用之前，所以没问题。

现在符号表中所用的对象、作用域树的样子及如何处理前向引用这三个问题都解决了，那么可以制定两次扫描中分别使用的规则了，如 P171 表和 P172 表所示。

P172 表中执行的操作中含有大量的 ref 抽象操作，没有描述解析的细节动作。但所用的解析策略与 6.3 节中的一样，都是先在当前作用域的字典中查找符号，找到就返回，找不到就顺着作用域树向上找：

```
public Symbol resolve(String name) {
    Symbol s = members.get(name);         // 在作用域中查找
    if ( s!=null ) return s;              // 如果找到就返回
    if ( getParentScope() != null ) {     // 有超类作用域或外围作用域吗?
        return getParentScope().resolve(name); // 在父作用域中查找
    }
    return null; // 最终未找到
}
```

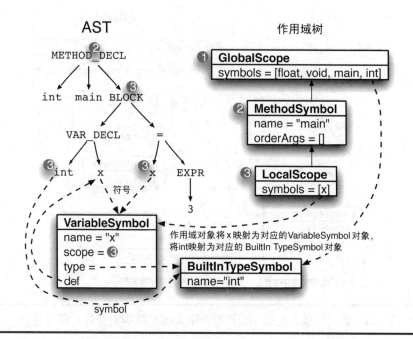

图 7.6 解析阶段之后的 AST 和作用域树,其中对变量 x 做了标注

里面唯一的区别就是现在调用的是 getParentScope(),而不是之前所用的 getEnclosingScope()。ClassSymbol 对象有两个父指针,一个指向超类,一个指向外围作用域。到底选哪一个指针,还是根据当前在找哪一种作用域来定。所有实现了 Scope 接口的符号,都使用方法 getParentScope() 进行选择。下面是 Scope 接口中定义的相关方法:

```
/** 该从哪里寻找符号? 超类作用域还是外围作用域 */
public Scope getParentScope();
/** 这个作用域定义在哪个作用域中? 如果是全局作用域,则返回null */
public Scope getEnclosingScope();
```

对于 ClassSymbol 之外的作用域,getParentScope() 返回其外围作用域,而类的 getParentScope() 会返回超类的指针,因此可以顺着类继承链进行查找。如果没有超类,那么处理方式跟一般作用域的一样。

遇　　到	执　　行
文件起始位置	push GlobalScope，为 int、float 或 void 等内置类型 def BuiltInType
标识符 x 的引用	将 x 的作用域字段设为当前作用域（解析过程需要这个信息）
标识符 x 的定义	使用 VariableSymbol 类型的对象（假设对象名为 sym）def x。不管是全局变量、类的字段、参数还是局部变量都这样处理。令 sym.def 字段指向 ID 的 AST 节点。同时令这个节点的 symbol 字段也指向 sym。令 x 的类型 AST 节点中 scope 字段指向当前作用域
类 C 的定义	在当前作用域中，使用 ClassSymbol 类型的对象（假设对象名为 sym)def C，然后 push 为当前作用域。令 sym.def 字段指向类名 ID 的 AST 节点。同时令这个节点的 symbol 字段也指向 sym。令 C 超类 AST 节点的 scope 字段指向当前作用域
方法 f 的定义	在当前作用域中，使用 MethodSymbol 类型的对象（假设对象名为 sym）def f，然后 push 为当前作用域。令 sym.def 指向函数名 ID 的 AST 节点。同时令这个节点的 symbol 字段也指向 sym。令 f 返回类型 AST 节点的 scope 指向当前作用域
{	push LocalScope，使之成为新的当前作用域
}	pop，将当前作用域恢复为前一个作用域
文件结尾	pop GlobalScope

遇　　到	执　　行
变量 x 的定义	假设 x 的类型 ID 节点为 t，那么 ref t；假设返回 sym，那么将 t.symbol 设为 sym，并将 x.symbol.type 设为 sym，也就是说，通过 x 的 AST 节点中 symbol 字段找到对应的 VariableSymbol 对象，然后把它的 type 设置为 sym
类 C 的定义	假设 C 的超类 ID 节点为 t，那么 ref t；假设返回 sym，那么将 t.symbol 设为 sym。将 C 的 superclass 字段设为 sym
方法 f 的定义	假设 f 的返回值类型 ID 节点为 t，那么 ref t；假设返回 sym，那么将 t.symbol 设为 sym。令 f 的 MethodSymbol 对象里的字段 type 指向 sym
变量 x 的引用	ref x，假设返回 sym，则将 x.symbol 设置为 sym
this	根据所属的类作用域来解析，并将 this 的 ID 节点中 symbol 字段设置为所属的类作用域
成员访问表达式 《表达式》.x	根据以上规则解析《表达式》，假设返回类型为 esym，那么用 esym 对应的作用域 ref x，返回 sym，将 x.symbol（即 x 的 ID 节点）设置为 sym

添加的新对象和动作使得不管有没有类，resolve() 都能正确解析所有的符号（类型、类、方法和变量）。下页的表展示了算法根据引用位置遍历作用域树的过程。里面的动作再现了在面向对象语言中可能遇到的情况。

解析成员访问《表达式》.x 的方法几乎没有变化。唯一的区别就是解析时遇到类继承的根节点时就停止，而不能在全局作用域中查找。下面是解析成员访问的算法：

```
public Symbol resolveMember(String name) {
    Symbol s = members.get(name);
    if ( s!=null ) return s;
    // 如果还没找到，就在类继承链中查找
    if ( superClass != null ) {
        return superClass.resolveMember(name);
    }
    return null; // 未找到
}
```

符号的使用情况	作用域树的解析算法
方法中出现 x	首先在局部作用域中查找，再看方法作用域，然后看外围的类作用域。如果在类中没有找到，继续在类继承链的作用域中查找。如果还没找到，就在全局作用域中查找
字段定义的初始化语句中出现 x	在所属类的作用域中查找，如果没找到，就在类继承链中查找。如果还没找到，就在全局作用域中查找
全局作用域中的 x	在外面的全局作用域中查找

　　如果要为采用单继承的面向对象语言构建符号表，刚才介绍的规则和解析算法就足够了，因为里面还讲了在类继承和外围作用域链并存的情况下如何解析。除非特别想了解符号表管理背后的原理，否则可以跳过之后的"实现"。由于其囊括了完整的细节，因此这一部分会有点长。不过，若是想了解面向对象语言的细节，还得仔细看看这些代码，最好在将来的开发中加以验证。

实现

　　实现面向对象的 Cymbol 示例代码时，会以模式十八为基础，所以这里只讨论是如何对其进行扩展的。最大的区别就是前面已经说过的，会对 AST 遍历两次。下面是实现的大体框架。

- 扩展 Cymbol 语言的文法，使之支持类的定义。还会添加 main 方法名。这些都是很简单的文法扩展。所以就不再细细讨论，假设这里已经扩展好了，并能输出正确的 AST 了。

- 为每个标识符节点自定义新的 CymbolAST 类节点，以便记录 scope 和 symbol 的指针。

- 为符号表的 Symbol 类添加 def 字段（类型为 CymbolAST），以便指向 AST 节点。def 指向 Symbol 对象相关联的 ID 节点。

- 为 Scope 接口添加 getParentScope()方法，然后修改 resolve()方法，里面原来调用 getEnclosingScope() 的地方改用 getParentScope()方法。不过在 push 和 pop 操作中继续使用原来的 getEnclosingScope()方法。

- 把 StructSymbol 替换为合适的 ClassSymbol 类。

- 把原来单次所用的 DefRef.g 分为 Def.g 和 Ref.g 两个文件，将定义符号和解析符号的过程分开进行。这是为了支持前向引用。

下面先描述各个对象中所用的新字段，然后考虑如何构建作用域树及解析符号。

为了使得两次遍历之间能传递信息，这里需要特殊的 AST 节点：不仅要包括默认情况下 ANTLR 的 CommonTree 对象中的属性，还要带有 scope 和 symbol 字段（Test.java 文件中自定义了 TreeAdaptor，以便让 ANTLR 为 Cymbol 构建合适的 AST 节点）。

```
Download symtab/class/CymbolAST.java
public class CymbolAST extends CommonTree {
    public Scope scope;      // 由Def.g设置，记录ID所属的作用域
    public Symbol symbol;  // 由Ref.g设置，指向符号表中对应的def
    public CymbolAST(Token t) { super(t); }
}
```

符号表中的对象还要通过 def 指向 AST 中对应的 ID 节点：

```
Download symtab/class/Symbol.java
public class Symbol {   // 通用的Symbol对象
    String name;        // 符号都要有名字
    Type type;
    Scope scope;        // 符号要知道自己属于哪一个作用域
    CymbolAST def;      // 指向树中的ID节点
```

为了表示 Cymbol 语言中的类继承关系，每个 ClassSymbol 都加上 superClass 字段：

```
Download symtab/class/ClassSymbol.java
public class ClassSymbol extends ScopedSymbol implements Scope, Type {
    /** 这是超类字段，而不是外围作用域字段。当然还得记录
     * 外围作用域，以便在类定义的时候进行push和pop操作。
     */
    ClassSymbol superClass;
    /** 字段和方法的列表 */
public Map<String,Symbol> members=new LinkedHashMap<String,Symbol>();
```

与本模式"讨论"中所说的一样，这儿还要定义 `getParentScope()` 方法。默认情况下，方法会返回外围作用域：

```java
public Scope getParentScope() { return getEnclosingScope(); }
```

而对于类来说，具体返回什么取决于其是否有超类：

```java
public Scope getParentScope() {
    if ( superClass==null ) return enclosingScope; // 全局作用域
    return superClass; // 如果不是继承链中的根节点，则返回超类
}
```

构建好这些东西以后，就可以编写树的两次遍历了。

第一阶段生成符号表

树遍历的第一个目的就是构建作用域树，里面要包含类、方法和变量（全局变量、字段、参数和局部变量）。定义树的遍历阶段都放在 `Def.g` 中。

与在其他的模式中一样，为了记录当前的作用域，需要自顶向下和自底向上的操作。源代码中用多层花括号来区分不同的作用域，根据这些词法单元可以压入、弹出对应的作用域。当前的作用域跟类继承没有关系。所以作用域的 pop 操作跟其他模式的看起来一样：

```java
currentScope = currentScope.getEnclosingScope(); // 弹出作用域
```

为了在遇到符号定义的时候执行操作，树匹配器 `Def` 中得用不同的模式识别类、方法和变量。下面是匹配和定义类的规则：

```
enterClass
    : ^('class' name=ID (^(EXTENDS sup=ID))? .)
      { // 定义类，但是superClass字段留空，等到ref阶段才填写
      System.out.println("line "+$name.getLine()+
                          ": def class "+$name.text);
      // 在AST中记录作用域，为下一阶段所用
      if ( $sup!=null ) $sup.scope = currentScope;
      ClassSymbol cs = new ClassSymbol($name.text,currentScope,null);
      cs.def = $name;            // 从符号表指向AST
      $name.symbol = cs;         // 从AST指向符号表
      currentScope.define(cs);   // 在当前作用域定义类
      currentScope = cs;         // 把当前作用域设置为类作用域
      }
    ;
```

这个与 struct 的匹配、定义规则相似，但其中有两个重要的操作。首先，enterClass 为超类的标识符节点设置了 scope 字段（解析阶段会依此进行查找）。其次，为类名 ID 的 AST 节点和相关的 ClassSymbol 对象建立了双向链接（使用 AST 字段 symbol 和 ClassSymbol 的字段 def）。这些操作构成了图 7.5 中的虚线；这些都是 VAR_DECL 的子节点 x 上的操作。在规则 enterMethod 和 varDeclaration 中，采用了类似的操作，用以设置方法返回值类型和局部变量类型的作用域。除此之外，其他地方与模式十八中的规则一样。

还有，要为表达式中的标识符设置 scope 字段，以便在下一阶段中能够正确解析。但不能直接为标识符编写规则，因为不是所有的标识符都需要设置 scope 字段。比如，类 B 继承了类 A，就应该在全局作用域查找超类 A，而不是在类 B 的作用域中查找。为了把设置 scope 的规则限定在那些表达式和赋值语句的标识符中，需要添加语义谓词：

```
Download symtab/class/Def.g
/** 为表达式或者赋值语句中的标识符设置作用域 */
atoms
@init {CymbolAST t = (CymbolAST)input.LT(1);}
    : {t.hasAncestor(EXPR)||t.hasAncestor(ASSIGN)}? ('this' |ID)
      {t.scope = currentScope;}
    ;
```

语义谓词能确保只有当标识符节点属于 EXPR 或者 ASSIGN 时才套用 atoms 规则。

现在已经构建好了作用域树，并且在 AST 上进行了标注，下面可以开始解析阶段了。

第二阶段解析符号引用

第二阶段的第一个目标就是解析所有的类型：变量类型、返回值类型及类的超类。一旦确定了变量的类型，就立刻更新相关的符号表对象。也就是说，对于 int x，需要解析 int，获取它的 BuiltInTypeSymbol 对象，然后令 x 所对应的 VariableSymbol 的 type 字段指向那个 BuiltInTypeSymbol 对象，如图 7.6 中指向 int 符号的虚线。

解析阶段的第二个目标就是解析表达式中和赋值语句左边的标识符。为此，仅仅靠简单的树模式匹配器还不够，还得使用完整的树文法。后面的模式二十会展示这一点，只有控制了树的遍历过程，才能计算表达式的类型。在遇到表达式语句或者赋值语句的根节点时，可以使用下面的规则来控制模式匹配器，让它停下：

```
assignment : ^( '=' expr expr ) ;
resolveExpr : ^( EXPR expr ) ;
```

上面两个规则都调用了规则 expr，但是模式匹配器不会用 expr 来匹配子树，因为 expr 没有加在 topdown 或者 downup 规则里。而 expr 是一个完整的树文法规则，描述了表达式树的语法：

```
/** 计算表达式和成员访问的类型。
 *  忽略其他的动作，在本模式的示例内容中暂不涉及。
 */
expr returns [Type type]
  : member {$type = $member.type;} // 比如 "a.b"
  | ^(CALL expr)
  | ^('+' expr expr)
  | id     {$type = $id.type;}     // 比如 "a", "this"
  | INT
  ;
```

对于匹配成功的表达式子树，规则 expr 能返回其类型。为了能解析成员访问表达式，必须知道其类型。比如，要解析 a.b 中的 b，就得知道 a 的类型（类）。下面是处理成员访问操作的规则：

```
member returns [Type type]
  :   ^('.' m=expr ID) // 比如，"a", "a.b", "a.b.c", ...
      { ClassSymbol scope = (ClassSymbol)$m.type;
      Symbol s = scope.resolveMember($ID.text);
      $ID.symbol = s;
      System.out.println("line "+$ID.getLine()+
          ": resolve "+$m.text+"."+$ID.text+" to "+s);
      if ( s!=null ) $type = s.type;
      }
  ;
```

注意，规则里没有采用常规的 `resolve()`，而是采用解析成员所专用的 `resolveMember()`，因为只在类继承链中解析成员，而 `resolve()` 最后还会在全局作用域中进行查找。

为了处理孤立的标识符，得处理两种不同的模式，如下面的规则（由 `expr` 调用）：

```
id returns [Type type]
    :   ID
        {
        // 调用resolve(ID)进行常规解析，然后检查不合法的前向引用
        $ID.symbol = SymbolTable.resolveID($ID);
        if ( $ID.symbol!=null ) $type = $ID.symbol.type;
        }
    |   t='this' {$type = SymbolTable.getEnclosingClass($t.scope);}
    ;
```

遇到 `ID` 节点，先进行常规解析，然后检查是否存在非法的前向引用。可以把文法中的这些代码抽取出来，放在 `SymbolTable` 类中：

```
public static Symbol resolveID(CymbolAST idAST) {
    Symbol s = idAST.scope.resolve(idAST.getText());
    System.out.println("line "+idAST.getLine()+": resolve "+
                       idAST.getText()+" to "+s);
    if ( s.def==null ) return s; // 肯定是预定义符号
    // 如果解析为局部符号或者全局符号，则定义处的词法单元下标
    // 应该在使用处之前
    int idLocation = idAST.token.getTokenIndex();
    int defLocation = s.def.token.getTokenIndex();
    if ( idAST.scope instanceof BaseScope &&
         s.scope instanceof BaseScope &&
         idLocation < defLocation )
    {
        System.err.println("line "+idAST.getLine()+
            ": error: forward local var ref "+idAST.getText());
        return null;
    }
    return s;
}
```

规则 `id` 还匹配了关键字 `this`，它指向当前的对象。因此其类型就是包含它的类。由于 `this` 可能位于多层作用域嵌套之内，必须遍历整个外围作用域链，直到找到类作用域为止。

```
/** 'this' 和 'super' 需要找到包含它们的类 */
public static ClassSymbol getEnclosingClass(Scope s) {
    while ( s!=null ) { // 向上遍历，查找类的定义
        if ( s instanceof ClassSymbol ) return (ClassSymbol)s;
        s = s.getParentScope();
    }
    return null;
}
```

其余的细节在 Ref.g 中，大部分要点已经介绍完了。

下面可以试试符号表管理器了。测试代码先从源代码构建 AST，然后使用 Def 和 Ref 的 downup() 策略来进行遍历：

```
CommonTreeNodeStream nodes = new CommonTreeNodeStream(cymbalAdaptor, t);
nodes.setTokenStream(tokens);
SymbolTable symtab = new SymbolTable();   // 初始化符号表
Def def = new Def(nodes, symtab);         // 创建Def阶段的对象
def.downup(t);                            // 第一次遍历
System.out.println("globals: "+symtab.globals);
nodes.reset();                            // 将AST节点调回到根节点
Ref ref = new Ref(nodes);                 // 创建Ref阶段的对象
ref.downup(t);                            // 第二次遍历
```

下面用 inherit.cymbol 中的代码进行测试（数字表示不同的作用域）：

```
❶   // 全局作用域的起始位置
❷   // 隐含有Object类 {int hashcode() { ... } }
❸   class A {
    public:
      int x;
❹     void foo()
❺     { ; }
❻     void bar()
❼     { ; }
    };
❽   class B : public A {
      int y;
❾     void foo()
❿     {
        this.x = this.y;
        bar();    // 调用A::bar()
      }
    };
```

得到如下输出内容：

```
$ java org.antlr.Tool Cymbol.g Def.g Ref.g
$ javac *.java
$ java Test < inherit.cymbol
line 3: def class A
line 5: def x
line 6: def method foo
locals: []
args: A.foo()
line 8: def method bar
locals: []
args: A.bar()
members: class A:{x, foo, bar}
line 11: def class B
line 12: def y
line 13: def method foo
locals: []
args: B.foo()
members: class B:{y, foo}
globals: [int, float, void, A, B]
line 3: set A
line 5: set var type <A.x:global.int>
line 6: set method type <A.foo():global.void>
line 8: set method type <A.bar():global.void>
line 11: set B super to A
line 12: set var type <B.y:global.int>
line 13: set method type <B.foo():global.void>
line 15: resolve this.x to <A.x:global.int>
line 15: resolve this.y to <B.y:global.int>
line 16: resolve bar to <A.bar():global.void>
$
```

要注意几个地方，比如，可以解析正确赋值语句 this.x = this.y（由于带有继承，所以等号两边分别是 A.x 和 B.y）。

相关模式

本模式扩展并修改了模式十八。

接下来

有关构建符号表的两章（4 种模式）到此就结束了，现在已经构建好了基础结构，可以分析源代码中的信息了。第 8 章将考虑如何对 C++、Java 和 C# 进行（静态）类型检查。

第 8 章

静态类型检查
Enforcing Static Typing Rules

语句的含义既反映在其结构里（语法），又体现于它所使用的符号和词汇中。结构指明的是该进行什么操作，而符号代表的是对什么进行操作。比如，print x 的语法是指要输出值，而其中的符号表明该语句输出 x 的值。虽然有的代码在语法上行得通，但却没有实际意义，因为它可能违背了语言的语义规则。

一般的语言都包含大量的语义规则，有些规则反映了运行时的约束（动态语义），有些规则反映了编译时的约束（静态语义）。动态规则会检查"不能被 0 除"和"数组下标不得越界"等约束。不同语言对语义规则的处理方式不同，有些语言对"乘法操作数的类型"之类的约束进行静态检查。

至于静态规则和动态规则的界限，往往由语言设计者来确定。比如，Python 采取动态类型机制，因此程序员不用指明程序实体的类型（而编译器也无法通过推断计算出所有的类型）。Python 的解释器会在运行时检查所有的语义规则。C++正好处于另一个极端，虽然其他的规则都是执行时完成的，但C++是静态类型语言，使用者必须指定所有程序实体的类型。程序实体的概念比较广泛，包括程序中的常量、变量、函数、方法、类等要素。有些语言在编译时对某些语义规则进行静态检查，但为了防止恶意程序造成破坏，在执行时还会再次检查。比如，Java 在编译时刻和运行时刻都会做类型检查。不管是静态类型语言还是动态类型语言，只要能避免对不兼容的类型进行操作，那么它就是类型安全的。

由于静态类型语言很常见，所以这里花一整章的篇幅来讲述如何检查静态类型安全（只对 Python 和 Ruby 之类的动态类型语言感兴趣的读者可以跳过这一章）。

下面是本章将要讨论的模式。

- 模式二十，计算表达式类型。为了保证类型安全，首先要计算所有表达式及表达式中各成员的类型。本模式中，所有二元算术运算操作对象的类型要相同，而算术运算中，暂不提供自动类型提升。虽然大部分语言都会对算术运算进行自动类型提升，但实际上类型计算和类型提升是两个分开的步骤。因此会在本模式和模式二十一中分开讨论。

- 模式二十一，自动类型提升。这种模式展示了如何提升操作对象的类型，使类型能满足要求。比如，表达式"3+4.5"中，需要语言自动将整数 3 提升为浮点数。

- 模式二十二，静态类型检查。了解了所有表达式的类型之后，就可以检查类型是否安全了。也就是检查操作符对应的操作对象和赋值语句中的类型是否兼容。

- 模式二十三，多态类型检查。在面向对象语言中，类型兼容的概念要宽泛些。需要处理多态赋值。比如，可以把 Manager 类型的引用指针赋给 Employee 类型的引用"e=m;"。多态意味着一个引用指针可以指向多种类型。而非面向对象语言中，赋值语句两边的类型必须相同。这种模式讲述了如何检查多态类型的兼容性。

在深入这些模式之前，还要找一种作为贯穿整章的示例语言。这里无法穷尽所有语言的全部语义规则，因此必须集中描述某一种语言。最好以 C 语言为基础，因为它是现今常用静态类型语言（C++、C#和 Java）的鼻祖。那么为了承接前文，还是对第 6 章所介绍的 Cymbol 语言进行进一步扩展。

Cymbol 有以下特征（以 C++的语法和语义为基准）。

- 语言包括 `struct`、函数和变量声明。

- 内置类型包括 `float`、`int`、`char`、`boolean` 和 `void`。对于 `boolean`，语言引入了 `true` 和 `false` 两个值。

- 没有显式的指针（除了模式二十三），但里面有一维数组：`int a[];`。与 C++一样，定义变量的时候就能进行初始化：`int i = 3;`。同样，可以在函数体内任意位置定义局部变量，而不像 C 语言那样只能在开始位置进行定义。

- 语言中含有 `if`、`return`、赋值和函数调用语句。

- 操作符包括 +、–、*、/、<、>、<=、>=、!=、==、! 和一元操作符 –(负号)。除了整数和变量之外，表达式中还能使用函数调用、数组引用和结构体或类的成员访问语句。

这里会对许多类型安全规则进行检查。简言之，所有的操作和赋值语句中操作数的类型必须合法。图 8.2 中列出了具体的语义类型规则。除此之外，还会检查符号的类别：成员访问操作符左边的表达式必须是 `struct` 类型的；函数调用中的标识符必须是函数类型的；数组引用中的标识符必须是数组符号的。

现在该考虑如何实现这些规则了。本章的几种模式都会采用三次遍历，实际上，它们前两次遍历都一样。第一次遍历，Cymbol 解析器构建 AST；第二次遍历，树遍历器构建作用域树，并生成符号表。模式二十的第三次遍历会在遍历 AST 的时候计算各个表达式的类型。模式二十一的第三次遍历会进一步扩展，在必要的时候进行类型提升。在模式二十二之前的源代码中，假设它们都是正确的，而在这种模式的第三次遍历中会进行语义规则的检查。

编写实际项目的时候，如果需要提高效率，可以把第二三两次遍历或第一二两次遍历压缩到一次来完成，甚至连解析、定义符号表、类型计算和类型检查都可以合并到一次中。不过，除非苛求程序运行时的效率，否则对于复杂的语言应用，还是应该尽量细分成小模块。

下面是对本章模式的总结。

模　式	使 用 方 法
模式二十	任何类似于模式二十二和模式二十三的类型检查器都需要以此模式为基础进行扩展
模式二十一	自动类型提升其实也可以是类型检查器的一个组件。不过如果语言不支持自动类型提升（如 ML），就不需要这种模式
模式二十二	解析 C 之类的非面向对象语言会需要这种模式
模式二十三	解析 C++或者 Java 之类的面向对象语言会需要这种模式

如果觉得计算或者检查类型的过程有些复杂，也不要担心，后面会逐步分解来讲。实际上，C 及其后裔语言的静态类型分析并不复杂，下面的模式将分解这一过程，以助理解。

20　计算表达式类型

目的

对于 C 等具有显式类型声明的语言，本模式计算其表达式的类型。

要分析 C、C++、Java 或 C#的静态类型，这种模式完全能胜任。

子 表 达 式	返 回 类 型
true, false	boolean
字符	char
整数	int
浮点数	float
id	id 所对应变量的类型
!«表达式»	boolean
-«表达式»	和«表达式»的类型一样
«表达式».id	id 所对应字段的类型
a[«表达式»]	数组中元素的声明类型。比如，如果 a 用 float a[]来声明，那么 a[i]的类型就是 float
f(«参数»)	函数 f 所声明的返回值类型
«表达式»bop«表达式»	由于两个操作对象的类型都一样，所以返回左边操作数的类型就好了。bop 表示集合{+,-,*,/}中的符号，bop 表示二元运算（binary operator）
«表达式»relop«表达式»	boolean，其中 relop 表示集合{<,>,<=,>=}中的符号，relop 表示关系运算（relation operator）
«表达式»eqop«表达式»	boolean，其中 eqop 表示集合{!=,==}中的符号，eqop 表示匹值运算（equality operator）

图 8.1 　Cymbol 表达式的类型计算规则

实现时这些语言都是在此模式的基础上进行扩展的。连 FindBugs[1]和 Converity[2]等静态查错软件也会用到这种模式。

讨论

类型计算是一个内容很广的研究领域。为了进行具体讨论，还是把话题集中在 Cymbol 中的类型计算上，所涉及的项如图 8.1 所示。

要计算表达式的类型，就要计算各成员类型及运算的返回类型。

1　http://findbugs.sourceforge.net。
2　http://converity.com/html/prevent-for-Java.html。

例如，对于表达式 `f(1)+4*a[i]+s.x`，类型计算的步骤如下。

Subexpression	Result Type
`1`	**int**
`f(1)`	**int**
`4`	**int**
`i`	**int**
`a[i]`	**int**
`4*a[i]`	**int**
`f(1)+4*a[i]`	**int**
`s`	**struct S**
`s.x`	**int**
`f(1)+4*a[i]+s.x`	**int**

假设所有操作符的类型都一样，则上面的计算过程就很机械了。实际上，只要知道第一个操作数 `f(1)` 的类型就够了。因为 `f` 返回整型数，所以整个表达式必须返回整型数。在实际编程时，存在以下两种情况：有可能需要将简单类型的 `char` 转换为 `int`，还有可能程序员编程时疏忽了（操作数的类型可能不兼容）。模式二十仅仅搭起大体的框架，后面的模式会在此模式的基础上加入类型提升和类型检查机制。

实现

实现时采用统一步骤，先将一段 Cymbol 程序解析为 AST，然后进行两次遍历。第一次先定义符号，第二次解析符号并计算表达式类型。前两次跟模式十八一样，所以只分析有关类型解析和类型计算的这次。

构建好 AST 并生成符号表之后（由 `Cymbol.g` 和 `Def.g` 来完成），就能编写类型计算（计算时需要标注 AST）的规则了，这里所说的规则就是描述树结构模式及所对应的操作。使用模式十三，可以在遍历过程中查找特定的模式，不过在匹配表达式成员的时候应小心谨慎。比如，单独的标识符和数组引用中的标识符应该区别对待。用 ANTLR 的文法记号来说，就不能直接编写如下规则：

```
id : ID {«操作»} ;
```

对于上下文信息的分析，仅用树的模式匹配器还不够，还需要使用模式十四中的树文法。不过，在模式二十中只关心某些表达式，所以不需要使用完整的树文法。为了两者兼得，这里会使用模式十五中的模式匹配器来寻找 EXPR 根节点，然后使用类型计算规则来遍历表达式子树，即

```
bottomup // 从内到外逐步匹配子表达式
    :  exprRoot // 只匹配表达式的开头（根节点EXPR）
    ;

exprRoot // 匹配到表达式EXPR后调用类型计算规则
    :  ^(EXPR expr) {$EXPR.evalType = $expr.type;} // 在AST上进行标注
    ;
```

这样就可以完全忽略表达式外的 AST 结构，直接指定类型计算相关的规则了。

本实现的主要部分是 expr 规则，它能计算子规则的类型。

```
expr returns [Type type]
@after { $start.evalType = $type; } // 每个解析选项后面都要做
    :  'true'      {$type = SymbolTable._boolean;}
    |  'false'     {$type = SymbolTable._boolean;}
    |  CHAR        {$type = SymbolTable._char;}
    |  INT         {$type = SymbolTable._int;}
    |  FLOAT       {$type = SymbolTable._float;}
    |  ID {VariableSymbol s=(VariableSymbol)$ID.scope.resolve($ID.text);
           $ID.symbol = s; $type = s.type;}
    |  ^(UNARY_MINUS a=expr)  {$type=symtab.uminus($a.start);}
    |  ^(UNARY_NOT a=expr)    {$type=symtab.unot($a.start);}
    |  member      {$type = $member.type;}
    |  arrayRef     {$type = $arrayRef.type;}
    |  call        {$type = $call.type;}
    |  binaryOps   {$type = $binaryOps.type;}
    ;
```

在前几个解析选项的规则中，指定了遇到常量和标识符所该执行的操作。而对于表达式 $ID.scope.resolve($ID.text)，即对 $ID.text 调用 resolve()，以查询标识符的信息。resolve() 需要标识符的语义环境（外围的作用域），而在定义阶段，ID 所对应的 AST 节点中，就用 scope 字段指向这个语义环境。表达式 $start 指向规则 expr 所匹配的第一个节点。

uminus()和unot()是SymbolTable中的辅助规则，能帮助树文法处理更复杂的模式：

Download semantics/types/SymbolTable.java
```
public Type uminus(CymbolAST a) { return a.evalType; }
public Type unot(CymbolAST a) { return _boolean; }
```

expr 规则还对子表达式的子树根节点进行注释，填入计算出的类型（即 $start.evalType = $type;）。静态类型分析器通常是大型语言应用的一部分，所以这些类型信息不能丢弃，应该存储起来以备用。类型信息放在自定义 AST 节点 CymbolAST 的 evalType 字段里。

Download semantics/types/CymbolAST.java
```
public class CymbolAST extends CommonTree {
    public Scope scope;       // 由Def.g填值，描述ID的作用域
    public Symbol symbol;     // 由Types.g填值，指向符号表中的定义
    public Type evalType;     // 表达式的类型，也是由Types.g填值
```

继续看类型计算规则，下面是计算成员访问操作中类型的计算方法。

Download semantics/types/Types.g
```
member returns [Type type]
    :   ^('.' expr ID)              // 匹配expr.ID型的子树
        { // $expr.start是expr规则匹配的子树的根节点
        $type = symtab.member($expr.start, $ID);
        $start.evalType = $type; // 存储计算出的类型
        }
    ;
```

注意，根据文法规定，操作符左边可能是任意表达式，包括返回 struct 值的函数，如语句 f().fieldname。SymbolTable 类中的 member() 方法会在左边表达式的作用域中查询字段。

Download semantics/types/SymbolTable.java
```
public Type member(CymbolAST expr, CymbolAST field) {
    StructSymbol scope=(StructSymbol)expr.evalType; // 获取expr的作用域
    Symbol s = scope.resolveMember(field.getText());// 在作用域中解析ID
    field.symbol = s; // 将AST指向符号表
    return s.type;       // 返回ID的类型
}
```

根据 AST 节点的 evalType 可以得到表达式的类型，evalType 是在 member 中调用规则 expr 的副作用，必须指向 SructSymbol 对象。

下面一条规则计算数组引用的类型，它也是将类型计算交给 SymbolTable（后面的模式中规则所包含的动作将会越来越多，所以最好将这些动作抽离出来放在其他类的方法中）。

```
Download semantics/types/Types.g
arrayRef returns [Type type]
    :   ^(INDEX ID expr)
        {
        $type = symtab.arrayIndex($ID, $expr.start);
        $start.evalType = $type; // 保存计算出的类型
        }
    ;
```

数组引用的类型就是数组定义中元素的类型（不用理会下标）。

```
Download semantics/types/SymbolTable.java
public Type arrayIndex(CymbolAST id, CymbolAST index) {
    Symbol s = id.scope.resolve(id.getText());
    VariableSymbol vs = (VariableSymbol)s;
    id.symbol = vs;
    return ((ArrayType)vs.type).elementType;
}
```

函数调用语句包括函数名，并可能含有一系列用于传递参数的表达式。call 规则集中这些信息，将其传入 SymbolTable 的辅助函数中。

```
Download semantics/types/Types.g
call returns [Type type]
@init {List args = new ArrayList();}
    :   ^(CALL ID ^(ELIST (expr {args.add($expr.start);})*))
        {
        $type = symtab.call($ID, args);
        $start.evalType = $type;
        }
    ;
```

函数调用的类型就是返回值的类型（由于不用进行类型提升和类型检查，所以暂时忽略参数的类型）。

```
Download semantics/types/SymbolTable.java
public Type call(CymbolAST id, List args) {
    Symbol s = id.scope.resolve(id.getText());
    MethodSymbol ms = (MethodSymbol)s;
    id.symbol = ms;
    return ms.type;
}
```

终于轮到二元操作了。二元，顾名思义，它们有两个操作对象。对目前的问题来说，还不用区分算术运算、关系运算和匹值运算。但为了与将来的模式保持一致，这里还是调用不同的辅助方法加以区别：

```
binaryOps returns [Type type] @after { $start.evalType = $type; }
    :  ^(bop a=expr b=expr)    {$type=symtab.bop($a.start, $b.start);}
    |  ^(relop a=expr b=expr)  {$type=symtab.relop($a.start, $b.start);}
    |  ^(eqop a=expr b=expr)   {$type=symtab.eqop($a.start, $b.start);}
    ;
```

假设不同算术运算的操作数类型相同，这里就不用进行计算，只返回左操作对象的类型即可，而关系运算和匹值运算都返回 boolean 类型。

```
public Type bop(CymbolAST a, CymbolAST b)   { return a.evalType; }
public Type relop(CymbolAST a, CymbolAST b) { return _boolean; }
public Type eqop(CymbolAST a, CymbolAST b)  { return _boolean; }
```

整合时，先构建 AST，再对树进行两次遍历：

```
// 创建解析器并构建AST
CymbolLexer lex = new CymbolLexer(input);
final TokenRewriteStream tokens = new TokenRewriteStream(lex);
CymbolParser p = new CymbolParser(tokens);
p.setTreeAdaptor(CymbolAdaptor); // 创建CymbolAST节点
RuleReturnScope r = p.compilationUnit(); // 启动解析器
CommonTree t = (CommonTree)r.getTree();  // 获取返回的树

// 为树的解析器准备节点流
CommonTreeNodeStream nodes = new CommonTreeNodeStream(t);
nodes.setTokenStream(tokens); // 词法单元的位置
nodes.setTreeAdaptor(CymbolAdaptor);
SymbolTable symtab = new SymbolTable();

// 定义符号
Def def = new Def(nodes, symtab); // 将符号表传递给遍历器
def.downup(t); // 对特定的子树进行操作

// 解析符号，计算表达式类型
nodes.reset();
Types typeComp = new Types(nodes, symtab);
typeComp.downup(t); // 进行解析或者计算表达式类型
```

遍历完以后，每个节点上都标注了两个指针，一个是 symbol，指向其在符号表中的符号定义；一个是 evalType，指向它的类型。为了输出这些结果，可以采用模式十三，对每个表达式节点添加并调用 showTypes() 的方法。为了进行自底向上、由内到外的遍历，采用后序遍历。

```java
// 遍历树，以便输出子树的类型
TreeVisitor v = new TreeVisitor(new CommonTreeAdaptor());
TreeVisitorAction actions = new TreeVisitorAction() {
    public Object pre(Object t) { return t; }
    public Object post(Object t) {
        showTypes((CymbolAST)t, tokens);
        return t;
    }
};
v.visit(t, actions); // 后序遍历，输出类型
```

方法 showTypes() 只输出 evalType 字段非空的子表达式和节点类型。

```java
static void showTypes(CymbolAST t, TokenRewriteStream tokens) {
    if ( t.evalType!=null && t.getType()!=CymbolParser.EXPR ) {
        System.out.printf("%-17s",
                          tokens.toString(t.getTokenStartIndex(),
                                          t.getTokenStopIndex()));
        String ts = t.evalType.toString();
        System.out.printf(" type %-8s\n", ts);
    }
}
```

用下面的 Cymbol 代码对此实现进行测试。

```
struct A {
  int x;
  struct B { int y; };
struct B b; };
int i=0; int j=0;
void f() {
  struct A a;
  a.x = 1+i*j;
  a.b.y = 2;
  boolean b = 3==a.x;
  if ( i < j ) f();
}
```

下面对 `t.cymbol`（这是本章通用的测试文件）进行测试。

```
$ java org.antlr.Tool Cymbol.g Def.g Types.g
$ javac *.java
$ java Test t.cymbol
0 type int
0              type int
a              type struct A:{x, B, b}
a.x            type int
1              type int
i              type int
j              type int
i*j            type int
1+i*j          type int
a              type struct A:{x, B, b}
a.b            type struct B:{y}
a.b.y          type int
2              type int
3              type int
a              type struct A:{x, B, b}
a.x            type int
3==a.x         type boolean
i              type int
j              type int
i<j            type boolean
f()            type void $
```

这种模式描述了对表达式成员和操作进行类型计算的基本过程。由于该模式要求同一个表达式中的操作数类型必须相同（如整型数之间做加法运算），因此有其局限性。不过，这也是自动类型提升（如整型数和浮点数进行算术运算）的基础架构。下一种模式定义了算术类型的提升，并且提供在此模式基础上的实现示例。

相关模式

本模式使用模式十八来构建作用域树并生成符号表，使用模式十三输出类型信息。模式二十一和模式二十三都以此为基础。

21　自动类型提升

目的

本模式能安全地自动提升算术操作数的类型。

讨论

自动类型提升的目的就是统一操作对象的类型，或者使其相互兼容。因为计算机的 CPU 指令只能处理这种统一的操作数。但是，如果要满足 CPU 的要求，那么编程时就会不便。编程时，常常会在一个操作中使用各种类型的操作数，如 3+'0'。而大多数编程语言都会把 3+'0' 转换为 3+(int)'0'。

在不损失信息的前提下，语言应用可以随意转换数据的类型。比如，4 可以转换为 4.0，而 4.5 转换成 4 就会损失信息。由于这种转换只能把类型放大，而不能缩窄，所以称为类型提升。

一个公式就能描述所有的合法类型提升。首先，将算术类型从小到大（大小是指表示范围）标上号，那么只要 i<j，就能将 $type_i$ 转换为 $type_j$。在 Cymbol 语言（C++的子集）中，类型排序如下：char、int 和 float。也就是说，可以把 char 转换为 int 和 float，也可以把 int 转换为 float。

编译器的语义分析器使用静态类型分析器来判断该提升哪一个元素或子表达式。通常，分析器会修改中间表示树以加入需要类型转换的节点。翻译器只要进行标注即可，类型转换可以在代码生成阶段完成，这比修改树要容易多了。

不光是表达式，静态类型分析器还需要分析赋值语句、返回语句、函数调用语句和数组下标语句中的值的类型，以检查是否需要提升。比如，对于赋值语句"float f = 1;"，不需要程序员手工把 1 提升为浮点数。同样，对于 a['z']，通常也希望类型分析器能自动将 'z' 提升为整型数。

要实现算术类型提升，还需要两个函数：第一个函数根据操作符和两个操作数类型，能判断操作的结果类型；第二个函数根据输入的操作数、操作符和结果类型，能判断是否要进行类型提升。

第一个函数计算操作的结果类型时，输入参数是两个操作数类型和一个操作符。

```
resultType(type1, op, type2)
```

比如，将字符和整型数相加，得到的是整型数。

```
resultType(char, "+", int) == int
```

操作符和操作数都很重要，如果要比较 char 和 int 的大小，返回值就是 boolean 而不是 int。

```
resultType(char, "<", int) == boolean
```

可以比较两个布尔操作数是否相等，但却不能比较其大小。

```
resultType(boolean, "==", boolean) == boolean
resultType(boolean, "<", boolean) == void
```

void 表示这种操作是非法的，在模式二十二中将详细讨论。

然后还需要另一个函数，因为 resultType 虽然能返回操作的结果类型，但是不能直接判断是否需要类型提升，因此要使用如下函数来完成这项功能。

```
promoteFromTo(type, op, destination-type)
```

对于给定的操作符，它能判断是否需要把一种操作数的类型转换为目标类型。比如，对于 char 和 int 相加，resultType 会返回 int。既然返回了 int，那么就要对 char 进行类型提升。

```
promoteFromTo(char, "+", int) == int
```

不过右边的操作数就不用提升了，即

```
promoteFromTo(int, "+", int) == null
```

返回 null 表示"不用提升"，而不是"非法提升"。

下面来计算表达式 `'a'+3+4.2` 的返回类型，并按需进行类型提升。如果显式地进行类型转换，程序员会写 `(float)((int)'a'+3)+4.2`。由于 Cymbol 里还没有双精度数，因此表达式使用 `float`。为了存储 `resultType` 和 `promoteFromTo` 的计算结果，可以在 AST 节点上进行标注。

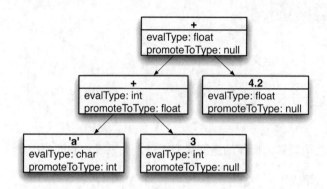

每个节点都知道值的类型和提升类型（如果需要提升）。比如，`'a'` 值的类型就是 `char`，但是在算术运算（其父节点）中就要提升为 `int`。而节点 3 是 `int`，不需要提升。较低的算术运算结果类型也是 `int`，但是需要提升为 `float`。

下面将用 Java 具体实现 `resultType` 和 `promoteFromTo` 方法，并且会将类型转换添加到模式二十的示例中。

实现

初次遇到类型转换问题的时候，我写了一连串的 `if` 语句，结果是既慢又容易出错。后来才发现，只要给类型编上序号，就能把前面的判断语句转换为比较序号的大小。最后，这个问题就变成了根据操作数类型（即序号）来查表了。每个操作符都有自己的表，任意两个操作数类型都对应一个返回值类型。这样不但高效，而且很容易判断操作数类型是否合法并进行提升。

实现 Cymbol 的返回值类型表时，需要先定义各个类型的序号。

```java
// 算术类型，从小到大
public static final int tUSER = 0; // 用户自己定义的类型（struct）
public static final int tBOOLEAN = 1;
public static final int tCHAR = 2;
public static final int tINT = 3;
public static final int tFLOAT = 4;
public static final int tVOID = 5;
```

然后定义类型。比如，下面定义内置类型 int。

```java
public static final BuiltInTypeSymbol _int =
    new BuiltInTypeSymbol("int", tINT);
```

有了这些定义，就能填写算术操作的返回类型表了。关系操作和匹值操作的表都类似，表项都是 boolean。

```java
/** 将一组t1 op t2 映射为返回值类型（_void表示不合法） */
public static final Type[][] arithmeticResultType = new Type[][] {
    /* struct boolean char int float, void */
    /*struct*/  {_void, _void, _void,  _void,  _void,  _void},
    /*boolean*/ {_void, _void, _void,  _void,  _void,  _void},
    /*char*/    {_void, _void, _char,  _int,   _float, _void},
    /*int*/     {_void, _void, _int,   _int,   _float, _void},
    /*float*/   {_void, _void, _float, _float, _float, _void},
    /*void*/    {_void, _void, _void,  _void,  _void,  _void}
};
```

当要计算 char 和 int 来获得算术操作的返回类型时，相当于查找表中 arithmeticResultType[tCHAR][tINT]的值，返回类型是_int。类型提升表的用法也一样，promoteFromTo[tChar][tINT] 返回_int，而 promoteFromTo[tINT][tINT]返回 null。根据 Cymbol 的语义，一个类型提升表就足够了。这个表是为操作符定义的，但也能检查参数类型、数组下标类型等。比如，a['z'] 中需要把'z'提升为整型数。

表如下。

```
/** 判断类型是否需要提升为更大的类型
 *   如果返回非null，则需要提升，而null并不是出错的意思
 *   而是说不需要提升
 *   Cymbol中的算术操作、比较操作和匹值操作都用这张表
 */
public static final Type[][] promoteFromTo = new Type[][] {
/*        struct     boolean     char       int       float,      void */
/*struct*/ {null,    null,       null,      null,     null,       null},
/*boolean*/ {null,   null,       null,      null,     null,       null},
/*char*/   {null,    null,       null,      _int,     _float,     null},
/*int*/    {null,    null,       null,      null,     _float,     null},
/*float*/  {null,    null,       null,      null,     null,       null},
/*void*/   {null,    null,       null,      null,     null,       null}
};
```

下面把这些类型计算表合并到模式二十的代码中。首先要修改操作符返回类型，以支持 SymbolTable 中的方法。对于特定的类型表，下面的方法能计算返回值，但其副作用是会在 AST 节点上添加操作数的提升类型。

```
public Type getResultType(Type[][] typeTable, CymbolAST a, CymbolAST b) {
    int ta = a.evalType.getTypeIndex(); // 左操作数的类型编号
    int tb = b.evalType.getTypeIndex(); // 右操作数的类型编号
    Type result = typeTable[ta][tb]; // 操作的返回类型
    // 左类型提升到右类型还是右类型提升到左类型？
    a.promoteToType = promoteFromTo[ta][ta];
    b.promoteToType = promoteFromTo[tb][tb];
    return result;
}
```

binaryOps 所调用的三个辅助方法现在变为分别使用对应的类型表调用 getResultType()。

```
public Type bop(CymbolAST a, CymbolAST b) {
    return getResultType(arithmeticResultType, a, b);
} public Type relop(CymbolAST a, CymbolAST b) {
    return getResultType(relationalResultType, a, b); }
public Type eqop(CymbolAST a, CymbolAST b) {
    return getResultType(equalityResultType, a, b);
}
```

编程语言实现模式

方法 `arrayIndex()` 与之前的一样，只是在必要的时候把下标类型变为整型数。

```java
public Type arrayIndex(CymbolAST id, CymbolAST index) {
Symbol s = id.scope.resolve(id.getText());  // 解析变量
VariableSymbol vs = (VariableSymbol)s;
id.symbol = vs;                              // 标注AST
Type t = ((ArrayType)vs.type).elementType;  // 获取元素的类型
int texpr = index.evalType.getTypeIndex();
index.promoteToType = promoteFromTo[texpr][tINT]; // 提升下标?
return t;
}
```

对于方法调用，需要将实际参数的表达式类型提升为方法的形式参数的类型。

```java
/** 给定方法int g(int x, float y) {...}
 * 如果调用g('q',10)，把'q'提升为int，10提升为float */
public Type call(CymbolAST id, List args) {
Symbol s = id.scope.resolve(id.getText());
MethodSymbol ms = (MethodSymbol)s;
id.symbol = ms;
int i=0;
for (Symbol a : ms.orderedArgs.values() ) { // 要处理所有参数
CymbolAST argAST = (CymbolAST)args.get(i++);
// 获取参数表达式的类型及所需要的类型
Type actualArgType = argAST.evalType;
Type formalArgType = ((VariableSymbol)a).type;
int targ = actualArgType.getTypeIndex();
int tformal = formalArgType.getTypeIndex();
// 是否要将参数类型提升为所定义的类型
argAST.promoteToType = promoteFromTo[targ][tformal];
}
return ms.type;
}
```

然后要在 `Types.g` 中使用一些规则来处理变量初始化语句、返回语句和赋值语句。

```
decl: ^(VAR_DECL . ID (init=.)?) // 如果有init的expr，则调用declinit
    {if ( $init!=null && $init.evalType!=null )
        symtab.declinit($ID, $init);}
    ;
ret : ^('return' v=.) {symtab.ret((MethodSymbol)$start.symbol, $v);} ;
assignment // 不遍历expr，只检查类型，'.'是通配符
    : ^('=' lhs=. rhs=.) {symtab.assign($lhs, $rhs);}
    ;
```

下列规则会调用 `SymbolTable` 类中的辅助方法来完成任务。

```java
public void declinit(CymbolAST id, CymbolAST init) {
    int te = init.evalType.getTypeIndex(); // 将expr提升为decl类型吗?
    int tdecl = id.symbol.type.getTypeIndex();
    init.promoteToType = promoteFromTo[te][tdecl];
}
public void ret(MethodSymbol ms, CymbolAST expr) {
    Type retType = ms.type; // 将返回的expr提升为函数的decl类型吗?
    Type exprType = expr.evalType;
    int texpr = exprType.getTypeIndex();
    int tret = retType.getTypeIndex();
        expr.promoteToType = promoteFromTo[texpr][tret];
}
public void assign(CymbolAST lhs, CymbolAST rhs) {
    int tlhs = lhs.evalType.getTypeIndex(); // 将右类型提升为左类型吗?
    int trhs = rhs.evalType.getTypeIndex();
    rhs.promoteToType = promoteFromTo[trhs][tlhs];
}
```

目前，树遍历器已经能处理需要类型提升的表达式和语句了。而且，这些处理结果都标注在 AST 上。为了检查工作是否正确，需要看到这些注释，所以不用输出整棵树，只输出进行了类型转换的源代码即可。输入如下的 Cymbol 文件。

```
float a[];
int d[];
int c = 'z'+1;          // 检查变量的初始化（int不用提升）
void f() {
    a[0] = 4*'i';       // 将char提升为int，再提升为float
    a[1] = d[0];        // 将int数组元素提升为float
    a['x'] =1;          // 检查数组下标的类型提升
    g('q',10);          // 参数类型提升
}
int g(int x, float y) { return 'k'; } // 将'k'提升为int
```

经过处理，Cymbol 文件中添加了显式的类型转换。

```
float a[];
int d[];
int c = (int)'z'+1; // 检查变量的初始化（int不用提升）
void f() {
    a[0] = (float)(4*(int)'i');  // 将char提升为int，再提升为float
    a[1] = (float)d[0];          // 将int数组元素提升为float
    a[(int)'x'] = (float)1;      // 检查数组下标的类型提升
    g((int)'q',(float)10);       // 参数类型提升
}
int g(int x, float y) { return (int)'k'; } // 将'k'提升为int
```

为了调整最初的源代码，还需要运用部分小技巧，即掌握两种方法。

第一种方法需要用机灵的访问者或者树文法来遍历 AST，将子树映射为输出的文本。这种方法工作量很大，而且难以保留原有的格式。还是在源文件缓冲区中找准合适的位置，然后把代码转换语句直接插在那里并输出更简单。其唯一的缺点是效率很低。将字符插到缓冲区中需要进行大量的数据移动，如果对大缓冲区进行多次插入，代价实在太高。

另一种方法是使用 **ANTLR** 的 `TokenRewriteStream` 类，它能高效地解决这个问题。这个类记下所有的插入命令，然后在需要输出的时候才"执行"。测试代码使用模式十三，在每个 `promoteToType` 中不返回 `null` 的节点上都调用 insertCast()。

```java
/** 在此节点所对应的词法单元前插入类型转换 */
static void insertCast(CymbolAST t, TokenRewriteStream tokens) {
String cast = "("+t.promoteToType+")"; int left = t.getTokenStartIndex();
// 在词法单元缓冲区中定位
int right = t.getTokenStopIndex();
Token tok = t.token; // tok是节点记录下的词法单元
if ( tok.getType() == CymbolParser.EXPR ) {
    tok = ((CymbolAST)t.getChild(0)).token;
}
if ( left==right ||
    tok.getType()==CymbolParser.INDEX ||
    tok.getType()==CymbolParser.CALL )
{ // 要么是单个符号，要么是 a[i] 或 f(); 不要使用 (...)
    tokens.insertBefore(left, cast);
}
else { // 需要括号
    String original = tokens.toString(left, right);
tokens.replace(left, right, cast+"("+original+")");
}
}
```

以上实现了不带错误检查的静态类型分析器。下一种模式将会加入类型检查和几个其他的语义检查，因为谁也不能保证输入是正确的。

相关模式

　　自动算术类型提升跟模式二十中的返回类型计算紧密相连。模式二十二在此模式的基础上加入了错误报告。

22	检查类型安全

目的

　　本模式能静态检测出表达式或者语句中不合法的类型。

　　对 C 这类带有显式类型声明的静态语言来说，本模式能为其构建类型安全检查器。翻译或者分析静态类型语言的工具（如编译器）都要使用这种模式。

讨论

　　静态类型检查器为模式二十一（而模式二十一又是从模式二十扩展而来的）添加类型检查功能，这里将检查图 8.2 中所描述的类型兼容性。

　　简单来说，类型兼容性包括以下两个问题。

- 操作数类型上必须定义了这种操作。

  ```
  resultType(operandtype1, op, operandtype2) != void
  ```

- 如果某处在用类型 t 的某个值，那么这个值要么是类型 t，要么能够提升为 t。

  ```
  value-type==destination-type||value-promoted-type==destination
  -type
  ```

　　这能确保不兼容的类型之间不会进行数据传递。这种计算称为 canAssignTo。

　　既然在检查类型错误，不妨也检查下面几个有关符号类别的规则。

- 对于 x.y，x 必须是 struct。

(1) if 的条件子句必须是 boolean 类型

(2) 数组引用的下标必须是整型数

(3) 赋值语句左右两边的类型必须兼容

(4) 函数调用的实际参数与其形式参数的类型必须兼容

(5) return 表达式的类型与函数定义的返回值类型必须兼容

(6) 二元算术操作中两个操作对象的类型必须兼容

(7) 一元操作符的操作数的类型必须合适

图 8.2 Cymol 语言中的类型兼容规则

- 对于 f(), f 必须是函数符号。

- 对于 a[...], a 必须是数组符号。

为了实现类型安全, 必须检查 resultType 或 canAssignTo, 甚至两者都要检查。下一节会将它们添加到 SymbolTable 类的辅助方法中。

实现

为模式二十一添加类型检查并不是很难, 但是需要进行大面积的修改。为了便于理解, 可以将问题分解成几个小块。首先来看表达式的操作符。

检查表达式的操作数类型

为了检查表达式的类型是否兼容, 只需要注意返回类型是否是 void。getResultType() 方法只是在原来的基础上添加了类型检查。

Download semantics/safety/SymbolTable.java
```java
public Type getResultType(Type[][] typeTable, CymbolAST a, CymbolAST b) {
    int ta = a.evalType.getTypeIndex(); // 左操作数的类型编号
    int tb = b.evalType.getTypeIndex(); // 右操作数的类型编号
    Type result = typeTable[ta][tb];     // 操作的返回类型
    if ( result==_void ) {
        listener.error(text(a)+", "+
                        text(b)+" have incompatible types in "+
                        text((CymbolAST)a.getParent()));
    }
}
```

```
    else {
        a.promoteToType = promoteFromTo[ta][tb];
        b.promoteToType = promoteFromTo[tb][ta];
    }
    return result;
}
```

方法 text() 返回子树对应的源代码。getResultType() 对关系运算、匹值运算和加减乘除等二元算术运算都适用。唯一的区别就是关系运算和匹值运算的返回值总是 boolean 类型的。

```
public Type relop(CymbolAST a, CymbolAST b) {
    getResultType(relationalResultType, a, b);
    // 不管操作数的类型是否兼容
    // 返回值总是boolean
    return _boolean;
}
public Type eqop(CymbolAST a, CymbolAST b) {
        getResultType(equalityResultType, a, b);
    return _boolean;
}
```

一元操作只检查几个特定的类型：

```
public Type uminus(CymbolAST a) {
    if ( !(a.evalType==_int || a.evalType==_float) ) {
        listener.error(text(a)+" must have int/float type in "+
                        text((CymbolAST)a.getParent()));
        return _void;
    }
    return a.evalType;
}
public Type unot(CymbolAST a) {
    if ( a.evalType!=_boolean ) {
        listener.error(text(a)+" must have boolean type in "+
                        text((CymbolAST)a.getParent()));
        return _boolean; // 即使不对, 也返回boolean类型
    }
    return a.evalType;
}
```

对于成员访问表达式，检查左边的操作对象是否是 struct 类型的。

下面是 member() 中的检查语句。

```
Type type = expr.evalType;
if ( type.getClass() != StructSymbol.class ) {
    listener.error(text(expr)+" must have struct type in "+
                        text((CymbolAST)expr.getParent()));
    return _void;
}
```

数组下标有两个语义难题。不但要验证标识符是否真的是数组，还要看下标表达式是否是整型数或能提升为整型数。

```
public Type arrayIndex(CymbolAST id, CymbolAST index) {
    Symbol s = id.scope.resolve(id.getText());
    id.symbol = s; // 对AST进行注释
    if ( s.getClass() != VariableSymbol.class || // 确保它是数组
         s.type.getClass() != ArrayType.class )
    {
        listener.error(text(id)+" must be an array variable in "+
                        text((CymbolAST)id.getParent()));
        return _void;
    }
    VariableSymbol vs = (VariableSymbol)s;
    Type t = ((ArrayType)vs.type).elementType; // 获取元素的类型
    int texpr = index.evalType.getTypeIndex();
    // 如果有必要，将下标表达式提升为int
    index.promoteToType = promoteFromTo[texpr][tINT];
    if ( !canAssignTo(index.evalType, _int, index.promoteToType) ) {
        listener.error(text(index)+" index must have integer type in "+
                        text((CymbolAST)id.getParent()));
    }
    return t;
}
```

方法 canAssignTo() 能判断某个值是否匹配某个类型（根据原本的类型和所能提升的类型）。

```
public boolean canAssignTo(Type valueType,Type destType,Type promotion) {
    // 要么是同一种类型，要么是提升后的类型
    return valueType==destType || promotion==destType;
}
```

该方法是关键的类型检查器。下面将多次用它分析方法调用语句和赋值语句。

检查方法调用和返回类型

　　方法调用有以下三个语义难题。首先，得检查标识符确实是函数名。其次，要检查实际参数类型与形式参数类型是否兼容。

```java
public Type call(CymbolAST id, List args) {
    Symbol s = id.scope.resolve(id.getText());
    if ( s.getClass() != MethodSymbol.class ) {
        listener.error(text(id)+" must be a function in "+
                        text((CymbolAST)id.getParent()));
        return _void;
    }
    MethodSymbol ms = (MethodSymbol)s;
    id.symbol = ms;
    int i=0;
    for (Symbol a : ms.orderedArgs.values() ) { // 要处理所有参数
        CymbolAST argAST = (CymbolAST)args.get(i++);
        // 获取参数表达式的类型以及所需要的类型
        Type actualArgType = argAST.evalType;
        Type formalArgType = ((VariableSymbol)a).type;
        int targ = actualArgType.getTypeIndex();
        int tformal = formalArgType.getTypeIndex();
        // 是否要将参数类型提升为所定义的类型
        argAST.promoteToType = promoteFromTo[targ][tformal];
        if ( !canAssignTo(actualArgType, formalArgType,
                          argAST.promoteToType) ) {
            listener.error(text(argAST)+", argument "+
                           a.name+":<"+a.type+"> of "+ms.name+
                           "() have incompatible types in "+
                           text((CymbolAST)id.getParent()));
        }
    }
    return ms.type;
}
```

　　最后，还要检查返回值的类型是否与声明的类型兼容。下面是 ret() 的检查语句。

```java
if ( !canAssignTo(exprType, retType, expr.promoteToType) ) {
    listener.error(text(expr)+", "+
        ms.name+"():<"+ms.type+"> have incompatible types in "+
        text((CymbolAST)expr.getParent()));
}
```

　　传递参数和返回结果其实都是隐式的赋值语句，下面来处理显式的赋值语句。

检查赋值语句和初始化语句

为了检查赋值语句的类型安全，要验证右边的表达式是否与左边的表达式兼容（数据是从右边流向左边的）。下面是 assign() 的检查语句。

Download samantics/safety/SymbolTable.java
```
if ( !canAssignTo(rhs.evalType, lhs.evalType, rhs.promoteToType) ) {
listener.error(text(lhs)+", "+
                text(rhs)+" have incompatible types in "+
                text((CymbolAST)lhs.getParent()));
}
```

带有初始化表达式的变量声明语句也是赋值语句，必须检查初始为表达式的类型与变量声明的类型是否兼容。下面是 declinit() 中的检查语句。

Download samantics/safety/SymbolTable.java
```
if ( !canAssignTo(init.evalType, declID.symbol.type,
                    init.promoteToType) ) {
    listener.error(text(declID)+", "+
        text(init)+" have incompatible types in "+
        text((CymbolAST)declID.getParent()));
}
```

这样，还剩下检查 if 的条件子句是否为 boolean 型。

检查 if 的条件子句是否为 boolean 型

为了检查 if 的条件子句，必须在树的模式匹配器 Types.g 中添加规则，遇到 if 语句的时候就调用辅助函数 ifstat()。

Download samantics/safety/Types.g
```
ifstat : ^('if' cond=. s=. e=.?) {symtab.ifstat($cond);} ;
```

辅助函数能检查条件子句的类型是否是 boolean。

Download semantics/safety/SymbolTable.java
```
public void ifstat(CymbolAST cond) {
    if ( cond.evalType != _boolean ) {
        listener.error("if condition "+text(cond)+
                        " must have boolean type in "+
                        text((CymbolAST)cond.getParent()));
    }
}
```

加入这些修改之后，测试代码中能为不合法的输入文件提供错误信息了。例如，下面的测试文件中能验证操作数类型、数组下标、条件子句、函数调用和函数返回类型的类型检查是否已运行。

```
void f() {
    char c = 4;                  // <char> = <int>                    ERROR
    boolean b;
    int a[];
    if ( 3 ) c = 'a';            // if ( <int> ) ...                  ERROR
    c = 4 + 1.2;                 // <char> = <float>                 ERROR
    b = !c;                      // !<char>                           ERROR
    int i = c < b ;              // <char> < <boolean>               ERROR
    i = -b;                      // -<boolean>（应该是int/float）     ERROR
    g(9);                        // g(<int>) 但应该是g(<char>)       ERROR
    a[true] = 1;                 // <array>[<boolean>] = <int>       ERROR
}
int g(char c) { return 9.2; }  // 返回 <float>但应该返回<int>        ERROR
```

对于上面的测试文件 `t.cymbol`，输出结果如下（省去了关于每个子表达式类型的输出）。

```
$ java Test t.cymbol
c:<char>, 4:<int> have incompatible types in char c = 4;
if condition 3:<int> must have boolean type in if ( 3 ) c='a';
c:<char>, 4+1.2:<float> have incompatible types in c = 4+1.2;
c:<char> must have boolean type in !c
c:<char>, b:<boolean> have incompatible types in c < b
i:<int>, c < b:<boolean> have incompatible types in int i = c < b ;
b:<boolean> must have int/float type in -b
i:<int>, -b:<void> have incompatible types in i = -b;
9:<int>, argument c:<char> of g() have incompatible types in g(9)
true:<boolean> index must have integer type in a[true]
9.2:<float>, g():<int> have incompatible types in return 9.2;
...
$
```

测试文件 `u.cymbol` 检查 `struct` 的使用是否得当，以及函数调用中的标识符是否是函数。

```
struct A { int x; };
struct B { int y; };
void f() {
    struct A a;
    struct B b;
    a = b;                 // <struct A> = <struct B>              ERROR
    int i;
    int c = i.x;           // <int>.x                              ERROR
    c = a + 3 + a[3];      // <struct> + <int> + <struct>[]        ERROR
    c();                   // <int>()                              ERROR
}
```

其输出如下。

```
$ java Test u.cymbol
a:<struct A:{x}>, b:<struct B:{y}> have incompatible types in a = b;
i:<int> must be have struct type in i.x
c:<int>, i.x:<void> have incompatible types in int c = i.x;
a:<struct A:{x}>, 3:<int> have incompatible types in a + 3
a must be an array variable in a[3]
a + 3:<void>, a[3]:<void> have incompatible types in a + 3 + a[3]
c:<int>, a + 3 + a[3]:<void> have incompatible types in c = a + 3 + a[3];
c must be a function in c()
...
$
```

这种模式的源代码就是 C++语言的子集 Cymbol 完整的静态类型检查器。将这个问题分解为类型计算、类型提升和类型检查三项任务之后，整体看起来更容易理解和实现了。

相关模式

本模式需要模式二十和模式二十一，才能进行类型检查。模式二十三中为 Cymbol 添加类，而去掉了 `struct`，以检查多态指针的赋值。

23　多态类型检查

目的

本模式能检测 C++之类面向对象语言里指针赋值中的类型是否兼容。

讨论

面向对象语言不仅需要模式二十二中的所有类型检测，还需要额外的检查：多态指针的赋值语句。多态意味着指针可以指向多种类型的对象，而 C 指针的赋值语句与此不同，里面涉及的类型必须相符。本模式与模式二十二的区别在于类型兼容的含义改变了。

用下面的 C++代码来展示需要处理的问题。

```
Cat *pCat;
Bengal *pBengal;  // 假设Bengal是Cat的子类
pCat = pCat;       // 目标类型是Cat，可以赋值
pCat = pBengal;    // Bengal必须是Cat的子类才能这样赋值
```

这些赋值语句都可行，但 pBengal=pCat 却是非法的，因为 pCat 不一定是 Bengal，可能是任何一种 cat，而 pBengal=pTabby 肯定也是不对的。

多态指针赋值的语义规则大意如此：对于任何赋值语句p=q，q 和 p 的目标类型要么一样，要么 q 是 p 的子类。"目标类型"表示指针所指向对象的类型。这个规则要求 q 的目标类型属于 p 的目标类型。

可以从两个方向检查这种类型。假设变量定义中有 P *p;和 Q *q，那么，在类的继承链中进行检查，既可以看 Q 是否在 P 的下面，又可以看 P 是否在 Q 的上面。模式十九中构建了类的继承树，每个子节点都指向其父节点，因此可以在继承树中看 Q 的祖先节点中是否有 P。

如果没有指针机制，多态就毫无价值，因此要为一直使用的 Cymbol 语言添加这些要素。之前为了简便起见，一直没有考虑指针。为了展示面向对象语言中指针赋值的类型检查，需要扩展 Cymbol 语言。

- 采用单继承机制的类（移除 struct）。

- 可以指向基本类型和类的指针。

- 取地址符&。

- 解引用符*。

- 指针的成员访问符->。

为了简化这个学习过程，还可以在构建 AST 的时候将指针引用统一化归为等价的指针形式，也就是说，a[i]就相当于*(a+i)。指针的成员访问符也是这么化归，p->x 相当于(*p).x。这样，扫描树的定义趟和类型检查趟中就不用考虑这些新的语法了，因为 AST 中只有指针操作。

下一小节扩展前一章的模式，以处理类和对象指针的语义规则。

静态、动态的指针类型检查

在处理指针赋值语句时，静态分析工具和编译器都会遇到很多麻烦。特别是 C++，由于它的很多机制发生在执行阶段，所以尤其难以对付。指针赋值出错可能会造成错误的字段访问，甚至导致内存访问越界。而 Python 和 Ruby 等动态类型语言甚至不需要运行时的指针类型检查，如果指针赋值语句中类型不匹配，那么下一次访问对象成员的时候就会出错。

实现

这一小节包括两部分。第一部分详细展示如何实现多态类型检查；第二部分展示如何支持 Cymbol 中的指针。添加指针会比较复杂，不感兴趣的读者可以跳过。

指针的类型检查

这个实现基于模式二十二，并采用了模式十八中类的符号表实现。主要修改了方法 canAssignTo() 中类型兼容的定义部分。非面向对象语言中的类型必须完全一致。

```java
public boolean canAssignTo(Type valueType,Type destType,Type promotion) {
    // 类型要么一样，要么通过提升变得一样
    return valueType==destType || promotion==destType;
}
```

而在面向对象语言中放宽了限制，因为 Cymbol 中需要支持指针，所以干脆把这些功能下放到各类型中。

```java
public boolean canAssignTo(Type valueType,
                           Type destType,
                           Type promotion)
{   // 处理算术类型、对象和对象指针
    // 要么能直接赋值
    // 要么能提升为所需的类型
    return valueType.canAssignTo(destType) || promotion==destType;
}
```

这样一来，为了使符号表中的对象保持一致，需往 `Type` 接口添加一个方法。

```java
public boolean canAssignTo(Type destType);
```

赋值语句中的 `int` 等内置类型需要与对方的类型完全匹配。

```java
public boolean canAssignTo(Type destType) { return this==destType; }
```

而 `Point` 或 `User` 等对象也是这样，`Point` 对象的数据只能赋给 `Point` 对象，因为要复制整个对象中的数据（和指针赋值不同）。

```java
public boolean canAssignTo(Type destType) { return this==destType; }
```

多态指针类型检查中的难点在 `PointerType` 的 `canAssignTo()` 里。`PointerType` 类表示指向某个对象的指针。比如，可以通过 `new PointerType(userClass)` 来生成指向 `User` 的指针，其中 `userClass` 指向 `User` 的 `ClassSymbol` 类。这跟模式二十二中的 `ArrayType` 类似。

对于内置类型的指针，目标类型必须和原类型保持一致。而对象指针的目标类型却跟类的继承情况有关。下面的方法描述了什么时候能将某个类型的指针赋值给另一个类型的指针：

```java
/** 能把本类型的值赋给目标类型吗？destType必须是指针。而且如果指向的不是对象，
 * 就必须指向同一种类型。指向对象时，就可以进行多态检查了。下面这个例子是静态类型的
 * 好例子，里面有不少类型转换。
 */
public boolean canAssignTo(Type destType) {
    // 如果不是指针，就返回
    if ( !(destType instanceof PointerType) ) return false;
    // 指向什么类型呢？
    Type destTargetType = ((PointerType)destType).targetType;
    Type srcTargetType = this.targetType;
    // 如果两个指针都指向对象，那么进行多态检查
    if ( destTargetType instanceof ClassSymbol &&
        this.targetType instanceof ClassSymbol )
    {
        ClassSymbol thisClass   = (ClassSymbol)srcTargetType;
        ClassSymbol targetClass = (ClassSymbol)destTargetType;
        // 至此，多态指针类型的检查搞定了。
        return thisClass.isInstanceof(targetClass);
    }
```

```
// 如果不是对象的指针，那么所指的类型必须完全一致
// 例如：int *p; int *q; p = q;
return srcTargetType == destTargetType;
}
```

多态类型检查中会使用 `isInstanceof()` 检查 `thisClass` 是不是 `targetClass` 类或者其子类。

```
/** 如果'ancestor'和其类型相同，或者是它的祖先*/
public boolean isInstanceof(ClassSymbol ancestor) {
    ClassSymbol t = this;
    while ( t!=null ) {
        if ( t == ancestor ) return true;
        t = t.superClass;
    }
    return false;
}
```

那么来对下面的 Cymbol 代码进行测试（测试代码与上一种模式完全相同）。

```
class A { int x; };      // 定义类A
class B : A { int y; };  // 定义A的子类B
class C : A { int z; };  // 定义A的子类C
void f() {
    A a;A a2;B b;C c;     // 定义四个对象
    a = a2;               // a和a2的类型一致，都是A，所以没问题
    a=b;                  // b是A的子类对象，但不是指针，所以不行
    b=a;                  // a不是b的子类对象，所以不行
    b=c;                  // b和c的类型同属A的子类，所以类型不兼容
    A *pA; B *pB; C *pC;  // 定义三个对象的指针
    pA=pB;                // pB指向B，而B是A的子类，所以可以
    pB=pA;                // pA指向A的对象，但并不属于B的子类，所以不行
    pB=pC;                // pB和pC都指向A的子类对象，所以不行
}
```

除了第一个对象赋值和指针赋值之外，其他都是错误的。输出的结果如下。

```
$ java org.antlr.Tool Cymbol.g Def.g Types.g
$ javac *.java
$ java Test t.cymbol
a:<class A:{x}>, b:<class B:{y}> have incompatible types in a = b;
b:<class B:{y}>, a:<class A:{x}> have incompatible types in b = a;
b:<class B:{y}>, c:<class C:{z}> have incompatible types in b = c;
pB:<class B:{y}*>, pA:<class A:{x}*> have incompatible types in pB = pA;
pB:<class B:{y}*>, pC:<class C:{z}*> have incompatible types in pB = pC;
...
$
```

本模式的核心部分到此结束，不过，为了圆满结束，最好看看下一小节中是如何为 Cymbol 添加指针机制的。很多语言已经不使用显式的指针了（如 Java、C#、Ruby 和 Python），但 C 和 C++还是在使用。所以，如果要实现带有指针的语言，需要继续学习下一小节。

为 Cymbol 添加指针

为了支持指针，首先要为语言添加对应的语法。下面的规则允许在声明标识符的时候加入前缀"*"。

```
Download semantics/oo/Cymbol.g
varDeclaration
    :   type ID ('=' expression)? ';'
            -> ^(VAR_DECL type ID expression?)
    |   type ID '[]' ('=' expression)? ';'
            -> ^(VAR_DECL ^('*' type) ID expression?)
    |   type '*' ID ('=' expression)? ';'
            -> ^(VAR_DECL ^('*' type) ID expression?)
    ;
```

同时还把数组引用化归成指针的形式。在表达式内，用等价的指针算术表达式*(a+i)来代替 a[i]。同时访问成员的语法糖 p->x 也化归为(*p).x：

```
Download semantics/oo/Cymbol.g
postfixExpression
    :   (primary->primary)
    (  ( '(' expressionList ')'
            -> ^(CALL["CALL"] $postfixExpression expressionList)
        |  r='[' expr ']'  // 把a[i]转化为*(a+i)
            -> ^(DEREF[$r,"*"] ^(ADD["+"] $postfixExpression expr))
        |  '.'ID
            -> ^('.' $postfixExpression ID)
        |  r='->' ID  // 把p->x转化为(*p).x
            -> ^(MEMBER[$r] ^(DEREF $postfixExpression) ID)
        )
    )*
    ;
```

构建完 AST 以后，定义符号的时候需要这些规则来处理模式十九中的类定义。

里面还把 type 中的数组替换为指针。

```
type returns [Type type]
    : ^('*' typeElement) {$type = new PointerType($typeElement.type);}
    | typeElement {$type = $typeElement.type;}
    ;
```

在符号解析和类型计算过程中，规则 expr 遇到指针的解引用时调用辅助方法。

```
|    ^(ADDR a=expr)          {$type=new PointerType($a.type);}
|    ^(DEREF a=expr)         {$type=symtab.ptrDeref($a.start);}
```

辅助方法返回解引用的目标类型。比如，如果pInt指向int型的变量，那么对于*pInt 就会返回 int。

```java
public Type ptrDeref(CymbolAST expr) {
    if ( !(expr.evalType instanceof PointerType) ) {
        listener.error(text(expr)+" must be a pointer");
        return _void;
    }
    return ((PointerType)expr.evalType).targetType;
}
```

为了支持表达式中的指针，需要对类型结果表进行一些细微的修改。首先，加入新的类型序号 tPTR，然后扩大类型表（扩展了一行一列）。例如，下面是算术运算的返回类型表。

```java
/** 将t1 op t2映射为结果类型（_void表示非法）*/
public static final Type[][] arithmeticResultType = new Type[][] {
    /*           struct  boolean char    int     float,  void,   ptr */
    /*struct*/  {_void,  _void,  _void,  _void,  _void,  _void,  _void},
    /*boolean*/ {_void,  _void,  _void,  _void,  _void,  _void,  _void},
    /*char*/    {_void,  _void,  _char,  _int,   _float, _void,  _ptr},
    /*int*/     {_void,  _void,  _int,   _int,   _float, _void,  _ptr},
    /*float*/   {_void,  _void,  _float, _float, _float, _void,  _void},
    /*void*/    {_void,  _void,  _void,  _void,  _void,  _void,  _void},
    /*ptr*/     {_void,  _void,  _ptr,   _ptr,   _void,  _void,  _void}
};
```

根据这个表，能处理指针与字符或整型数的算术运算。例如，表里 arithmeticResultType[tINT][tPTR]对应的项是指针。不过指针之间不能相加，所以 arithmeticResultType[tPTR][tPTR]对应的项是非法（void）的。指针都用_ptr 来表示，但是还需要确切的类型。

在 getResultType() 中添加如下语句，就能返回指针具体指向的类型了。

```
// 检查带有指针的算术运算，最多只能有一个操作对象是指针
// 如果结果类型和运算对象都是指针，那么返回的结果就是a的类型
if ( result==_ptr && ta==tPTR ) result = a.evalType;
else if ( result==_ptr && tb==tPTR ) result = b.evalType;
```

在 promoteFromTo 表中有一项需要注意，必须告诉它字符与指针做算术运算时需要提升为整型数。也就是说，'a'+p 实际上应该是(int)'a'+p。但是指针没法提升为字符，所以这个表不是对称的。指针和整型数做加法时，对应的表项里是 null，也就是说，不用提升整型数。

源代码中还有更多的细节，但重要的内容已在此做了介绍。

相关模式

本模式是模式二十二的面向对象版本，并吸纳了模式二十和模式二十一。

接下来

这种模式总结了静态分析方面的内容。为了学习，将这个过程分为三个部分：类型计算、类型提升和类型检查。本章的模式二十二和模式二十三为非面向对象语言和面向对象语言做类型检查。从大体上理解之后，就可以使用模式二十二或模式二十三来实现自己的静态类型检查器。其他两种模式只是类型检查器的一个组成部分。

到目前为止，已经实现了用代码识别语句、构建 AST 中间表示、遍历 AST、生成符号表、管理嵌套作用域、构建类继承树，以及检查类型的语义规则。也就是说，能读入程序并检查其类型是否合法了。下面还需要执行程序，第 9 章和第 10 章介绍解释或翻译程序所常用的模式。

第 3 部分

解 释 执 行

Building Interpreters

第9章

构建高级解释器
Building High-Level Interpreters

行书至此，大部分基础内容已经囊括其中，下面又将迎来新的阶段，即开始构建真正的语言应用。前两部分的模式主要验证输入语句是否符合语法，并检查了里面的语义规则。本章及以后的章节不仅要验证上述内容，还要考虑该如何处理输入的语句。这一部分将学习如何构建语言的解释器（能执行其他程序的程序）。

要执行非机器码形式的程序，要么借助于解释器，要么把它翻译为另一种能直接执行的语言。翻译过程将在第 11 章和第 12 章讲解。在此之前，本章和第 10 章会先介绍高级解释器和低级解释器。高级解释器能直接执行源代码中的指令或 AST 结构。低级解释器执行类似于 CPU 指令的字节码。下面是本章的两个高级解释器模式。

- 模式二十四，语法制导的解释器。这个解释器含有一个解析器，这个解析器会调用解释器相关动作的方法。

- 模式二十五，基于树的解释器。这种模式在遍历 AST（解析器创建的）的时候会调用相关动作的方法。

这两种高级模式适用于 DSL 的实现，但若要构建 GPPL 就不大合适。

对 DSL[1]来说，易于实现比执行效率更重要。由于实现起来很容易，所以这些模式会使用动态语言。

解释器以软件的形式模拟了一台理想化的"计算机"。这种"计算机"带有处理器、代码存储器、数据存储器和栈（通常会有）。处理器从代码存储器中读取指令，解码，然后执行。指令可以读/写数据存储器或栈顶的数据。函数调用带有返回地址，所以能回到调用位置处的下一条指令。

构建解释器时需要考虑三件事情：如何存储数据、何时或怎样记录符号、如何执行指令。在深入探讨实现模式之前，应事先研究以上所述的三件事。

9.1 高级解释器存储系统的设计
Designing High-Level Interpreter Memory Systems

高级解释器在存储不同的值时，通常依据变量名而不是内存地址（在低级解释器和 CPU 中却是依据内存地址）。也就是说，用字典将名和值对应起来。

对于大多数编程语言来说，要考虑三种内存空间：全局存储空间、函数空间（存储参数和局部变量）及实例空间（结构体或对象）。为了简化这个存储模型，可以统一用字典来表示这些空间。其实字段也是一种变量，只不过位于对象实例的内存空间中而已。将值存入内存空间中，也就是将名和值映射起来。内存空间对应于静态分析时提到的作用域。

解释器虽然只有一个全局内存空间，但是有很多函数空间（假设所要实现的语言中有函数机制）。为了存储参数和局部变量，函数在每次调用时都会创建新的空间。解释器将这些空间压入栈中，并对这些空间进行管理。函数返回时，解释器会将对应的函数空间从栈中弹出。采用这种管理方式，可以保证函数的参数和局部变量仅在需要的时候才出现。

---

1 http://ftp.cwi.nl/CWIreports/SEN/SEN-E0517.pdf。

来看下面 C++ 代码片段所对应的内存空间（全局空间和函数空间）。

```
int x = 1;
void g(int x) { int z = 2; }
void f(int x) { int y = 1; g(2*x); }
int main() { f(3); }
```

图 9.1 所示是某个假想的 C++ 解释器，执行完 g() 中 z 的赋值语句之后，函数空间的栈和全局空间的布局。函数 g() 返回时，解释器会弹出 g() 对应的函数空间，然后弹出 f() 对应的函数空间，最后弹出 main() 的函数空间。

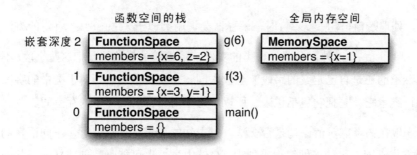

图 9.1　调用 g() 之后的内存空间栈状态

前面采用了多个函数空间，同样，也可以创建多个实例空间，正好对应 C++ 语言中的 new 语句（或其他语言中等价的语句）。对于这些实例空间，处理方式与其他变量一样，都是把引用名存到某个内存空间中。下面的 C++ 代码创建了两个 struct 实例，然后用两个本地变量（指针）指向它们。

```
struct A { int x; }; int main() {
    A *a = new A(); a->x = 1;
    A *b = new A(); b->x = 2;
}
```

图 9.2 所示是解释器中 main() 函数返回之前内存空间的状况。main() 的函数空间中有 a 和 b 两个变量，各自指向不同的 struct 内存空间。

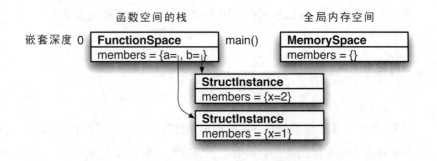

图 9.2 局部变量 a 和 b 所指向的结构体实例

处理赋值语句 `a->x=1;` 时，解释器会调用类似于 `a.put("x",1);` 的方法。

除了 `struct` 外，还要处理类的实例，最简单的做法就是把这些字段（不管是继承的还是自己定义的字段）全放入同一个实例空间中。对于类中的字段来说，继承它就是把它包括进来。所以，每个对象都对应一个内存空间。

现在该考虑赋值语句是否合法。对未知的变量进行赋值时，不同语言的处理方式不同，可能当做错误来处理（C++中），也可能将其创建新的局部变量（Python 中）。在 Python 中，这种方式甚至还能任意添加新字段。如果不考虑语言的实际语义，内存空间至少得知道存进来什么类型的数据。最简单的做法就是记下内存空间各自对应的程序实体。例如，函数空间要指向所对应函数定义的符号，实例空间指向自己的类定义符号。9.2 节将介绍解释器所采用的符号表。

9.2 高级解释器中的符号记录
Tracking Symbols in High-Level Interpreters

对于程序中的变量 x，如果要存取其值，就必须知道它所在的内存空间。解释器解析 x 并寻找它的外围作用域，从而得到关于内存空间的信息。根据作用域，解释器能判定变量属于哪一种内存空间：全局空间、函数空间或实例空间。一旦解释器知道了所属的内存空间，就能定位到内存中对应的字典上。

根据符号表，x 若是全局变量，解释器就从全局空间中读取 x；如果是局部变量或参数，解释器就从栈顶的函数空间中读取 x。

若 x 是某个类的字段，那么实际上应该写 this.x（或其他语言中能够对应 this 的表达式）。解释器从栈顶的函数空间中读取 this，然后从 this 所指向的空间中读取 x。

由于解释器在运行时进行符号表管理，所以很容易混淆解析变量和读取变量这两种操作。解析变量的目的是找到它真正指向的程序实体。对于静态类型语言，不经过运行就能进行解析。而读取变量，纯粹是运行时的操作。解析变量能知道它的值存储在哪个内存空间中。对于某个特定的程序实体（如局部变量），运行时可能（在不同的函数空间中）同时存在很多个值。

运行时解析变量的代价很高，所以许多语言要求程序员声明各个变量的作用域。例如，在 Ruby 中，$x 表示 x 是全局变量，而@x 表示 x 是某个对象的字段；在 Python 中，self.x 表示 x 是类的字段。

由于动态类型语言使用变量之前不用预先定义，所以也不必生成由 VariableSymbol 对象构成的符号表。不过这并不意味着运行时刻不需要进行符号表管理。即使为了进行错误检测，也得管理符号。例如，不能访问未定义的参数或者字段。所以，至少还需要几个符号表对象来记录形式参数或字段。

解释器可能需要用不同的方式来对待参数和局部变量。例如，对于下面的 Python 函数，解释器应该区分参数 x 和局部变量 y。

```
def f(x):
    x = 1 # 将参数x置为1（不创建局部变量）
    y = 2 # 创建局部变量y，其值置为2
```

如果函数定义中不带有形式参数列表，Python 就无法将局部变量和参数区分开来。

C++和 Java 之类的静态类型语言需要作用域树，所以模式二十五会在运行之前构建作用域树（虽然实际并不需要）。

目前，内存管理已经介绍清楚了，现在应该考虑解释器是如何执行指令的。

9.3 处理指令
Processing Instructions

执行指令的基本思想就是循环执行"取指令—解码—执行"的功能。首先，从代码存储器中读取指令；然后，对指令进行解码，找到操作和操作对象；最后，执行对应的操作。然后再从头开始，不断执行这个过程。到最后，要么解释器将所有的指令都执行完毕，要么遇到一个停止指令而终止。

解释器中处理器的性质依赖于代码存储器中代码的样子。模式二十四比较极端，它能够直接执行源代码中的文本符号；而另一个极端是第 10 章里的字节码解释器，它所执行的代码略高于机器码。模式二十五处于这两个极端之间。预处理中的操作越多，代码运行时执行得就越快。

模式二十四中的处理器实际上是个解析器，只不过里面带有能够解码并执行语句的操作。模式二十五中的处理器会用模式十三遍历整个树，然后在遍历过程中执行操作。不管用什么模式，解释器所做的就是根据每一条指令执行一段代码。

下面是各模式适用场景的总结。

模　　式	适　用　于
模式二十四	此模式适用于指令或声明组成的小型语言。效率不是很高，但结构简单

模　式	适　用　于
模式二十五	由于模式会进行预处理，生成 AST 和作用域树，因此支持前向引用。在执行之前，可以进行优化，存储那些分析中得到的信息，或者在 AST 上类似于把 x 变成 this.x 的改写。此模式通常会比源代码级别的解释器更快，因为不需要浪费重新解析输入的时间。移动一下指针，就能跳过某个子树，省去解析的时间

24　语法制导解释器

目的

本模式不用构建中间表示也不用进行翻译，直接就能执行源代码。

本模式的示例为 SQL 的子集构建语法制导解释器。

讨论

语法制导解释器模仿了人工读取代码的过程。人工读取代码的时候，会在大脑中解析、验证并执行这些代码。语法制导解释器不创建 AST，也不把源代码翻译为字节码或机器码，因此一切都在解析器中完成。解释器根据语法直接执行指令。

优点是这种解释器中没什么活动的组件，主要由以下两部分构成。

● 源代码解析器：解析器识别输入中的语法结构后立刻执行相关动作。示例中执行的动作包括 select() 和 createTable()。

● 解释器：解释器维护执行实现方法中的状态。根据语言的差异，解释器可能带有指令存储器（输入流）和全局内存空间（以保存变量名和值的对应关系）。

缺点是语法制导解释器能处理的语言有限。它只能处理小的 DSL，对于 GPPL 就无能为力了。具体来说，如果让语法制导解释器处理 if、循环、函数，以及类等语言结构，将会非常麻烦。ANTLR 的维基百科上有采用语法制导解释器对 Pie 语言的实现示例[2]，Pie 语言在模式二十五中将详细介绍。麻烦在于解释器看到指令的时候不一定都有操作。例如，遇到函数定义的时候，解释器不需要执行函数体内的操作，而只有在函数被调用的时候才执行操作。

如果要实现的语言基本上是一连串的指令或简单的声明语句，例如，制图语言、网络协议、文本处理语言、作业控制语言和简单的 shell 脚本语言，那么可以使用本模式。本模式无法处理基于规则或约束的语言，如 Prolog 和 OCL。这些应用常常需要内部表示规则或约束，而本模式预先不会创建任何数据结构。

在深入研究示例之前，应先了解解析器是如何驱动整个解释器的。为了解释输入中的语言结构，解析器会调用某个实现了相关功能的方法，而文法（或手工构建的解析器）就类似于"一旦匹配这个，就执行那个函数"的声明语句。所以遇到赋值语句的时候，解释器就会调用 assign() 或 store() 等方法。如果文法采用 ANTLR 来实现，规则类似于以下内容。

```
assignment : ID '=' expr {interp.assign($ID, $expr.value);} ;
expr returns [Object value] : ... ; // 计算并返回值
```

每个语句和表达式操作都实现了对应方法。例如，下面是执行赋值语句的算法。

```
void assign(String id, Object value) { // 执行 "id = value"
   MemorySpace targetSpace = «包含id的空间»;
   if «任何函数空间中都没有找到» then targetSpace = currentSpace;
   targetSpace[id] = value;
}
```

---

2 http://www.antlr.org/wiki/display/ANTLR3/Pie。

在对赋值语句解码并执行操作之后，解析器会继续处理下一条语句，如同真正的处理器处理下一条机器指令一样。下一小节将通过实现本模式能处理的 SQL 的子集，加入更多细节。

实现

使用本模式能够实现完整的 SQL 语言，对于作为语法制导解释器的示例来说，只使用其中的一部分就足够了。SQL 的设计目的是用来为关系数据库定义模式、插入数据并执行查询。为了保持简洁，这里不使用真正的数据库，而是在内存中虚拟一个数据库。可以用元素的数组来表示行，然后用行的数组来表示数据表。SQL 的子集可以构成 HBase 的接口[3, 4]。HBase 的设计目的是在云计算环境中存储大量的数据表。

SQL 子集能够定义动态类型的列、查询数据表、在全局空间中存储并输出值。例如，下面是一段 SQL 示例。

Download interp/syntax/t.q
```
create table users (primary key name, passwd);
insert into users set name='parrt', passwd='foobar';
insert into users set name='tombu', passwd='spork';
p = select passwd, name from users; // 翻转表中列的顺序
print p;
```

QInterp 中的主要程序用于打开脚本文件，然后将其传给解释器以便执行。下面为输出。

```
$ java QInterp t.q
foobar, parrt
spork, tombu
```

下面为另一段示例，填充数据表中的行。

Download interp/syntax/t4.q
```
create table users (primary key name, passwd, quota);
insert into users set name='parrt', passwd='foobar', quota=99;
insert into users set name='tombu', passwd='spork', quota=200;
insert into users set name='sri', passwd='numnum', quota=200;
```

---

3 http://hadoop.apache.org/hbase。
4 感谢 Paul Ambrose 的提醒。

```
tombuQuota = select quota from users where name='tombu';
print tombuQuota;
names = select name from users where quota=tombuQuota;
print names; // 输出对应quota和tombu相同的所有name
```

其输出如下。

```
$ java QInterp t4.q
200
tombu
sri
$
```

其中 where 语句中只能使用匹值操作。本模式无法处理更复杂的条件子句。条件子句必须在扫描表的时候执行，而不是在解析 select 语句的时候执行。下一种模式更擅长这种操作。

持久层的实现是一些操作字典和列表的 Java 代码（Table、Row 和 ResultSet 类）。那么来看解释器的核心部分——SQL 子集的文法及其对应的操作。每个表都有名字和许多列，其中第一列是主键。

Download interp/syntax/Q.g
```
table
    : 'create' 'table' tbl=ID
      '(' 'primary' 'key' key=ID (',' columns+=ID)+ ')' ';'
      {interp.createTable($tbl.text, $key.text, $columns);}
    ;
```

ANTLR 生成的解析器识别该模式以后，会调用 Interpreter 中的 createTable()方法，用来创建新的 Table 并定义列。

Download interp/syntax/Interpreter.java
```
public void createTable(String name, String primaryKey,
                        List<Token> columns)
{
Table table = new Table(name, primaryKey); for (Token t : columns)
table.addColumn(t.getText());
tables.put(name, table);
}
```

Interpreter 类会记录表的集合及保存变量的全局内存空间。

Download interp/syntax/Interpreter.java
```
Map<String, Object> globals = new HashMap<String, Object>();
Map<String, Table> tables = new HashMap<String, Table>();
```

在全局空间中存储值很简单，文法匹配到赋值语句，就会调用解释器中的实现方法。

```
assign : ID '=' expr ';' {interp.store($ID.text, $expr.value);} ;
```

这个方法在字典中将变量名与值进行配对。

```
public void store(String name, Object o) { globals.put(name, o); }
```

查找变量的值时，就把这个过程翻转过来，根据变量名在字典中进行查找。如果不在全局空间，而在表中存储值，就要使用 insert 语句。匹配到恰当的语法结构后，insert 规则就会调用 insertInto()方法。

```
insert
    : 'insert' 'into' ID 'set' setFields[interp.tables.get($ID.text)] ';'
      {interp.insertInto($ID.text, $setFields.row);}
    ;
```

一旦匹配到字段赋值，规则就会创建新的 Table 对象，然后将其传给规则 setFields。

```
setFields[Table t] returns [Row row]
@init { $row = new Row(t.columns); } // 设置返回值
    : set[$row] (',' set[$row])*
    ;
set[Row row] // 传入将要填充的行
    : ID '=' expr {row.set($ID.text, $expr.value);}
    ;
```

匹配完所有赋值语句之后，setFields 返回所创建的 Row，为了获取列的值，setFields 调用规则 expr。

```
// 匹配单纯的值或进行查询
expr returns [Object value] // 其他规则中使用$expr.value来访问
    : ID      {$value = interp.load($ID.text);}
    | INT     {$value = $INT.int;}
    | STRING  {$value = $STRING.text;}
    | query   {$value = $query.value;}
    ;
```

规则 expr 不但要匹配正确的语法，还要返回计算得到的值。根据最后的解析选项，才可以存储 select 子句求出的 ResultSet。

tombuQuota = select quota from users where name='tombu' ;

上述就是语法制导解释器中的关键部分。这种解释器是最简单的，因为它不用根据输入构建内部的数据结构。但是，这也限制了其处理语言的能力。在下一种模式中，将为更复杂的语言构造解释器。首先构造 AST，然后通过多次遍历来解释执行输入的程序，这样可以提高解释器的能力。

相关模式

这种模式类似于模式二十九，它根据输入的语法来生成输出，采用模式四来嵌入操作，以驱动整个解释过程。

25　基于树的解释器

目的

本模式根据源代码构建 AST，然后在遍历树的过程中执行程序。

基于树的解释器会在执行程序之前构造完整的作用域树。也就是说，不管是 Java 之类的静态语言，还是 Python 之类的动态语言，它都能支持，即在执行代码之前，就能静态解析出所有的符号。

讨论

模式二十四不进行任何预处理，就能直接执行源代码。而如果走向另一个极端，那么编译器必须把源代码完全翻译为机器码，然后才能在本地的处理器上直接执行。按照第 1 章中编译应用的流水线图，编译器必须构建中间表示才能最终根据 IR 生成优化后的机器码。

基于树的解释器的流水过程很像编译器的前端，而只不过后面是个解释器而不是代码生成器。从概念上看，模式二十五和模式二十四没大的区别。最大的不同就是不采用解析器来驱动整个解释过程，而是只用解析器构建 AST，然后用树访问者来驱动整个过程。

本模式与语法制导解释器的流水线结构不同，因而多出以下几个优点。

- 能将符号定义阶段与符号解析阶段分开，还能将解析阶段和执行阶段分开，因而能使用前向引用。

- 基于树的解释器更灵活，这是因为在构建 AST 的时候能根据需要进行改写和替换。对于 Java 之类的静态类型语言，可以把字段 x 的子树替换为 this.x 的子树。此外，还能在执行之前对树进行改写，以便进行优化等操作。

构建 Prolog 或 LISP 等语言的解释器与 Java 或 Python 有所不同。为了缩小模式二十五的范围，会选用特定的语言，它与实际最可能需要解释的语言较为类似。由于这个高级解释器动态类型语言及 DSL 的处理效果最好，所以制定一个类似 Python 的动态类型语言 Pie。

定义高级语言的示例

Pie 语言的程序包括一连串函数定义、struct 定义和语句。函数定义不但包括具体的指令，还包括其名称和参数列表，整个声明以点结束。

```
x= 1            # 定义全局变量x
def f(y):       # 在全局空间中定义函数f
    x=2         # 给全局变量x赋值
    y=3         # 给参数y赋值
    z=4         # 创建局部变量z
.               #声明部分结束
f(5)            # 调用f，参数y=5
```

赋值语句后的注释说明了变量的语义。如果在函数空间之前或全局空间中没有对变量进行定义，就应该创建一个新的局部变量。反之，如果使用了未定义的变量，那么这就是错误的。

Pie 语言中含有 return、print、if、while 和函数调用语句。表达式中有标识符，并能使用如下值：字符、整数和字符串。操作符包括==、<、+、-、*、new（创建 struct 实例）和.（成员访问符）。

Pie 使用类似于 C 的语法在全局空间或函数空间中定义 struct，但是并不采用类型描述符。下面的程序展示了结构体定义和成员访问的语法。

```
struct Point {x, y}    # 在全局空间中定义结构体符号
p = new Point          # 创建Point的示例，储存在全局变量中
p.x = 1                # 设置p的字段
p.y = 2
```

解析表达式 p.x 的时候，先解析出 p 的空间，然后在里面寻找 x。Pie 在赋值之前会确保 x 和 y 确实是结构体 p 中的字段成员。

在查看 Pie 的示例实现之前，先了解如何在基于树的解释器中管理符号表，以及如何使用树的遍历器来执行代码。

管理符号表

这种模式在执行输入的时候不会定义函数和 struct 符号，这些操作都在解析和构建 AST 的时候进行。运行的时候，只使用在解析阶段构造的常规作用域树进行符号的查找。由于是在定义完全部符号之后才进行符号解析，因此这种模式支持前向引用，如可以预先调用在后面才定义的函数。

将符号表的构建过程从执行过程中分离出来后，解释器就简化了许多。解析器负责处理符号的作用域，解释器负责管理内存空间。内存空间不像作用域身兼两职。不过在执行过程中，还是需要借作用域信息来解析符号。

为了将作用域信息从解析器传到解释器中，还要对 AST 的节点进行注释。首先了解 Pie 程序中函数调用在两个过程中都会经历些什么。调用函数 f() 对应子树(CALL f)。创建子树之后，解析器将节点 CALL 的 scope 字段指向当前的作用域（其做法跟模式十九中一样）。然后在执行过程中，call() 方法会调用与作用域相关的 resolve("f")。

使用树的访问者执行代码

解释器使用模式十三来遍历前一阶段（解析阶段）生成的 AST，在这个过程中会调用相关的方法。访问者的调度方法会在遇到 =、if 和 CALL 等根节点词法单元的时候调用 assign()、ifstat() 和 call() 等方法。下一小节会看到这个调度函数，基本上就是一个很大的 switch 语句。

方法只有一个参数，即单个 AST 节点，因此必须遍历其子节点才能对指令进行解码。在语法制导解释器中，解析器负责对指令解码并将相关的操作对象传入解释器的方法中。手工从子树中提取信息会很烦琐，但基本上没什么难度。不过，必须把访问者传入不同的子树中，否则，解释器无法完整地解析程序。

下面来具体介绍如何实现解释器。

实现

首先要定义能够解析 Pie 代码、构建作用域树并构建 AST（模式九）的文法，然后放在 Pie.g 中。此外，在 Interpreter 中编写实现 Pie 中不同指令和操作的方法，Interpreter 中还要包含访问者所需要的调度方法 exec()。

AST 的节点类型都是 PieAST，它扩展了 ANTLR 的 CommonTree，添加了 scope 字段。InterPie 中的代码指示 ANTLR 用 PieAST 节点，而不用 CommonTree 节点。

解析器生成的作用域树中含有多种作用域对象（按照模式十八分类），作用域可以是 VariableSymbol（存放字段和参数）、FunctionSymbol 和 StructSymbol 等类型的对象，下面是模式二十五中所用到的符号表对象的类继承图。

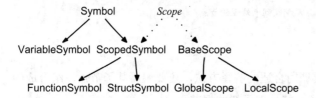

实际上，如果只是为了执行 Pie 代码，那么就不需要完整的符号表。不

过，带有完整符号表和作用域树的实现会更通用，因为构建其他静态类型语言的解释器时可能会用到这些。

除了这些实现方法和访问者的调度方法，在 Interpreter 对象中还有指向 AST 根节点（相当于代码存储器）、全局内存空间、函数空间栈和全局作用域的指针。

Download interp/tree/Interpreter.java

```
GlobalScope globalScope; // 全局作用域字段由解析器来填写
MemorySpace globals = new MemorySpace("globals"); // 全局空间
MemorySpace currentSpace = globals;
Stack<FunctionSpace> stack = new Stack<FunctionSpace>();// 函数调用栈
PieAST root;                    // 表示代码存储器的AST
TokenRewriteStream tokens;
PieLexer lex;                   // 词法解析器和语法解析器都是整个"处理器"的组成部分
PieParser parser;
```

由于已经介绍过解析（第 2 章）、构建 AST（第 4 章）和构建作用域树（第 7 章），这里就直接介绍访问者是如何与实现方法联系起来的。其中，最重要的内容就是访问者调度方法 exec()。访问者调度的目的就是调用处理树里不同子树的方法，可以用类似如下的 switch 语句来处理。

```
/** 根据节点类型来调度的访问者 */
public Object exec(PieAST t) {
    switch ( t.getType() ) {
        case PieParser.BLOCK : block(t); break;
        case PieParser.ASSIGN : assign(t); break;
        case PieParser.RETURN : ret(t); break;
        case PieParser.PRINT : print(t); break;
        case PieParser.IF : ifstat(t); break;
        case PieParser.CALL : return call(t);
        case PieParser.NEW : return instance(t);
        case PieParser.ADD : return add(t);
        case PieParser.INT : return Integer.parseInt(t.getText());
        case PieParser.DOT : return load(t);
        case PieParser.ID : return load(t);
        ...
        default : «错误» // 捕获到未处理的节点
    }
}
```

"处理"子树就是要调用合适的解释方法，还要遍历其子节点。组合成的访问者-方法只有一个参数：待处理子树的根节点。

这个方法需要从子节点中抽取操作对象等信息。例如，下面是处理赋值语句子树的方法。

```java
public void assign(PieAST t) {
    PieAST lhs = (PieAST)t.getChild(0);        // 获取操作对象
    PieAST expr = (PieAST)t.getChild(1);
    Object value = exec(expr);                  // 对expr进行遍历/求值
    if ( lhs.getType()==PieParser.DOT ) {
        fieldassign(lhs, value); // 字段的树模式是 ^('=' ^('.' a x) expr)
        return;
    }
    // 变量赋值的树模式 ^('=' a expr)
    MemorySpace space = getSpaceWithSymbol(lhs.getText());
    if ( space==null ) space = currentSpace;    // 在当前的空间中创建
    space.put(lhs.getText(), value);            // 存储
}
```

"="根节点的左子树要么是 ID 节点，要么是以"."为根节点的成员访问表达式。不管是哪一种，都要求出赋值语句右边表达式的值。那么，就取出第二个子树（表达式），然后递归调用 exec() 来求值。

Pie 语言中创建局部变量的语义规则与 Python 一样。如果赋值语句左边的变量没有定义，那么就为其创建新的变量。下面是判断变量所在空间的语句。

```java
/** 返回存有id值的作用域，要么是当前的函数空间，要么是全局空间 */
public MemorySpace getSpaceWithSymbol(String id) {
    if (stack.size()>0 && stack.peek().get(id)!=null) {// 在栈顶吗?
        return stack.peek();
    }
    if ( globals.get(id)!=null ) return globals;       // 在全局空间中吗?
    return null;                                        // 找不到
}
```

struct 中字段的赋值语句与一般赋值语句相似，只不过其存储空间是 StrcutSpace 而不是 FunctionSpace 或全局的 MemorySpace。其主要的区别在于需要确保字段确实是定义过的，而不是创建新的字段。下面是 fieldscore() 的主要部分，它能为«表达式».fieldname 赋值。

```java
Object a = load(«表达式»);
StructInstance struct = (StructInstance)a;
if ( struct.def.resolveMember(fieldname) == null ) {
    listener.error("can't assign; "+struct.name+" has no "+fieldname+
                   " field", f.token);
    return;
}
struct.put(fieldname, value);
```

最后介绍函数。为了调用执行 Pie 的函数，必须先保证这个函数确实存在，然后创建 FunctionSpace 来存储参数的值。

```
String fname = t.getChild(0).getText(); FunctionSymbol fs =
(FunctionSymbol)t.scope.resolve(fname);
if ( fs==null ) {
   listener.error("no such function "+fname, t.token);
   return null;
}
FunctionSpace fspace = new FunctionSpace(fs);
MemorySpace saveSpace = currentSpace;
currentSpace = fspace;
```

在将参数存入之前，必须保证参数的数目一致，即实际参数与形式参数的数目必须吻合。

```
int argCount = t.getChildCount()-1; // 检查参数是否匹配
if ( fs.formalArgs==null && argCount>0 || // 参数匹配吗?
   fs.formalArgs!=null && fs.formalArgs.size()!=argCount ) {
   listener.error("function "+fs.name+" argument list mismatch");
   return null;
}
```

然后，按照形式参数列表的顺序将实际参数的值赋给形式参数。

```
int i = 0; // 根据formalArg中的顺序定义参数
for (Symbol argS : fs.formalArgs.values()) {
   VariableSymbol arg = (VariableSymbol)argS;
   PieAST ithArg = (PieAST)t.getChild(i+1);
   Object argValue = exec(ithArg);
   fspace.put(arg.name, argValue);
i++;
}
```

这样才能使用 exec() 执行目标函数内的语句。FunctionSymbol 中存在指向函数体（blockAST 字段）对应 AST 的指针。但为了执行函数体，还存在下面这个问题。

实现时需要获取被调用函数的 return 语句，以从多个方法调用中返回。

return 语句中应该让解释器返回到调用语句之后的语句。很明显，不能将所处理语言中的 return 直接解释为一般的 return。

```
void ret() { return; } // 错误；返回机制不正确
```

这里需要展开 ret() 和 exec() 实现方法，一直到 call() 方法。就跟异常处理的做法一样。所以，这个函数体的执行过程可以包含在 try-catch 块中。

```
Object result = null;
stack.push(fspace);              // 在局部作用域中PUSH进新的参数
try { exec(fs.blockAST); }       // 进行调用
catch (ReturnValue rv) { result = rv.value; } // 记录将返回的值
stack.pop();                     // 从局部作用域中POP出参数
currentSpace = saveSpace;
return result;
```

方法 ret() 中抛出 ReturnValue 异常（任意名称）。如果有返回值，那么会储存在异常对象中。这种机制不会降低效率，因为可以复用同一个异常对象，创建新的异常对象开销较大，但抛出异常的开销很小。所以，不管实现方法的调用栈有多深，ret() 总会返回到函数执行语句的后面。

由于是在解析过程中定义函数和 struct 的，那么执行过程中的函数调用和 new 操作能看到程序中的任何定义。例如，使用模式二十五处理，下面的 Pie 代码就没有问题；而语法制导解释器就不能处理，因为里面有前向引用。

```
print f(4)              # 引用了下一行的函数定义
def f(x) return 2*x
print new User          # 引用了下一行的结构体定义
struct User { name, password }
```

这个解析器能找到这些定义：

```
$ java InterPie forward.pie
8
{name=null, password=null}
$
```

下面的程序测试解析器的错误处理。

```
Download interp/tree/structerrors.pie
struct User { name, password }
u = new User
u.name = "parrt"       # u.name变成字符串类型
u.name.y = "parrt"     # u.name是字符串，不是结构体
u.x = 3                # x不是User的字段，不能赋值
print u.x              # 也检查expr中的未定义字段
```

解释器能正确地发现这些错误。

```
$ java InterPie structerrors.pie
line 4: u.name is not a struct in u.name.y
line 5: can't assign; User instance has no x field
line 6: User instance has no x field
null
$
```

相关模式

本模式类似于模式二十四，实现了动态类型语言 Pie。其中使用了模式四、模式九、模式十三和模式十八。

接下来

本章讲述高级解释器，以模式二十五告终。这些解释器最适合于实现 DSL 而不擅长处理 GPPL。该模式实现起来不是很难，而且也很灵活（添加新指令并不麻烦），但是运行效率不高。为了节省内存资源、加快执行速度，需要进一步处理输入源代码。下一章的字节码解释器正是这么做的。对于编写高效的 DSL 和 GPPL，后面介绍的模式很有用。

第 10 章

构建字节码解释器
Building Bytecode Interpreters

第 9 章里介绍的解释器不用预处理，就能直接处理高级语言。如果只是实现 DSL，第 9 章介绍的模式很好，因为这是构建语言并执行速度最快的方法。其缺点在于运行时的效率很低。如果某个 DSL 的性能至关重要，或者需要实现 GPPL，那么这些解释器就不大合适。

本章将探索一类更为高效的解释器。但是，为这种高效率所付出的代价就是实现起来比较复杂。实际上，这里需要一个能将用高级语言编写的源代码翻译到低级指令（字节码指令，因为每个操作码都是 8bit，即一个字节）的工具。然后，使用效率更高的解释器（虚拟机[1]，VM）来执行字节码。目前，大部分的流行语言（如 Java、JavaScript、C#、Python 和 Ruby 1.9 版）都是基于虚拟机的。

本章的解释器模式能实现大部分工业语言的核心部分，所以它们都经得起真实场景的考验。当然，工业中使用的解释器模式速度会更快，因为它们一般会用 C 或者汇编代码来实现，而不会用 Java，大多数工业应用的解释器甚至会将字节码实时翻译为本地的机器码。而且工业的解释器会采用更多的指令，以便处理算术操作、数组，以及类等更复杂的语言结构，而不像本章那样只处理 `struct` 及 `switch`。为简便起见，本章的实现中不会包含那些指令，但其实现方式没什么区别。

---

[1] 虚拟机与物理计算机的区别在于它通常运行于一台物理计算机上，并模拟一个完整的计算机系统。

既然要将源代码翻译为低级的字节码，你可能纳闷为何不直接把它翻译为机器码，何必还要经过解释器呢？而且原生的机器码，其执行效率也会更高。字节码的优点很多，便于移植就是其中之一。机器码跟 CPU 平台相关，而字节码能做到与平台无关，只要有原生的解释器就行。但实际上，不直接生成机器码的根本原因是这太困难了。

为了便于用硬件实现，CPU 指令都很简单，但很高效。其结果就是，指令集中各指令参差不齐，稀奇古怪，跟高级语言的代码组织方式相去甚远。而字节码解释器的指令集就是作为目标语言来设计的（用它生成代码）。同时，里面的指令还尽量靠近底层，以便容易解释执行。

本章会先介绍一种有用的汇编模式，然后学习两种最常用的字节码解释器模式，考察其指令集和实现方式。

- 模式二十六，字节码汇编器。为了尽量避免用二进制码直接编写解释器，可以借助于本模式中通用的字节码汇编器，它能将便于阅读的汇编形式字节码转换为字节码的机器码形式。

- 模式二十七，栈式解释器。该模式模拟了堆栈计算机，这种机器将所有的操作结果等临时变量存放在操作数栈中。栈式解释器起源已久，最有影响的例子就是 UCSD p^{2}代码解释器（它影响了 James Gosling 所设计的 Java 解释器）。

- 模式二十八，寄存器解释器。该模式模拟了寄存器计算机，跟最底层的硬件结构很相似。采用的不是能够压入和弹出的栈，而是多个通用的寄存器。（寄存器就是处理器中的存储单元，访问速度比处理器芯片外的内存要快很多。）

---

2 http://en.wikipedia.org/wiki/UCSD_Pascal。

当然，大家都愿意用高级语言而不是手工来搭建字节码的框架，也就是说，需要用字节码编译器将其翻译为字节码。不过本章的重点还是放在解释器上。下面两章会覆盖到编写字节码编译器所需的有关翻译和代码生成的知识。ANTLR 的百科网站上也有编译器的示例，能生成很类似字节码的中间代码[3]。

在剖析字节码解释器之前，先介绍如何设计字节码。

10.1　设计字节码解释器
Programming Bytecode Interpreters

设计字节码解释器就好像设计真正的处理器，其最大的区别在于字节码指令集更简单，而且稍微高级一点。例如，实现寄存器解释器时，不用担心寄存器是否够用，而是直接假设有无穷个寄存器。

与实际处理器的汇编语言一样，每个指令只能完成很小的动作。例如，用模式二十八的汇编语言来描述 print 1+2，需要用以下四条指令。

```
iload r1, 1        ; load int 1 into register one: r1 = 1
iload r2, 2        ; r2 = 2
iadd r1, r2, r3    ; r3 = r1 + r2
print r3           ; print value in r3
```

这些指令与其他寄存器解释器（如 Lua[4]的和 Dalvik[5]的 VM）类似。操作对象和操作结果都藏在寄存器中。

而栈解释器代码跟老式的惠普计算器很像，采用的是逆波兰表达式[6]，都是将操作对象压入栈中，然后执行操作。

```
iconst 1           ; push int 1 onto operand stack
iconst 2           ; push int 2 onto operand stack
iadd               ; pop and add top 2 elements on stack, push result
print              ; pop and print top value on stack
```

---

3 http://www.antlr.org/wiki/display/ANTLR3/LLVM。
4 http://www.tecgraf.puc-rio.br/~lhf/ftp/doc/jucs05.pdf。
5 http://source.android.com。
6 http://h41111.www4.hp.com/calculators/uk/en/articles/rpn.html。

两者最大的区别就是栈式代码不用考虑寄存器与操作对象的分配情况，指令的操作对象是隐含的（栈顶）。

注意，算术操作指令是带有类型的。也就是说，指令本身就包含了操作对象的类型。例如，iadd 表示"整型数相加"，此外还能定义 fadd（"浮点数相加"），甚至 sadd（"字符串相加"）。这主要是为了尽量减少运行时的判断和操作。因为运行时判断到底是整型数还是浮点数会耗费时间。对于 Java 之类的静态类型语言，可以使用第 8 章中的静态模式来推断其类型。但是像 Python 这种动态类型语言，就无法推断类型，所以字节码中只能使用 add 这种宽泛的指令，而不能具体到是 iadd 还是 fadd。

字节码解释器所执行指令的样式和前面所介绍的汇编代码不一样。解释器实际上需要执行机器码形式。模式二十六的实现会读取汇编代码，然后将对应的字节码和操作数填充在一个字节数组中。例如，下图所示分别是无操作数、单操作数、双操作数指令所对应的字节数组存储状态。

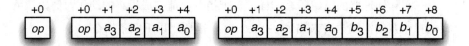

操作数 a 和 b 总是四字节的整型数，从高位（a3）到低位（a0）存放在内存中。下面是指令 print 1+2 对应栈代码在内存中的样子。

```
0000:  19   0   0   0   1  19   0   0
0008:   0   2   1  28
```

值 19、1 和 28 分别是指令 iconst、iadd 和 print 字节码。模式二十六还提供了反汇编器，能将机器码重新转换为汇编代码。下面就是反汇编后的栈代码。

```
0000:    ICONST    1    ; bytes=190001
0005:    ICONST    2    ; bytes=190002
0010:    IADD           ; bytes = 1
0011:    PRINT          ; bytes = 28
```

在调试字节码程序，甚至字节码解释器的时候，指令回溯非常有用，能输出解释器执行指令时的相关状态。

下面是栈代码实例的指令回溯：

```
0000:   ICONST   1   stack=[ ]      calls=[ main ]
0005:   ICONST   2   stack=[ 1 ]    calls=[ main ]
0010:   IADD         stack=[ 1 2 ]  calls=[ main ]
0011:   PRINT        stack=[ 3 ]    calls=[ main ]
```

stack 里的值表示机器在执行那行代码之前的状态。可以看到，随着指令的执行，栈也在不断地扩充和收缩。在后面讨论函数调用的时候，再介绍 calls 的含义。本章的两个解释器都提供了 -dump、-dis 和 -trace 三个命令行选项以实现上面的功能。

看了这些实例之后，再介绍相对比较形式化的东西。下一小节是解释器中会用到的通用汇编语言的语法。

10.2 定义汇编语言语法
Defining an Assembly Language Syntax

字节码汇编语言程序需要定义全局作用域和一系列的函数和指令。

```
.globals «全局变量槽的个数»
«函数定义 »
.def main: args=0, locals=«局部空间的大小»:  ; 从这里开始执行
   ...
   halt
```

对于每个函数，都要定义其名称、参数个数、局部空间的大小。

```
.def «函数名»: args=«参数个数», locals=«局部空间的大小»
   ...
   ret
```

程序入口一般是 main()，如果没有，则从 0 号地址的代码开始。

指令自己也有字节码，而且最多可以带三个参数。

op operand1, operand2, ..., operandn

不必把指令的名称（如 ret 和 store）写死，可以采用模式二十六的实现方式，用指令描述符来自己定义。

指令集的设计会影响解释器的速度

即使都使用同一种解释器，在设计指令的时候也有很大的自由度。我实现的第一个 DSL 叫做 Karel，用来控制工业机器人（采用模式二十七）。我预先定义了一组基本指令，以支持更高级的机器人控制指令，然后又额外设计了一组专用指令来提高解释器的速度。

奇怪的是，添加指令以后真的能让解释器变得更快。例如，我添加了专用指令 iconst0，用于将 0 压入栈中（通用的整型数压栈指令是 iconst n）。通用的 iconst 指令会占据三个字节空间（字节码一个字节，整型数两个字节），而 iconst0 只占一个。由于减少了内存访问和操作数解码的操作，因此节省了大量时间。我还把本需要四个字节的变量自增指令压缩为 inc 指令，只占一个字节。为一些常用的操作添加专用指令是最常用的解释器加速方法。

这就是本章的两个解释器会用到的汇编器。

代码中，可以用后面有冒号的标识符添加行标（标签）。指令可以不管前后顺序，直接引用文件中定义的行标。例如，在下面的代码中，跳转指令就使用了 start 和 done 这两个行标。

```
start:          ; 循环的开始
    ...         ; 检查是否满足循环的终止条件
    brt done    ; 条件满足就跳出
    ...
    br start    ; 跳回到开头
done:           ; end of the loop
```

寄存器机器和栈式机器的唯一区别是编写代码的方式不同，一个是把操作数放到寄存器中，一个是把操作数压到栈中。从语法上看，寄存器代码是栈代码的超集，因为寄存器操作数用起来更灵活。而两者具体的构架和实现几乎是一样的。10.3 节将讲述通用的字节码框架，至于是栈还是寄存器，这种细节都放在各自的模式中讲解。

10.3　字节码机器的架构
Bytecode Machine Architecture

字节码模拟了带有下列组件的计算机。

- 代码存储器：使用字节数组来存放程序的字节指令（字节码和操作数）。地址是整型数。

- ip 寄存器：ip 即指令计数器（instruction pointer），属于专用寄存器，指向待执行的下一条指令。

- 全局存储器：全局存储器中存有变量的内存槽，其个数是固定的。这些变量槽能指向 Integer、Float、String 和 struct 的实例。与第 9 章介绍的高级解释器不同，这里采用整型数地址（而不是变量名）来访问变量。

- CPU：为了执行指令，解释器还需要虚拟的 CPU，基本相当于一个循环，里面是个 switch 语句，根据不同的字节码进行不同操作，也称指令调度器。

- 常量池：任何大于四字节的整型操作数都放入常量池中，如字符串、浮点数和函数符号等。类似于 sconst 和 fconst 的指令的操作数都是下标，指向常量池中真正的操作对象，而不是真正的操作数。

- 函数调用栈：解释器采用栈来存放函数调用的返回地址、参数和局部变量。

- fp 寄存器：也是专用寄存器，叫做帧寄存器（frame pointer），指向函数调用栈的栈顶。StackFrame 表示调用函数所需的信息。

除了这些，模式二十七中还需要下面的组件。

- 操作数栈：解释器没有寄存器，因此把临时变量都存放在操作数栈中。任何一个指令操作数要么存放在代码存储器中，要么存放在栈里。

- sp 寄存器：专用寄存器，叫做栈寄存器（stack pointer），指向操作数栈的栈顶。

模式二十八没有操作数栈，而是采用了下面的组件：无数数目的规则寄存器,每个函数调用都可以使用。函数能读取寄存器数组中的任意元素,而对于栈来说,只能从一端访问元素。示例中的寄存器机器使用 0 号寄存器存放函数的返回值。

上面提到的处理器和常量池应该仔细研读,下面介绍函数调用的工作方式。

字节码处理器

处理器是解释器的核心,其负责的任务很简单:循环进行整个读指令-解码-执行的过程。处理器读取字节码,然后执行指令(即调用执行这个字节码的方法)。

```
void cpu() {
   short bytecode = code[ip];
   while ( «bytecode-not-halt» && ip < code.length ) {
      ip++; // 指令计数器自增,跳到下一条指令或操作数
      switch (bytecode) {
         case «bytecode1» : «执行bytecode1»; break;
         case «bytecode2» : «执行bytecode2»; break;
         ...
         case «bytecodeN» : «执行bytecodeN»; break;
      }
      bytecode = code[ip];
   }
}
```

CPU 在遇到 halt 指令或执行到代码存储器的末尾、取完所有指令的时候会停止。

switch 语句中的各个分支会执行处理指令所需的代码。例如,下面所示是执行 br 指令(含义是无条件跳转到新的指令地址)。

```
case BR :         // 跳转到操作数所表示的新的指令地址
   int addr = «将code[ip]处的四个字节转换为整型数»;
   ip = addr;     // 跳转
   break;
```

如果指令带有操作数(在内存中位于字节码的右边),这段代码就会从指令存储器中读取四个字节作为操作数,然后指令计数器后移四个字节。再举个例子,下面是栈式机器执行 iconst 指令(将一个整型常量压到栈中)的代码。

```
case ICONST :
   int word = « 将code[ip]处的四个字节转换为整型数 »;
   ip += 4; // 跳过操作数的四个字节
   «将word中的数压入栈中 »
   break;
```

某些指令能够读取操作数之外的数据。这些指令能访问全局变量、参数、局部变量和 struct 实例。在碰到具体的模式实现时，我们再考虑参数和局部变量，现在先介绍指令是如何操作全局内存空间和数据聚合体的。

指令 gstore（两种解释器都有）会将值存入全局内存空间。为了实现这一功能，可以将全局内存空间当做对象的数组。

```
globals[«地址»] = «值»;
```

指令 gload 功能相反，能将全局内存空间的值存入寄存器或压入栈中。

struct 的字段就好像一小块内存空间一样。指令 fload 和 fstore 的操作数就是结构体中的字段下标。给定某个值、结构体和字段下标以后，fsotre 的实现如下。

```
«结构体».fields[«字段下标»] = «值»;
```

数据的值要么来自内存空间，要么来自指令操作数。不过对于某些操作数，只用字节码后的四个字节还放置不下，所以需要把它们放在常量池中。

在常量池中存放大的常量

指令操作数要么是整型数，要么可以转换为整型数（如字符就能转换为整型数）。字符串显然比四字节的整型数要大，所以需要存放在代码存储器以外。字节码解释器会把字符串和其他非整型数的常量存放在常量池中。指令操作数不再是真正的操作对象，而是一个指向常量池的下标数。常量池实际上就是对象的数组，字节码解释器常使用这种技术（如 Java 的虚拟机）。除了字符串，还需要其他两种操作对象也存放在常量池中，即浮点数和函数描述信息。

Java 中的 float 大小为 32 比特，本可以存放在代码存储器中，但我们还是把它放置在常量池中。图 10.1 中是下列代码对应的（栈式机器）字节码指令操作数和常量池的状态。汇编器将 sconst 和 fconst 操作数转换为常量池的下标。

```
sconst "hi"
fconst 3.4
iconst 10
cconst 'c'
```

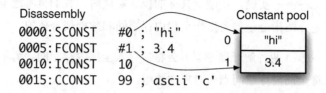

图 10.1 字节码操作数与常量池的关系

另一个常量池中的对象是 FunctionSymbol。call 指令需要知道每个函数所需的参数个数和变量个数。它会查看常量池中函数的描述信息。图 10.2 中，汇编器将下面代码中 call 的操作数转换为常量池对应的下标。

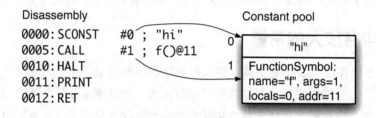

图 10.2 常量池中的函数符号对象

```
    sconst "hi"     ; 先把参数压入操作数栈中
    call f() halt
.def f: args=1, locals=0
    load 0          ; 读取第一个参数
    print           ; 输出
    ret             ; 没有返回值
```

函数调用的过程不仅需要常量池，还需要使用调用栈（对于栈式解释器，还需要操作数栈），下面介绍函数调用。

函数调用

模式二十七和模式二十八中调用函数和返回值的机制基本是一样的。唯一的区别就是处理参数、局部变量和返回值的方式不同。具体深入各个解释器模式时，再看临时变量的使用方式。这里着重研究调用和返回值的机制。下面从只有两个函数的方法开始介绍。

```
.def main: args=0, locals=0   ; void main()
   call f()
   halt
.def f: args=0, locals=0      ; void f()
   call g()
   ret
.def g: args=0, locals=0      ; void g()
   ret
```

主函数既会调用 f()，f() 又调用 g()。在 g() 返回之前，解释器已经在调用栈中压入了三个 StackFrame 对象（栈帧对象）。栈帧对象记录了函数调用的回溯信息。在两个解释器中，栈帧对象都会记录参数、局部变量和返回地址。图 10.3 中是调用栈及其中的栈帧对象，里面的字段都已赋值。寄存器机器中，对应的 local 数组变为 registers。帧计数器指向常量池中对应的函数符号。第一个栈帧是解释器隐式调用 main() 时生成的。另外两个是显式调用 f() 和 g() 时生成的。

如果要了解当前的执行状况，最简便的方法就是查看指令回溯信息，里面记录了执行各条指令时栈的伸缩状态。

```
0000:   CALL    #1; f()@6    stack=[] calls=[ main ]
0006:   CALL    #2; g()@12   stack=[] calls=[ main f ]
0012:   RET                  stack=[] calls=[ main f g ]
0011:   RET                  stack=[] calls=[ main f ]
```

栈的新元素从右边加入，表明每条指令在执行之前的状态。每执行一次 call 指令，调用栈都会压入一个栈帧元素。每执行一次 ret 指令，栈都会缩小（弹出了栈中的元素）。

现在已经知道字节码程序的样子，也知道字节码解释器是用模拟的代码存储器和常量池存放它们的方式。此处，还了解了解释器的架构，知道了解释器执行指令的方式。

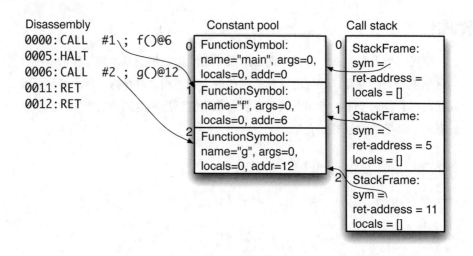

图 10.3 执行 g() 中 ret 语句之前的函数调用栈状态

根据这些材料及后面的模式，已经足够为自己的 DSL 编写字节码解释器了。但是，对于实现 GPPL 来说，还需要更多的信息（这里的字节码解释器完全依赖 Java 虚拟机）。下一小节稍稍介绍如何构建更通用、更高效的解释器。

10.4 如何深入
Where to Go from Here

本章一直没提及垃圾回收、执行多个源文件的代码（连接过程）、类、库和调试器。但是，要构建 GPPL 的解释器必须了解这些内容。为此，最好的学习方式就是深入研究某个现存解释器的源代码。不管是静态类型还是动态类型，几乎每种常用语言的解释器源代码都能找到。可以阅读有关 Smalltalk 和 Self 解释器、垃圾回收和动态方法调度的文献。对于寄存器解释器，最好的阅读材料是《The Implementation of Lua 5.0》 [IdFC05]。

阅读代码或者自己编写解释器的时候，你很快就会发现很难优化解释器的运行速度。

比较解释器的速度

出于好奇，我比较了本章里的两个字节码解释器。采用简单的"数一亿次"的循环程序，手工优化了的寄存器解释器运行速度差不多是栈解释器的两倍（分别是 5.9 秒和 12 秒）。不过栈机器的速度还是比模式二十五中的要快四倍左右，模式二十五耗时 54 秒。

如果要考虑每个 CPU 时钟周期和内存访问时间，那么，Java 并不是最合适的实现语言，因为无法用它控制底层的硬件（但我也不想书到一半再换用 C++）。实际上，大部分高效解释器最核心的部分都是用手工优化过的汇编代码完成的。非常需要缓存存储结构和 CPU 流水线相关的计算机架构知识。

2009 年一月，我和 Dan Bornstein 交流了一番，他设计了 Dalvik[7]虚拟机（在 Google 公司的 Android 移动平台上执行 Java 代码的寄存器虚拟机，采用自己设计的字节码）。他跟我讲述了他们 VM 小组在手机 ARM[8]架构 CPU 和 Flash 存储器之上如何一点点地提高效率，整个过程十分需要技巧且也很有趣。Flash 存储器的存储速度比动态内存储器慢很多，但是断电后数据不会丢失。Flash 存储器不仅存储速度很慢，而且手机上装备的容量也很小。为了节约空间，Dalvik 虚拟器想方设法共享数据结构、压缩数据。

平均下来，表示一个给定的程序方法时，Dalvik 虚拟器采用的代码空间比基于栈的 Java 虚拟机要大些。但 Bornstein 解释说这种权衡还是值得的，Dalvik 虚拟机实际执行的指令数会少很多。这是因为它可以复用寄存器，而不用频繁地压栈和出栈。由于每个指令都需要一定的代价，所以执行次数少些可以让效率更高。

---

7 http://source.android.com。
8 http://www.arm.com。

Dalvik 虚拟机的细节虽然超出了本书的范围，但是可以通过阅读 Dalvik 虚拟机的源代码来自行学习，还可以搜索关键字 threaded interpreter 学习相关的基本原理。

下面总结如何使用本章的各种解释器模式。

模　式	使　用　情　景
模式二十六	除非打算用二进制机器码编程，否则在实现下面两个字节码解释器模式时都需要用这种模式提高开发效率
模式二十七	栈机器算是传统的字节码解释器。有些人仅仅是为了保持风格才使用栈机器。该模式适合高效运行的 DSL 和 GPPL
模式二十八	执行高级语言时，寄存器机器通常比栈机器更高效。生成寄存器代码跟生成栈代码的难度一样，但生成的代码可能会更庞大，速度也更慢。为了充分利用这种模式，解释器或编译器必须调整代码块以便复用寄存器，当然还能进行其他的优化

下面开始探索字节码解释器的几种模式。

26　字节码汇编器

目的

该模式将文本形式便于阅读的汇编语言程序翻译为二进制形式的字节码指令。

该模式所能识别的汇编语言指令是可以动态调整的（没有写死在里头），能处理栈式指令和寄存器式指令。

讨论

字节码解释器读入低层的字节数组，里面是字节码（刚好一个字节能容纳的操作码）和整型操作数。字节码编译器本身就很复杂，再生成原生的字节码会额外加重负担。所以生成文本的汇编代码后用汇编器转换为对应的机器码会方便些。也就是说，生成下面的代码比生成字节 14、0、0、0、0 和 21 来说要容易许多，而两者都表示输出"hi"。

```
sconst "hi"      ; 将字符串压入栈顶
print            ; 输出栈顶的元素
```

对基于文本的汇编程序，汇编器输出下面几点信息。

- 全局数据空间大小：全局存储器中需要保存多少个变量槽。

- 代码存储器：字节数组包含从汇编程序而来的指令流。包含了字节码和指令的操作数。

- 主程序地址：程序入口的代码存储器地址。这是 main() 函数对应的地址，如果没有定义 main() 函数，则是 0 号地址。

- 常量池：这个表存储不存放在代码存储器中的非整型操作对象。常量池记录了字符串、浮点数和函数的描述信息。指令操作数可以通过整型数下标来指向常量池中的操作对象（见 10.3 节）。

先讨论汇编器的基本架构，并考虑如何根据汇编代码生成机器码，然后看如何将没存放在代码存储器中的操作对象存放到常量池中，最后才考虑汇编代码的符号表管理。讨论完之后看其具体实现。

生成字节码并存入代码存储器

汇编器的基本思想就是对不同的语言结构执行合适的操作。

下面是汇编器接口中的一些方法。

```
protected void gen(Token instrToken) {;}
protected void gen(Token instrToken, Token operandToken) {;}
...
protected void defineFunction(Token idToken, int nargs, int nlocals) {;}
protected void defineLabel(Token idToken) {;}
```

显然，需要用解析器来读入文本形式的汇编代码，但是不能直接用解析器实现汇编器的功能。解析器里应当包含能够调用其他方法（代码生成和符号表管理）的最小操作。其他方法的具体实现都放在子类里，这是一种常用的实现模式，将功能与语法分离。例如，下面是处理双参数指令的文法规则。

```
instr2 : ID operand ',' operand {gen(«指令名称 »,«操作对象1 »,«操作对象2 »);}
```

规则 operand 能够匹配各种操作对象，如行标、寄存器、函数、整型数等。其中的操作会调用 gen() 方法，传入解析时获得的信息。

解析器一边阅读指令，一边将字节码和操作数写入数组 code 中。为了定位，还要自增 ip 寄存器（指令计数器）。因此，ip 总是下一个能写入的地址。对于无参指令，汇编器向 code 数组中写入一个字节，然后 ip 自增一。单参数指令总共需要五个字节，一个字节码、四个字节的操作对象。将字节码和操作对象写入数组中，ip 自增五。所有操作数都是四个字节长的整型数，所以要特殊处理非整型数的操作对象，下一小节中将会看到。

填充常量池

10.3 节中已经介绍，不能存储或不能转换为整型数的操作对象都存放到常量池中。指令的操作数就用指向常量池的下标来表示。字符可以表示为整型数，但是字符串、浮点数和函数的符号信息就必须存放到常量池中（下一小节再介绍函数符号信息）。下面是写入字节码操作数的算法。

```
switch ( «操作数类型» ) {
    case «int或char»     : v = «int的值»;
    case «float或string» : v = «常量池下标»;
    case «函数调用»       : v = «常量池下标»;
    case «行标»          : v = «行标地址»;
    case «寄存器»        : v = «寄存器号»;
}
«将v写入代码存储器中 »
```

　　计算常量池下标时，代码要么直接返回常量池中现有对象的下标，要么将其存入池中（返回新加元素的下标）。

```
int 《获取常量池下标》(Object o) {
    if ( 《常量池中已含有o》 ) return 《现有对象下标》;
    else { 《加入池中》; return 《o的下标》; }
}
```

　　使用同一个浮点数或字符串时，实际引用的常量池下标都一样。所以，这么看来，常量池类似于存放了操作数值的单一作用域（模式十六）。那么这个"作用域"中还存放了函数符号信息，以便实现 call 之类的指令。

记录函数的引用

　　字节码解释器根本不知道符号的信息。出于速度的考虑，解释器只处理代码地址、数据地址和常量池下标。而字节码汇编语言中还会使用另外两种符号：函数和代码行标。两种符号都在模式十六中介绍过。本小节先介绍函数，下一小节再介绍代码行标。

　　汇编代码阶段的函数信息必须经过汇编阶段，保存到下一阶段。字节码解释器在运行时需要函数的参数和局部变量信息。这些信息可以和字符串及浮点数用同样的方式处理，存放在常量池中。也就是说，上一节中的《获取常量池下标》算法也得添加到 FunctionSymbol 对象里。汇编器将常量池下标作为 call 指令的参数。执行时，解释器根据下标地址找到函数的信息，以获取此函数的代码起始位置。下面是定义函数的算法。

```
void defineFunction(Token idToken, int args, int locals) {
    fs = 《根据参数新建FunctionSymbol对象》;
    if ( 《函数在定义之前就被调用》 )
        《把常量池中同一下标的元素替换为fs》;
    else 《将fs存入常量池中》;
}
```

　　如果汇编程序中调用的函数是在其定义之前，算法就会先添加一个空的 FunctionSymbol 对象，然后在遇到定义的时候再填入细节。

　　汇编语言代码行标的处理方式与函数类似，下面继续介绍。

处理行标和前向引用

为了在汇编程序中进行跳转，相关的分支指令使用了代码行标作为操作数。代码行标只是一个记录了代码存储器中某个位置信息的符号，省去了程序员手工计算地址的负担。不过在运行时，解释器需要的是整型操作数，而不是某个符号。

在某种程度上，汇编器应该在翻译过程中把行标转换为代码地址。汇编之后，汇编器可以略去所有的行标。如果程序中的跳转指令指向前面所定义的行标，那么汇编器可以在行标作用域中查找到相关的定义（见模式十六）。

但是，前向引用较难处理。如果引用的行标还未定义，就必须记住跳转指令的操作数地址，之后遇到行标的定义时再将地址填入操作数地址中（称为回填）。下面介绍汇编程序中的前向引用。

```
    br  end ; 在前向引用列表中记录操作数码的地址
    br  end ; 将地址6加到end的前向引用列表中
end:        ; 行标的地址是 10
    halt
```

遇到第一个 `br` 指令的时候，就创建一个 `LabelSymbol` 对象，并将其添加到行标作用域中。操作数地址就是代码地址中的第二字节处（地址为 1）。然后将其中的标志位 `isForwardRef` 置为 `true`，将 `isDefined` 置为 `false`。对于第二个 `br` 指令，其处理方式与第一个的相同，不过往待操作数列表中添加的是 6。

处理到行标定义，就开始解析前向引用，要遍历整个列表后填写 `br` 的操作数。下面的反汇编代码中带有回填的前向引用代码。

```
0000: BR    10 ; 回填的操作数，指向"end"
0005: BR    10 ; 回填的操作数，指向"end"
0010: HALT
```

读完整个程序之后，所有的前向引用都找到了对应的定义。

总的来说，汇编器由解析器构成，而这个解析器会调用有关代码生成和符号表管理的操作。这些操作都在解析器的子类中，实现了 `gen()` 和 `defineFunction()` 两种方法。

下一节中的内容是实现的示例，展示了余下的细节。

实现

在字节码汇编器的最后一部分中，将构建后面两个字节码解释器模式会用到的汇编器。首先需要在 `Assembler.g` 中定义汇编语言的文法，然后需要设计一个能灵活定义指令的机制，最后在 `BytecodeAssember` 中实现代码生成和符号表管理的方法。

最终目标是为代码存储器和常量池加入数据，两者都是下面主类的字段。

```java
public class BytecodeAssembler extends AssemblerParser {
    public static final int INITIAL_CODE_SIZE = 1024;
    protected Map<String,Integer> instructionOpcodeMapping =
        new HashMap<String,Integer>();
    protected Map<String, LabelSymbol> labels = // 行标作用域
        new HashMap<String, LabelSymbol>();
    /** 浮点数和字符串都有唯一的常量池下标
     *  函数的定义信息也在里面。 */
    protected List<Object> constPool = new ArrayList<Object>();
    protected int ip = 0; // 指令计数器，用于填充code[]
    protected byte[] code = new byte[INITIAL_CODE_SIZE]; // 代码存储器
    protected int dataSize; // 通过.globals来设置
    protected FunctionSymbol mainFunction;
```

使用汇编器时，跟其他应用的用法差不多，都是先创建词法解析器和语法解析器，然后调用起始规则（即 program）。

```java
AssemblerLexer assemblerLexer =
    new AssemblerLexer(new ANTLRInputStream(input));
CommonTokenStream tokens = new CommonTokenStream(assemblerLexer);
BytecodeAssembler asm = new BytecodeAssembler(tokens, «指令»);
asm.program(); // 从起始规则开始解析
```

唯一的区别就是使用（根据 `Assembler.g` 生成的）`AssemblerParser` 的子类 `BytecodeAssembler` 来存放这里的实现方法。

文法中比较关键的规则就是 instr，负责识别指令并调用能生成代码的方法。

```
instr
    :   ID NEWLINE                               {gen($ID);}
    |   ID operand NEWLINE                       {gen($ID,$operand.start);}
    |   ID a=operand ',' b=operand NEWLINE {gen($ID,$a.start,$b.start);}
    |   ID a=operand ',' b=operand ',' c=operand NEWLINE
        {gen($ID,$a.start,$b.start,$c.start);}
    ;
```

这个规则会根据操作数的个数调用对应的 gen() 方法。$operand.start 等表达式会计算规则 operand 所匹配的起始词法单元的位置。下面是生成无参指令的代码。

```java
protected void gen(Token instrToken) {
    String instrName = instrToken.getText();
    Integer opcodeI = instructionOpcodeMapping.get(instrName);
    if ( opcodeI==null ) {
        System.err.println("line "+instrToken.getLine()+
                           ": Unknown instruction: "+instrName);
        return;
    }
    int opcode = opcodeI.intValue();
    ensureCapacity(ip+1);
    code[ip++] = (byte)(opcode&0xFF);
}
```

汇编器根据字段 instructionOpcodeMapping 获取指令集。该字典将指令名映射到整型数字节码。在解释器模式的 BytecodeDefinition 类源代码中就能看到这些指令的定义。为了编译这段代码，下面定义一组伪指令描述符。

```java
public static Instruction[] instructions = new Instruction[] {
    null, // <表示无效>
    new Instruction("iadd",REG,REG,REG), // 下标用作操作码
};
```

数组 Instruction 将会被传给汇编器的构造方法。

```java
BytecodeAssembler asm = new BytecodeAssembler(tokens, «指令»);
```

对于指令的操作数，汇编器会使用 BytecodeAssembler 中的 genOperand()
向代码存储器中写入 32 位二进制数值。为了将操作数写入字节数组，汇编器
会使用 writeInt() 将这 32 位分割为四个字节。从高到低依次写入存储器中。

有两种汇编语言指令不会在代码存储器中生成任何东西，第一种是定义全
局内存的指令.globals，可用如下规则来处理。

```
globals : NEWLINE* '.globals' INT NEWLINE {defineDataSize($INT.int);} ;
```

第二种是函数声明指令，有

```
functionDeclaration
    : '.def' name=ID ':' 'args' '=' a=INT ',' 'locals' '=' n=INT NEWLINE
      {defineFunction($name, $a.int, $n.int);}
    ;
```

不过，如果没有定义实际的指令集，汇编器实际上什么也做不了。所以其
编译和测试过程放在使用它的解释器模式中。

相关模式

模式二十七和模式二十八会使用本汇编器来读入汇编程序。

27　栈解释器

目的

本模式执行指令时使用操作数栈存放临时变量。

讨论

基于栈的解释器会模拟一个没有通用寄存器的硬件处理器。也就是说，字
节码指令必须用操作数栈来存放所有的临时变量。这里的临时变量包括算术操

作数、参数和返回值。本章的导言部分已经解释了通用的字节码解释器架构，下面就只给出有关栈机器的具体描述。

先看操作数栈，它是最具个性的部分。需要从内存中取值或计算出结果时，就从栈中弹出或压入数据。为了提高效率，只使用对象数组及表示栈顶位置的专用寄存器 sp。压栈时，自增 sp，并存储值。

```
operands[++sp] = 《值》;
```

例如，从全局存储器中压入一个数据。

```
operands[++sp] = globals[《地址》];
```

数据出栈正好相反。

```
Object value = operands[sp--]; // 弹出数据，sp-- 表示先取值再自减
```

图 10.4 和图 10.5 是栈机器的示例指令集。本书附带的源代码中提供了这个指令集的实现源代码。所有指令需要的数值都在操作数栈中。指令集虽不大，但是作为例子已经足够了，对于实际应用来说，可能还需要几个处理算术运算的操作。函数调用也会大量使用操作数栈来存储参数和局部变量，下面详细讨论这一过程。

传递参数

call 指令需要置于栈顶的参数，当然其他表达式计算也都需要栈顶的值。当 call 指令压入栈帧时，栈帧的构造方法会为参数和局部变量创建存储空间。参数和局部变量都存放在一个名叫 locals 的数组中，它是栈帧对象的字段，参数排在前头。call 能根据常量池中的 FunctionSymbol 对象来知晓空间的大小。在开始执行函数之前，call 指令会将参数放到栈帧里。

```
void call(int functionConstPoolIndex) {
    FunctionSymbol fs = constPool[functionConstPoolIndex];
    StackFrame f = new StackFrame(fs, 《返回地址》);
    calls[++fp] = f;
    for (int a=《参数个数》-1; a>=0; a--) f.locals[a]=operands[sp--];
    ip = fs.address; // 跳转到函数的起始指令位置
}
```

指　令	描　述
iadd, isub, imul	整型数的算术运算操作符。弹出两个操作数，进行运算，然后将结果压入栈中
fadd, fsub, fmul	浮点数的算术运算操作符
ilt, ieq, flt, feq	整型数和浮点数的比较操作符。弹出两个操作数，进行运算，然后将结果压入栈中
itof	将栈顶的整型数转换为浮点数
cconst n, iconst n	将字符或者整型常量操作数 n 压入栈中。operands[++sp]=n
sconst s, fconst f	将常量字符串 s 或者浮点数 f 从常量池转移到操作数栈中。operands[++sp]=constPool[s 或 f 的下标]

图 10.4　基于栈的算术字节码指令

下面介绍如何调用带有两个参数和一个局部变量的函数。

```
.def main: args=0, locals=0
; print f(10,20)
    iconst 10              ; 压入第一个参数
    iconst 20              ; 压入第二个参数
    call f()
    print                  ; 输出返回值
    halt
.def f: args=2, locals=1   ; int f(int x, int y)
; x、y、z都在locals中，下标分别是0、1、2
; int z = x + y
; int f(int x, int y)
    load 0                 ; 压入第一个参数x
    load 1                 ; 压入第二个参数y
    iadd
    store 2                ; 将结果存入局部变量z中
; return z
    load 2
    ret
```

图10.6中是main()调用函数f()时的细节。这次调用需要三个变量槽来存储参数和局部变量。参数排在前面，局部变量排在后面，所以局部变量的下标是2。

跟踪运行过程可以发现，在调用f()之前，操作数栈中有以下两个参数。

```
0010:   CALL    #0 ; f()@17   stack=[ 10 20 ]   calls=[ main ]
0017:   LOAD    0             stack=[ ]         calls=[ main f ]
```

指　　令	描　　述
call f()	调用函数 f（借助于 f 在常量池中的符号信息）。将新的栈帧压入调用栈中，将参数从操作数栈中压入栈帧，然后跳转到函数的起始位置
ret	从函数调用中返回。返回值放在操作数栈中。将调用栈顶的栈帧弹出，并回到栈帧中的返回地址
br a, brt a, brf a	分别是：跳转到a；如果操作数栈顶是true，则跳转到a；如果是false，则跳转到a
gload a, gstore a	operands[++sp]=globals[a], globals[a]=operands[sp--]
load i, store i	operands[++sp]=calls[fp].locals[i] 和 calls[fp].locals[i]=operands[sp--]，其中，fp 是栈帧计数器，i 是局部值的下标
fload i, fstore i	将 struct 的地址从操作数栈中取出，比如为 s，然后 operands[++sp]=s.fields[i]，其中，i 是字段的下标，从零开始计数，s.fields[i]=operands[sp--]
print	将操作数栈顶的数弹出，并进行标准输出
struct n	创建带有 n 个字段槽的 struct，然后压入栈顶
null	向操作数栈顶压入空指针
pop	弹出操作数栈顶的值
halt	终止程序

图 10.5　基于栈的通用字节码指令

调用指令结束之后，所有的参数都存放在栈帧的 locals 字段里，而不是操作数栈中。函数可以使用 load 和 store 来控制参数。例如，load 能从 locals 字段中读取操作数并存入操作数栈中。

```
operands[++sp] = calls[fp].locals[«操作数地址»];
```

函数执行完时，会使用 ret 指令进行返回。ret 不用负责清理栈了，因为 call 指令在调用的时候就从栈中移除了所有的参数。ret 只需从调用栈中弹出栈帧，然后跳到栈帧中的返回地址即可。

```
StackFrame fr = calls[fp--];      // 弹出栈帧
ip = fr.returnAddress;            // 跳到返回地址
```

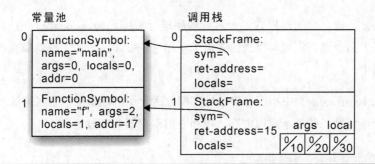

常量池

调用栈

图 10.6　用两个参数调用 f() 时的栈帧

当返回值时，函数只需将值压入操作数栈并执行 ret 指令。

返回值

执行完函数后，返回值应该置于操作数栈顶，以便调用者使用。下面是调用 f() 之后的运行轨迹。

```
0033:   LOAD      2       stack=[ ]       calls=[ main f ]
0038:   RET               stack=[ 30 ]    calls=[ main f ]
0015:   PRINT             stack=[ 30 ]    calls=[ main ]
```

指令 ret 弹出 f() 的栈帧，并让指令流跳转到位于 main() 中的返回地址（15）。

即使不使用函数的返回值，调用者也必须将其弹出。例如，下面的代码会将 f() 中的返回值直接抛弃。

```
.def main: args=0, locals=0
    call f()            ; 假设f()带有返回值
    pop                 ; 弹出操作数栈中的值
    halt
```

现在已经了解了操作数栈的用法，下面可以深入查看栈解释器的实现细节了。

实现

字节码解释器的大部分都在 Interpreter 类中。除此之外，还需要几个辅助类，即 StackFrame、BytecodeDefinition 和 StructSpace（用于保存 struct 的字段）。

执行之前，会先用模式二十六对程序进行汇编。BytecodeDefinition 类中定义了指令集。汇编器模式还提供了 FunctionSymbol 类，其对象也存放在常量池中。

Interpreter 类中不仅包含了导言部分所介绍的虚拟处理器（方法 cpu() 中），还包括一些表示虚拟内存、栈和专用寄存器的字段。

```
Download interp/stack/Interpreter.java
int ip;                        // 指令计数器
byte[] code;                   // 代码存储器（以字节为最小地址单位）
int codeSize;
Object[] globals;              // 全局变量空间
protected Object[] constPool;
/** 操作数栈，向上增长 */
Object[] operands = new Object[DEFAULT_OPERAND_STACK_SIZE];
int sp = -1;                   // 操作数栈计数器
/** 栈帧的栈，向上增长 */
StackFrame[] calls = new StackFrame[DEFAULT_CALL_STACK_SIZE];
int fp = -1;                   // 栈帧栈计数器
FunctionSymbol mainFunction;
```

方法main()会创建Interpreter对象，读取并汇编字节码程序，然后从程序的main方法开始执行。

```
Download interp/stack/Interpreter.java
Interpreter interpreter = new Interpreter();
load(interpreter, input);
interpreter.trace = trace;
interpreter.exec();
if ( disassemble ) interpreter.disassemble();
if ( dump) interpreter.coredump();
```

读取并汇编输入程序，也就是创建汇编器并以 program 为起始规则进行解析。执行完毕后，就能获取代码存储器和其他有用信息。

```
Download interp/stack/Interpreter.java
AssemblerLexer assemblerLexer =
    new AssemblerLexer(new ANTLRInputStream(input));
CommonTokenStream tokens = new CommonTokenStream(assemblerLexer);
BytecodeAssembler assembler =
    new BytecodeAssembler(tokens, BytecodeDefinition.instructions);
assembler.program(); interp.code = assembler.getMachineCode();
interp.codeSize = assembler.getCodeMemorySize();
interp.constPool = assembler.getConstantPool();
```

```
interp.mainFunction = assembler.getMainFunction();
interp.globals = new Object[assembler.getDataSize()];
interp.disasm = new DisAssembler(interp.code,
                                 interp.codeSize,
                                 interp.constPool);
```

开始执行时，解释器会以字节码程序的 main 作为入口，调用 cpu() 方法：

```
public void exec() throws Exception {
    // 模拟"call main()"; 对栈进行预置
    if ( mainFunction==null ) {
        mainFunction = new FunctionSymbol("main", 0, 0, 0);
    }
    StackFrame f = new StackFrame(mainFunction, -1);
    calls[++fp] = f;
    ip = mainFunction.address;
    cpu();
}
```

下面介绍一些指令，这些代码的形式跟硬件描述语言 Verilog[9]的程序一样。下面是整型数加法指令的实现（方法 cpu() 中 switch 语句的一个 case）。

```
case BytecodeDefinition.INSTR_IADD :
    a = (Integer)operands[sp-1];    // 第一操作数在栈顶下面
    b = (Integer)operands[sp];      // 第二操作数在栈顶
    sp -= 2;                        // 弹出两个操作数
    operands[++sp] = a + b;         // 压入计算结果
    break;
```

浮点数加法跟这一样，只是操作数类型不同。

```
case BytecodeDefinition.INSTR_FADD :
    e = (Float)operands[sp-1];
    f = (Float)operands[sp];
    sp -= 2;
    operands[++sp] = e + f;
    break;
```

call 指令的操作数是常量池的下标，存放被调用函数的信息。

---

9 http://en.wikipedia.org/wiki/Verilog

它会调用辅助方法 getIntOperand()，以 ip 为地址，从代码存储器中获取四个字节的数据，作为整型数，然后将其他事务交给 call() 方法处理，在之前介绍的模式中已经介绍过这种处理方式。

Download interp/stack/Interpreter.java
```
case BytecodeDefinition.INSTR_CALL :
    int funcIndexInConstPool = getIntOperand();
    call(funcIndexInConstPool);
    break;
```

call 指令将栈帧（字段 locals 里存放有返回地址，以及存放参数和局部变量的空间）压入栈中。

Download interp/stack/StackFrame.java
```
public class StackFrame {
    FunctionSymbol sym;         // 相关的函数
    int returnAddress;          // 调用之后的指令
    Object[] locals;            // 存放参数和局部变量
    public StackFrame(FunctionSymbol sym, int returnAddress) {
        this.sym = sym;
        this.returnAddress = returnAddress;
        locals = new Object[sym.nargs+sym.nlocals];
    }
}
```

到此，实现的细节就基本介绍完毕，下面我们试着进行构建。只要用 ANTLR 处理汇编器的文法文件，然后编译所得到的 Java 代码即可。

```
$ java org.antlr.Tool Assembler.g
$ javac *.java
$
```

如下的测试程序会给两个全局变量赋值，并输出其中一个。

Download interp/stack/t.pcode
```
; int x,y
.globals 2

.def main: args=0, locals=0
;x=9
      iconst 9
      gstore 0
;y=x
      gload 0
      gstore 1
; print y
      gload 1
      print
      halt
```

运行 t.pcode 并输出相关的存储空间信息时，得加上选项 -dump。

```
$ java Interpreter -dump t.pcode
9
Constant pool:
0000: FunctionSymbol{name='main', args=0, locals=0, address=0}

Data memory:
0000: 9 <Integer>
0001: 9 <Integer>
Code memory:
0000:    18    0    0    0    9   25    0    0
0008:     0    0   22    0    0    0    0   25
0016:     0    0    0    1   22    0    0    0
0024:     1   27   31
$
```

代码空间中，这 26 个字节里只有 7 个字节是字节码，其余的都是操作数。如果要优化这种模式，第一步要设计一套更简洁的指令集（读取和解码的操作数都很耗时）。例如，可以定义使用两个字节操作数的指令（甚至单字节），而不统一使用四个字节的操作数。大多数情况下，两个字节就足够存放地址和常量池下标了。

不过，栈解释器中最耗时的还是压栈、出栈的操作。在下一模式中会看到使用寄存器的字节码解释器能很好地避免这些问题。

相关模式

本模式复用了模式二十六，且和模式二十八很相似。

| 28 | 寄存器解释器 | □ |

目的

本模式执行指令时使用虚拟寄存器存放参数、局部变量和临时变量。

指　令	描　述
iadd r_i, r_j, r_k isub r_i, r_j, r_k imul r_i, r_j, r_k	这三条是整型数的算术运算。　$r_k = r_i$ op r_j，op 表示对应的运算
fadd r_i, r_j, r_k fsub r_i, r_j, r_k fmul r_i, r_j, r_k	这三条是浮点数的算术运算。　$r_k = r_i$ op r_j，op 表示对应的运算
ilt r_i, r_j, r_k ieq r_i, r_j, r_k flt r_i, r_j, r_k feq r_i, r_j, r_k	这四条是整型数和浮点数的比较运算和匹值运算。运算结果为布尔类型，放在 r_k 中。　$r_k = r_i$ op r_j，op 表示对应的运算
itof r_i, r_j	将 r_i 中的整型数转换为浮点数，放在 r_j 中
cconst r_i, c	将字符 c 放在 r_i 中。r_i=c
iconst r_i, n	将整型数 n 放在 r_i 中。r_i=n
sconst r_i, s	将字符串 s 放在 r_i 中。r_i=constPool[«s 的下标»]
fconst r_i, f	将浮点数 f 放在 r_i 中。r_i=constPool[«f 的下标»]

图 10.7　基于寄存器的算术字节码指令

讨论

寄存器解释器和栈解释器大体上一致，只是在指令集和局部变量、参数、返回值及临时变量的存储方式上存在差异。指令中使用的是寄存器而不是操作数栈。虚拟机中每个栈帧都能使用任意数量的寄存器。

栈帧的寄存器数组中第一个位置预留给返回值，参数和局部变量依次往后排（当然也可以采用其他策略）。

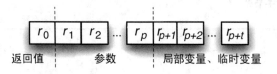

图中是寄存器的源函数，带有 p 个参数和 t 个局部变量与临时变量（n=1+p+t）。

```
.def foo: args=p, locals=t
```

在本模式的示例指令集中（见图 10.7 和图 10.8），指令都是直接对寄存器进行操作的。本书附带的源代码中实现了这个指令集。作为起步，先了解基本指令和数据聚合体的指令是如何使用寄存器的，然后细看函数调用，理解 call 和 ret 是如何在调用栈的栈帧里直接切换寄存器的，否则，就无法理解本模式的实现示例。

实现基本指令

为了访问寄存器，指令必须知道当前寄存器的位置。当前寄存器在位于栈顶的栈帧里，即在 calls[fp] 中。因此，为了方便，可以使用如下语句为当前寄存器取个别称。

```
Object r[] = calls[fp].registers; // 当前寄存器的别称
```

那么，像 iconst（读入整型数）之类的指令就可以直接将值存入数组 r 中（下面的代码源自 cpu() 方法的循环中）。

```
case BytecodeDefinition.INSTR_ICONST : // 如 iconst r1, 99
i = «获取第一个操作数，即寄存器编号»;
v = «获取第二个操作数，即整型数»;
r[i] = v;
break;
```

从代码存储器中获得寄存器编号和整型数之后，iconst 指令就会将整型数存入对应的寄存器中。

整型数求和指令 iadd 的机制与之类似，只要知道三个寄存器编号，就能访问它们的值，然后将其转为整型数并求和、存值。

```
case BytecodeDefinition.INSTR_IADD : // 比如 iadd r1, r2, r3
    i = «获取寄存器编号»;
    j = «获取寄存器编号»;
    k = «获取寄存器编号»;
    r[k] = r[i] + r[j];
    break;
```

上述就是访问寄存器的方式，下面介绍如何访问数据聚合体的字段。

创建、访问数据聚合体

创建数据聚合体时，struct 指令需要两个参数，一个是目标寄存器，一个是字段的个数。

```
case BytecodeDefinition.INSTR_STRUCT :
    i = «获取目标寄存器编号»;
    int nfields = «获取整型操作数»;
    r[i] = new StructSpace(nfields); // 将结构体存在r[i]中
    break;
```

对象 StructSpace 中含有数组字段 fields，可以使用 fload 和 fstore 指令进行访问。两个指令都需要两个寄存器参数和一个整型参数。第一个寄存器是存/取的目标位置，第二个寄存器是数据聚合体的地址，整型数是字段的下标（相当于偏移量）。例如，下面是取字段的指令。

```
case BytecodeDefinition.INSTR_FLOAD :  // 如 fload r1, r2, 0
    i = «get-register-number-operand»;  // r[i] 为目标寄存器
    j = «get-register-number-operand»;  // r[j] 代表了结构体
    fieldIndex = «get-integer-operand»; // 字段位置
    r[i] = r[j].fields[fieldIndex];
    break;
```

目前遇到的所有指令都只处理同一个栈帧内的寄存器。而进行函数调用的时候，必须在栈帧直接进行数据的传递，这是因为所有的非全局变量和临时变量都存放在寄存器中。

函数调用中数据的传递

函数传递参数和返回值的机制是比较棘手的，需要一些技巧。从下面这个示例程序和调用栈的对应关系，来了解其中的原理。程序中的控制流是从 main() 到 f() 再到 g()。

```
.def main: args=0, locals=1      ; void main() { print f(10); }
    iconst r1, 10                ; 将10存入r1中
    call f(), r1                 ; 调用f，参数在r1中
    print r0                     ; 输出返回值
    halt
.def f: args=1, locals=3         ; int f(int x) { return g(2*x, 30); }
    iconst r2,2                  ; 将整型数2存入第一个非参数的寄存器中
    imul r1,r2,r3                ; 将参数乘以2
    iconst r4,30                 ; 将整型数30存放到寄存器中
    call g(), r3                 ; 将结果存放在r0中，参数是[r3, r4]
    ret                          ; 返回值在r0中
.def g: args=2, locals=0         ; int g(int x, int y) { return x+y; }
    iadd r1, r2, r0              ; 返回x+y
ret                              ; 返回值在r0中
```

指　令	描　述
call f(), r_i	调用函数 f（需要借助 f 在常量池中的符号信息）。假设函数需要 n 个参数，那么都存放在寄存器 r_i 的 r_i+n-1 中。如果没有参数，就使用 r0。向调用栈中压入新的栈帧，把参数从前一个栈帧传入新的栈帧中，然后跳转到函数的起始位置
ret	从被调用的函数中返回。如果有返回值，就存放在 r0 中。弹出调用栈栈顶的栈帧对象，返回那个栈帧对象中的返回地址
br a brt r_i, a brf r_i, a	无条件转移到 a。下面两条分别判断 r_i 是 true 和 false 时进行跳转
gload r_i, a gstore r_i, a	这两条分别是 r_i=globals[a] 和 globals[a]=r_i
fload r_i, r_j, n fstore r_i, r_j, n	这两条分别是 r_i=r_j[n] 和 r_j[n]=r_i
move r_i, r_j	r_j=r_i
print r_i	输出 r_i
struct r_i, n	r_i=新的结构体，带有 n 个字段
null r_i	r_i=null
halt	程序终止

图 10.8　基于寄存器的通用字节码指令

图 10.9 是执行 g() 中 ret 指令时的调用栈状态。除了寄存器，这跟导言部分的栈帧（见图 10.3）很相似。调用栈中第一个栈帧是在模拟解释器对 main() 的调用，下一个栈帧是在调用 f()，最顶上的栈帧是在调用 g()。

虚线的箭头表示寄存器值的复制。向下的箭头表示参数传递、向上的箭头表示返回值。调用 f() 时只有一个参数，存放在 r[1] 中（对应 main() 中的 iconst 指令）。调用过程中会将 main() 栈帧中 r[1] 的值复制到 f() 栈帧中的 r[1] 里。main() 栈帧中的 r[1] 是临时变量（因为 main() 没有参数），而 f() 栈帧中的 r[1] 却是参数。

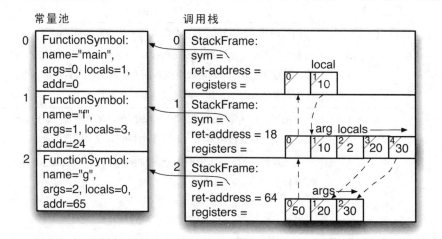

图 10.9 执行 g()中 ret 语句时寄存器值的转移以及调用栈的状态

运行轨迹展示了不同栈帧的变化过程（用符号"I"来分隔寄存器数组中的 r[0]、参数和局部变量）。

```
0000: ICONST   r1, 10        main.registers=[?||?]        calls=[main]
0009: CALL     #1:f(), r1    main.registers=[?||10]       calls=[main]
0024: ICONST   r2, 2         f.registers=[?|10|? ? ?]     calls=[main f]
0033: IMUL     r1, r2, r3    f.registers=[?|10|2 ? ?]     calls=[main f]
0046: ICONST   r4, 30        f.registers=[?|10|2 20 ?]    calls=[main f]
0055: CALL     #2:g(), r3    f.registers=[?|10|2 20 30]   calls=[main f]
0065: IADD     r1, r2, r0    g.registers=[?|20 30]        calls=[main f g]
0078: RET                    g.registers=[50|20 30]       calls=[main f g]
0078: RET                    f.registers=[50|10|2 20 30]  calls=[main f]
0018: PRINT    r0            main.registers=[50||10]      calls=[main]
```

当 g()执行到代码地址为 78 的 ret 指令时，将会把 r[0]中的 50 存放到 f() 的 r[0]中。当 f()返回时，会把 r[0]中的值存放到 main()的 r[0]中。然后，main()的输出指令就能输出 r[0]。

call 指令的操作数比较奇怪，所以需要进一步研究，然后再学习本模式的实现示例。

解码 call 指令

call 指令的第一个参数是 FunctionSymbol 对象在常量池中的下标，所以它知道需要传递多个参数。第二个参数是寄存器编号，表示参数的位置，它是存放第一个参数的寄存器编号。

所有其他参数都跟随这个寄存器排列。如果操作数是 `r[0]`，则说明是无参调用。

`f()`有一个参数，那么 `main()`中的 `call` 就会将 `r[1]`复制到栈帧中的参数寄存器里。`g()`会从栈帧中获取 `r[1]`和 `r[2]`这两个参数。`f()`计算出 `g()`的两个参数，然后放在 `r[3]`和 `r[4]`里。因此，在图 10.9 中 `r[3]`到 `r[1]`、`r[4]`到 `r[2]`分别用虚线连接起来。其他的细节用下面的算法表示。

```
void call(int functionConstPoolIndex, int baseRegisterIndex) {
    FunctionSymbol fs = constPool[functionConstPoolIndex];
    StackFrame f = new StackFrame(fs, 《返回地址》);
    StackFrame callingFrame = calls[fp];
    calls[++fp] = f; // 压入新的栈帧 // 从调用者的栈帧向被调用者的栈帧复制参数
    for (int a=0; a<《参数个数》; a++) {
        f.registers[a+1] = callingFrame.registers[baseRegisterIndex+a];
    }
    ip = fs.address; // 跳转到起始地址
}
```

`ret`指令的细节比较简单。`ret`将当前栈帧的`r[0]`复制到调用者栈帧的`r[0]`中，并弹出当前栈帧。

```
case BytecodeDefinition.INSTR_RET :
    StackFrame f = calls[fp--]; // 弹出栈帧
    calls[fp].registers[0] = f.registers[0]; // copy r0
    ip = f.returnAddress;          // 跳转回调用者
    break;
```

到目前为止，大家已经掌握了实现寄存器指令的要点。下一小节将介绍实现示例。

实现

寄存器机器和栈机器很相似。实际上，本模式的实现与模式二十七的实现只有两处不一样。第一处是 `StackFrame` 中的 `locals` 变成了 `registers`。

```
// 为寄存器分配空间；给r0预留一个位置
```

```
registers = new Object[sym.nargs+sym.nlocals+1];
```

第二处是 cpu() 中的 switch 语句，这里使用寄存器版本，栈版本的已不适用。

```
Download interp/reg/Interpreter.java
protected void cpu() {
    int i=0, j=0, k=0, addr=0, fieldIndex=0;
    short opcode = code[ip];
    while (opcode!= BytecodeDefinition.INSTR_HALT && ip < codeSize) {
        if ( trace ) trace();
        ip++; // 下一条指令或操作数
        Object r[] = calls[fp].registers; // 当前寄存器的别称
        switch (opcode) {
            case BytecodeDefinition.INSTR_IADD :
                i = getRegOperand();
                j = getRegOperand();
                k = getRegOperand();
                r[k] = ((Integer)r[i])+((Integer)r[j]);
                break;
            // ...
```

尽管栈机器和寄存器机器的指令集不同，但还是复用模式二十六中的实现。例如，下面是汇编器能翻译的寄存器汇编程序。

```
; int x,y
.globals 2

.def main: args=0, locals=3
;x=9
        iconst r1, 9
        gstore r1, 0
;y=x
        gload r2, 0
        gstore r2, 1
; print y
        gload r3, 1
        print r3
        halt
```

使用 ANTLR 处理汇编器的文法文件，编译所得的 Java 文件，就能使用 Interpreter 执行 t.rcode 中的程序了。

```
$ java org.antlr.Tool Assembler.g
$ javac *.java
$ java Interpreter t.rcode
9
$
```

这个实现示例的效率并不高（与 Sun 公司 Java 虚拟机的解释器模式-Xint 相比）。本书中示例的设计宗旨是为了简单易懂，而不追求执行速度和内存效率。也就是说，花点工夫还是可以把这个解释器的性能提高到 Sun 公司解释器性能的二分之一或三分之一。简单来说，只需为常用的操作添加几个简洁的指令即可。例如，压 0 入栈就很常用，可以用单字节指令 `iload0` 来表示，而不用更一般化的 `iload`，后者需要使用五个字节（其中的四个字节是操作数）。

相关模式

这种模式使用了模式二十六来汇编源程序。本模式的源代码与模式二十七十分相似。

接下来

构建解释器是实现语言的一种方式，但也可以将一种新语言翻译为现有的语言。第 11 章将着重学习代码生成，通常作为代码到代码翻译器的最后一阶段。

第 4 部分

翻译和生成语言
Translating and Generating
Languages

第 11 章

语言的翻译
Translating Computer Languages

到目前为止，书中主要关注如何读入程序代码或其他有结构的文本。前面构造了输入内容的模型（通常是 AST），然后扫描模型以便分析甚至执行。第 5 部分将把这个过程颠倒过来，构造文本之间的翻译器以及生成有结构文本的生成器。翻译器可以将一种语言翻译为现有的语言，以快速实现新的 DSL 或 GPPL。比如，第一个 C++的实现（cfront）就直接将 C++翻译为 C。在迁移遗留代码和数据格式等任务中，翻译器起到了很大的作用。

将输入结构映射到输出结构的程序就是翻译器。有时仅靠语法就能完成这个映射。比如，某个数学 DSL 中，两个量相乘的式子 axb 可以翻译为 Java 中的 a*b，并不需要语义信息。但如果这个 DSL 中带有矩阵（即二维数组），整个翻译过程就得根据类型信息加以修正了。比如，翻译矩阵乘法 AxB 时，对应的 Java 代码中就得用嵌套的 for 循环。而且有时需要用到分布在整个工程中的语义信息，那样，这个处理过程会变得非常棘手。比如，要将某个类中的静态字段移到另一个类中，重构时必须找齐所有使用这个字段的地方。

根据输入的相对顺序、输出的结构、是否有前向引用、是否要保留注释和格式、整个输入文件的大小等因素[1]的不同，翻译器在实现难度上也各有差异。但是，不管翻译器采用什么策略，都得恪守一条重要的设计原则。

---

1 http://www.antlr.org/wiki/pages/viewpage.action?pageId=1773。

翻译器要完全理解每个输入语句，选取恰当的输出结构，然后将输入模型中的元素填充到输出结构中。有些人可能自作聪明地将输入中的符号简单地替换为输出符号，但这往往行不通。那样相当于自然语言中的逐字翻译[2]。比如，英语中数绵羊（sheep）以克服失眠是因为 sheep 与 sleep 谐音，而汉语的绵羊跟睡觉就没什么联系了，所以中国人就得数"水饺"（睡觉）。

对于计算机翻译器来说，理解某条语句意味着要对其从语法和语义上进行综合分析。通常要构建类似 AST 的输入模型，但解析时很难正确地完成语义分析。第 8 章里提到，应根据输入模型构建符号表、计算表达式类型。根据待解决任务的差异，计算出所需要的信息，然后考虑该如何将输入映射到输出。

翻译其实是个很大的话题，但这里只能用一章的篇幅加以论述，所以后面将重点讨论几个全局的策略，以及最常用的模式。

- 模式二十九，语法制导的翻译器。此翻译器就是一个解析器，里面内嵌了能即时产生输出的动作语句。关键的区别是这种翻译器不构造中间结构，而是一次做完所有的工作。

- 模式三十，基于规则的翻译器。这种翻译器使用特定规则引擎的 DSL 描述"从 A 到 B"的转换规则。规则引擎和描述语法的文法结合使用，就能自动完成翻译。

- 模型驱动的转换。模型驱动的转换策略衍生了很多变体形式，但有一点是共同的：都要有输入的内部表示。翻译器能根据输入模型直接生成输出结构、拼接出字符串、构建起模板（就是需要填充的文档结构模板）、生成专用的输出对象（模式三十一，目标语言专用的生成器类）。

---

2 我曾经用漫画书学习繁体字，真是段令人难忘的经历。我一直搞不懂为什么短笛称贝吉塔是"正蠢材"，难道在他眼里贝吉塔很"正"吗？后来才知道，"正"在香港话里是表示程度很大的意思。

根据翻译的复杂度不同，翻译器在生成结果之前遍历输入模型的次数不定。

由于大多数工业应用的翻译器都使用模型驱动方法，所以将着重介绍如何映射输入模型和输出模型。然后，在几种模式中，将实现 make 工具、wiki 到 HTML 的翻译器和简单的 SQL 中 CREATE TABLE 表达式的生成工具。首先，介绍最简单的翻译器设计。

11.1 语法制导的翻译
Syntax-Directed Translation

语法制导的翻译器读入输入内容，然后即时生成输出内容。图 11.1 中是只含有单个处理阶段应用的流水线。尽管它没有很多组件，但还是能用于很多 DSL 的处理中。

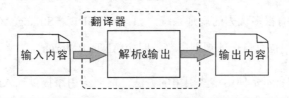

图 11.1 语法制导的翻译器

语法制导的翻译器中包括文法（或对应的解析器）和输出动作。比如，下面这条规则是将 a×b 这种乘法表达式转换为 Java 代码。

```
mult : a=ID 'x' b=ID {System.out.println($a.text+"*"+$b.text);} ;
```

由于语法制导的翻译器只遍历一次输入，因此无法处理前向引用。比如，模式十九中就需要多次遍历来处理方法和字段的前向引用。由于流水线中只有一个阶段，因此能处理的语言也很有限，无法进行较为复杂的翻译。复杂的翻译通常需要对输入模型进行分析，但这正是它所欠缺的。

显然，如果输入内容的顺序与所要的输出内容不是那么吻合，那么语法制导的翻译器就无能为力了。

比如，将一系列的整数取反并逆序输出。语法制导的翻译过程通常会逐个取反，然后立刻进行输出。但如果不缓存取反后的整数，就不能处理输入和输出顺序不同时的情况。

手动构建语法制导的翻译器意味着要编写很多不规则的代码。为了理解这种翻译器，必须想象出这些动作的具体行为。这些细节将在模式二十九中加以讨论。下面介绍能简化翻译过程并使之更通用的 DSL 设计。

11.2 基于规则的翻译
Rule-Based Translation

构造翻译器的时候，不管具体采用哪种框架，都得定义输入到输出的映射（很多"A 到 B"的规则），但不一定要用 GPPL 编写，还可以用专用的翻译 DSL。目前，有很多优秀的规则系统，如 ASF+SDF[3]、Stratego/XT[4]和 TXL[5]。ANTLR 项目中也有自己的规则引擎，叫做 ANTLRMorph[6]。

图 11.2 中所示是使用这些引擎的方法，需要给引擎提供输入语言的文法和一系列的转换规则。根据文法，引擎从输入内容构造解析树，然后应用规则得到输出。通过 5.4 节能发现，基于规则的方法有很多优点。我们可以专注于所关心的输入结构（子树），而不去考虑如何遍历树。

下面用简单的翻译 DSL 来展示如何使用基于规则的方法，这段 awk 脚本能根据 class 关键字查找并输出所有的类名。

```
/^public\ class/ {print $3} # 在"public class foo"中，foo是第三个元素
/^class/         {print $2} # 在"class foo"中，foo是第二个元素
```

3 http://www.meta-environment.org。

4 http://strategoxt.org。

5 http://www.txl.ca。

6 http://www.antlr.org/wiki/display/Morph/Home。

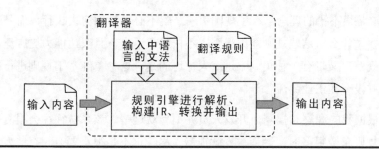

图 11.2　基于规则的翻译器

awk 脚本由模式（就是/.../中的正则表达式）和动作（在{...}里）组成。awk 会逐行遍历输入文件，如果当前行匹配了某种模式，就执行对应的动作。

注意：使用这个方法时，不需要描述完整的 Java 文法。当然，这个转换动作很简单，通常情况下，需要像其他翻译过程一样进行完整的语法和语义分析。不过，能用几条"模式-动作"规则来完成翻译过程，还是挺让人惊讶的。比如，在模式三十中将编写 wiki 到 HTML 的翻译器。

上文中所有的工具都能使用不同的规则进行多次翻译和信息收集。比如，往往需要先来一次以定义符号，再来一次以解析符号，可能还需要一次以进行类型解析。所有这些工作都得在使用转换规则之前完成。

基于规则的系统特别擅长转换遗留代码，因为转换后的代码必须很自然。比如，在 Java 中遇到做矩阵相乘的嵌套循环时，希望能识别出这种模式，转换为数学 DSL 中更简单的 A×B（而不是另一个嵌套循环）。基于规则的系统往往能进行任意的输入、输出转换。只要想得到，就能写成规则加进去。

撰写本书时，我就利用了这一点。出版社有一套优秀的商用 DSL，专门用来写书，但是为了减少体力劳动，我还专门设计了一套更简洁的 DSL 来自用，然后构造了两种语言间的翻译器。在编写本书的过程中，我只要想到了更省事的命令，就顺手加到转换规则中。

这是很不错的理念，有了规则引擎，就不必说清如何去执行，而是直接指明需要做什么。这些规则能力很强，不依赖于语言，且表达能力更广泛，既正统、规范，又带有一种美。不过令人惊讶的是，这种单纯基于规则进行翻译的系统并没有在工业界流行开。

根据我的观察和揣测，开发人员并不喜欢这些。该系统往往会很复杂，当转换规则条数很多时，翻译过程就很慢（尽管这不是很重要）。有些人觉得规则引擎所带有的函数式编程气息与他们惯常使用的强制式编程风格迥异，而不愿意接受。规则引擎本身是不透明的，谁也不知道里面发生了什么，所以翻译有误时往往很难搞清楚到底哪里出了问题。有些系统设计时恨不得所有功能样样俱全，结果却很难集成到真实的应用中。

如果需要使用 Java 相关的复杂点的模式匹配工具，可以了解 Tom[7]（Tom 也支持 C、Python、C++及 C#）和 Scala[8]编程语言（看起来就像 Java 和 ML 联合起来的样子）。

接下来介绍工业界中使用最广泛的翻译器架构。这是个混合系统，它将不同的形式化工具结合起来。很容易料想，这样降低了依赖抽象层次，工作量就会随之加大。不过好处是可以用更简单的工具和更熟悉的编程语言，也更容易掌控效率。

11.3 模型驱动的翻译
Model-Driven Translation

在模型驱动翻译器中，一切都要围绕解析器构建的输入模型进行。最简单的就是创建 AST 模型，然后一边对其进行遍历，一边对其进行输出[9]。它与语法制导翻译器唯一的区别是在遍历过程中生成代码，而不是在解析过程中生成。

先创建 AST 的优点是可以在生成输出之前进行语义分析。

---

7 http://tom.loria.fr。
8 http://www.scala-lang.org/。
9 本节中的图片中使用意义更广泛的 IR 而不用 AST。

通常要在AST上标记符号及类型信息才能产生输出。图11.3是整体的架构图。从软件工程的角度来看，应该将跟输出语言相关的操作与解析器分离。把两者分别放在不同的树遍历器中，就能在不同的任务中对其复用。

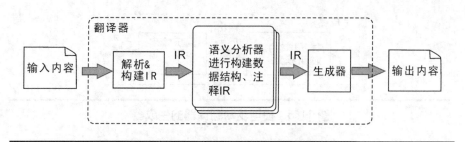

图 11.3　模型驱动的翻译器

生成 AST 之后，还可以根据翻译时的需要对 AST 进行重组，如图 11.4 所示。翻译器设计中如何改写树涉及的领域比较广，这里就不展开论述了。除非精通翻译器的编写，否则最好只在进行优化（如模式十五中那样）的时候改写树。大部分翻译器都直接生成输出内容，而不对树进行改写（编译器除外）。

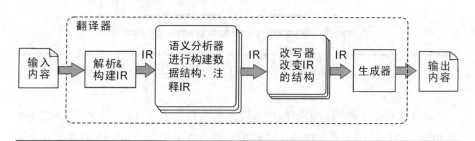

图 11.4　需要改写树的模型驱动翻译器

后面将学习如何根据 AST 输入模型制订合适的输出模型，而不是直接生成输出。简单的输出语句并不实用，因为它只能处理输入与输出依次一一对应时的情况。所以，要把翻译好的句子缓存起来，等到需要时才按所需的顺序输出。

对输入模型进行遍历的时候，需要匹配子树，然后创建用于表示输出语句的模型，如图 11.5 所示。这些输入对象可能是比较随意的字符串、模板或用户自定义的对象。关键是要制订合适的输出模型。

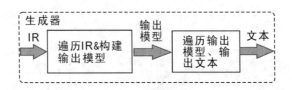

图 11.5　模型驱动翻译器的生成器

输出模型常使用嵌套结构来组织输出内容。图 11.6 是某个 Java 程序可能的输出模型。最大的 `File` 对象里面包括的 `Class` 对象，而对象里面还有 `Field` 和 `Method` 对象等。大型的 Java 程序可能会以这种结构嵌套很多层。

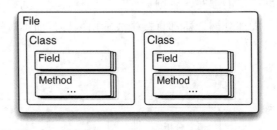

图 11.6　Java 文件的嵌套输出模型

我个人倾向于把这些嵌套结构当做树。图 11.7 中可以看到一棵似曾相识的树和这个嵌套结构等价，即语法（解析）树。由第 2 章可知，语法树表示句子中隐含的语法结构。我认为理应采用层叠的结构来表示输出，因为正好和语法树对应。

这一小节将学习不同的输出结构，并且了解到底为什么需要设计这些结构。然后，深入了解如何创建输出模型的层次结构。

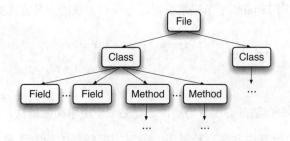

图 11.7　Java 文件嵌套输出模型的层级结构

创建特定目标的输出类

程序员都喜欢使用类来解决问题。例如，如果要输出创建数据表（CREATE TABLE）的 SQL 语句，似乎应该创建 Table 类（见模式三十一）。然后调用它的 toString() 方法将其转换为文本，以便输出。这种方法很有效，而且也很直观。

问题在于手工创建各种输出数据结构往往会很麻烦。最好是在遍历输入模型的时候就直接进行输出。假如现在想为 Java 的"Hello World"程序中 main() 方法生成字节码。在为 main() 方法创建输出模型时，可以采用字节码工程库（Byte Code Engineering Library，BCEL）。下面是 BCEL 用户手册[10]中的代码示例，用于创建方法定义对象。

```
MethodGen mg =
    new MethodGen(ACC_STATIC | ACC_PUBLIC,      // 访问控制符
                  Type.VOID,                     // 返回值类型
                  new Type[] {                   // 参数类型
                  new ArrayType(Type.STRING, 1) },
                  new String[] { "argv" },       // 参数名
                  "main", "HelloWorld",          // 方法名、类名
                  «an InstructionList», «a ConstantPoolGen»);
```

似乎用它产生定义方法的代码需要做很多工作，代码中的那几个构造函数合起来组成一个较大的代码生成器。但是这些特定的代码生成类，使用起来还是不如使用输出语句来得方便，那样可以很容易地生成字节码 DSL 格式的语句。

---

10 http://jakarta.apache.org/bcel/manual.html。

例如，使用 Jasmin[11]字节码汇编器，`main()`方法的定义方式如下。

```
.method public static main([Ljava/lang/String;)V
    ...
.end method
```

这样看起来便清晰许多。当然，还是必须学习里面的语法，但这要比学习 BCEL 库中的所有内容要容易得多。唯一需要解释的地方就是`[Ljava/lang/String;`和`V`，分别是字符串数组和 `void` 所对应的 Java 类型编码[12]。

从另一方面看，创建新的数据结构很麻烦，特别是当输入模型本来就适合进行分析和处理时，就更没必要付出开发时间和运行时的效率了。例如，当已经得到表示 `main()`方法的 AST 子树时，何必还要再写个 `MethodGen` 类呢？下面是方法定义的 AST 示例（来自模式十一）。

```
class MethodNode extends StatNode { String name;
    Type returnType;
    List<String> modifiers; // public, static, final, ...
    List<ArgNode> args;
    BlockNode body;
    ...
}
```

以此为基础，可以直接输出 Jasmin 代码，并由它生成`.class`文件。

```
void gen(MethodNode m) {                    // 方法节点的访问者
    System.out.print(".method ");
    «print m.modifiers»
    System.out.print(m.name+"(" );
    for (ArgNode a : m.args) gen(a);        // 遍历参数
    System.out.print(")" );
    «println m.returnType»
    gen(m.body);                            // 访问方法体
    System.out.println(".end method");
}
```

即便生成的是高级源代码而不是字节码，这些原则也都适用。

11 http://Jasmin.sourceforge.net。
12 http://java.sun.com/docs/books/jvms/second_edition/html/ClassFile.doc.html#1169。

例如，不用创建表示 Java 程序中语句的 WhileStatement 或 AssignStatement 等对象，而是直接在遍历 AST 的过程中对 Java 代码分别进行处理。下面使用模式十三生成 Java 赋值语句所对应的代码。

```
class AssignNode extends ExprNode { String id; ExprNode valueExpr; }
...
void gen(AssignNode n) {
    System.out.println(n.id+"=");        // 输出左边的部分和'='
    gen(n.valueExpr);                    // 遍历右边的表达式
    System.out.println(";");             // 最后还有';'
}
```

那么，不用构建新的输出模型，而在遍历输入模型时就生成代码，可以节省很多时间。但要注意这种方式有时也会失效。

输出语句好用但不够灵活

只要输入结构和输出结构的顺序能够对应，访问者模式就能直接利用输出语句产生相应的文本输出。其中，访问输入模型的次序必须与生成输出的顺序相吻合。

这就带来一定的限制。以从 Java 代码到 C 代码的翻译为例来说，由于 C 中不支持前向引用，生成 C 代码时，必须在最前头对所有的函数定义进行声明。

```
extern int f(float y);      // f 的声明
extern void g();            // g 的声明
int f(float y) { g(); }     // f 的定义，里面对g()进行了前向引用
void g() { ... }            // g 的定义
```

如果不使用 extern 对 g() 的定义进行前向声明，C 编译器就会对 f() 中调用 g() 的地方报错。所以每一个函数都必须分别进行声明和定义。可以尝试采用如下代码来完成这一工作。

```
void gen(MethodNode m) {
    «计算并输出C的声明语句»
    «翻译Java的方法体并输出C的函数»
}
```

但糟糕的是，这样其实行不通，输出中的声明和定义是交织在一起的。

```
extern int f(float y);      // f 的声明
int f(float y) { g(); }     // f 的定义，里面对g()进行了前向引用
extern void g();            // g 的声明，应该放在f定义的前面
void g() { ... }            // g 的定义
```

由上述可知，必须先获得所有的声明语句，且翻译和输出语句的过程应该分开进行。

将遍历输入和生成输出的过程分离开来

可以采用两种方法来解决这种顺序上的不一致。第一种方法，可以对这些树遍历两次，其中一个用来处理声明，另一个用来生成定义。

```
void genDecl(MethodNode m) {« 计算并输出C的声明语句»}
void genDef(MethodNode m) {« 翻译Java的函数体并输出C的函数»}
```

这种方法确实可行，但是效率不高，因为必须对这棵（很可能非常大的）语法树遍历两次。这是以输出为主导的方法，它需要根据输出顺序从输入模型中抽取信息。

第二种方法只遍历一次，即将收集到的声明信息和定义信息存放在列表中，暂不输出。

```
void gen(MethodNode m) {
    «计算C的声明语句并存放在列表中»
    «翻译Java的方法体并将C的函数放在列表中»
}
```

得到这两个列表之后，就可以一前一后分别输出，从而得到顺序正确的 C 代码文件。这样的以输入为主导的方法可以将输入顺序和输出顺序分离开，不过其代价是需要缓存所有的输出成分。这类代价还是可以接受的。多年来我最重要的经验之一就是：只要方便就应该计算句中的信息并进行翻译，而不是到需要的时候才动手。

下面介绍以输入为主导的方法概况。这种方法不会立刻产生输出，而是存放在字符串中。下面的访问者方法会返回表示赋值语句的字符串。

```
String gen(AssignNode n) {
    String e = gen(n.valueExpr); // 遍历右边的表达式
    return n.id + "=" + e + ";";
}
```

或者，替代手动编写 AST 的访问者，可以使用模式十四。

```
assign returns [String s]
    : ^('=' ID e=expression) {$s = $ID.text + "=" + $e.s + ";";} ;
expression returns [String s] : ... ;
```

用摆棋盘来比喻两种方法

　　摆国际象棋的棋盘需要把所有的棋子都放在自己的位置上。一堆散落的棋子可以看成是输入模型（无序的棋子列表）。如果只考虑摆满一边的棋子，那么输出就是 2×8 的矩阵。以输出为导向的方法会逐个检查棋盘上的空位，每次在输入模型中查找合适的棋子。而以输入为导向的方法会将棋堆中的所有棋子——摆放到合适的位置上。

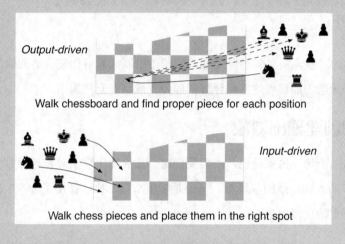

Walk chessboard and find proper piece for each position

Walk chess pieces and place them in the right spot

　　虚线表示以输出为导向的方法在不断地查找合适的棋子。

　　实际上，这里生成的文本和上节中的一样，关键的区别在于不进行即时输出。调用 gen() 或规则 assign 的程序负责决定如何处理这些翻译好的文本。

　　现在回顾至今所学到的东西。翻译过程实际上是创建输入模型，往里面加入语义信息，然后创建合适的输出模型。那些为特定目标所编写的生成类，它们组织的结构也很好，但是构建过程会花费大量的工夫，使用起来也很麻烦。直接生成文本的访问者会方便很多。糟糕的是，简单的输出语句使得输出元素的顺序必须与输入模型的遍历顺序一致。同时，使用通用的编程语言来计算输出字符串也不够优雅。

但是我们并不是无计可施，还可以使用模板。模板就是需要进行填充的文本文档，是生成有结构文本的 DSL 配套的专用生成对象。第 12 章将会仔细探讨模板的细节。

现在先讨论翻译的过程，分析创建输出模型的技术细节。

11.4　创建嵌套的输出模型
Constructing a Nested Output Model

构建翻译器的时候，需要知道匹配输入结构的机制，然后创建合适的输出对象，同时，必须考虑如何将这些翻译好的碎片集成到嵌套结构中。

根据输入的子句创建输出对象

翻译每个输入子句，也就是说，不但要创建合适的输出模型对象，而且要将翻译好的句子插入到合适的位置上。下面是赋值节点示例，使用了 AST 的访问者和目标特定的生成对象。

```
Statement gen(AssignNode n) {
    Expression e = gen(n.valueExpr); // 遍历右边的表达式
    return new AssignmentStatement(n.id, e);
}
```

值得注意的是，实际上没有指明输出的是什么。那样不但会定死翻译过程，而且也不便于阅读，因为两种语言（实现语言应用所用的语言和翻译过程的输出语言）的语法都会搅和在一起。使用这种显式的生成类时，输入模型和输出模型之间的连通管道通常都是构造方法的参数。

将赋值子树映射到对应的输出对象其实是很自然的过程，下面来考虑更复杂的情况：翻译标量、矩阵的乘法运算。两者的语法都一样，但是语义上却有很大的差别。所以，要想创建正确的输出模型，翻译时必须检测待翻译表达式的类型。

```
// 在数学DSL中，匹配标量乘法a x b 和矩阵乘法 A x B
// 假设节点中含有返回值类型，则匹配 ^('x' expression expression)
Expression gen(MultiplyNode n) {
    Expression a = gen(n.left); Expression b = gen(n.right);
    if ( «表达式中含有矩阵类型» )
        return new MatrixMultiply(a, b);
    else
        return new ScalarMultiply(a, b);
}
```

里面的条件表达式«表达式中含有矩阵类型»会判断 AST 节点中的表达式类型，具体做法与模式二十二中类似。

在一个子句中进行调换时，只需改换参数即可。例如，如果要调整标量乘法的操作数的次序，则可以直接调换构造方法中参数的顺序：ScalarMultiply(b, a)。不过，当翻译后的子句位置可能会被打乱时，就需要考虑从整体来组织输出模型了。

将翻译好的子句组织到嵌套模型中

创建输出模型时，必须构建好嵌套的数据结构，以之来组织输出对象。为了便于讨论，在这里还是继续使用特定的生成对象。下面先讨论顺序一致时的输入模型和输出模型，这也是最简单的情况。

假设有了 Java 方法的 AST 输入模型，需要创建 C#语言的输出模型。每个方法都可以返回一个输出对象的访问者，使用访问者方法的地方应该能将返回的这些对象整合到自己的输出对象中。例如，对于 MethodNode，下面的访问者能够返回表示 C#方法的 Method 对象。

```
Method gen(MethodNode m) { return Method(m.id, gen(m.bodyBlock)); }
```

上面的访问者方法能将方法名称和由 gen(m.bodyBlock)翻译好的方法体插入 Method 示例中。下面的访问者方法能对方法体进行翻译。

```
Block gen(BlockNode b) {
    List<Statement> stats = new ArrayList<Statement>();
    for (StatementNode s : b.stats) stats.add( gen(s) );
    return new Block(stats);
}
```

初尝模板的甜头

先为第 12 章的探讨留下伏笔，如果使用模板和 ANTLR 的树文法，则可以使用如下的语句来将输入模式映射到输出中。

```
assign: ^('=' ID e=expression) -> assign(id={$ID.text}, e={$e.st}) ;
```

上面的规则能够匹配输出的赋值语句的树结构，然后创建名为 assign 的模板的实例。这个模板的定义可能如下。

```
assign(id, e) ::= "<id> = <e>;"
```

括号中的两个参数就是需要填入的空位。模板与生成类相似，只不过所有的模板都是由 StringTemplate 这个类衍生而来。

可以使用下面的代码把 axb 映射为正确的输出结构，里面使用了树文法规则、模板构造方法和谓词。

```
// 匹配某个数学 DSL 中的标量乘法 a × b 和矩阵乘法 A × B
// 假设节点中含有返回值类型
// 规则返回模板作为输出模型对象
mult:  ^('x' a=expression b=expression)
       -> {« 表达式中含有矩阵类型»}?
            matrixMult(a={$a.st}, b={$b.st})
       -> scalarMult(a={$a.st}, b={$b.st})
    ;
```

方法收集好翻译完的语句后将其插入返回值 Block 中。在这些语句子树的访问者方法中，应该包含翻译赋值语句的方法，类似如下。

```
AssignStatement gen(AssignNode a) {
    return new AssignStatement(a.id, gen(a.expr));
}
```

如果输出元素的次序与输入不匹配该怎么办？在 11.3 节中已经介绍过，将 Java 翻译到 C 代码时，得为每个函数的定义都生成声明语句。更麻烦的是，这些声明语句必须放置在所有的函数定义之前。那么，如果想将 Java 代码正确地翻译为 C 代码，则必须严格遵循下面的规则。

```
#include <stdio.h>
«结构体» // 包含Java类中的所有字段
«声明» // Java类中所有方法的声明
«definitions» // Java类中所有方法的定义
```

输出模型如图 11.8 所示，图中描述了如何使用访问者方法填充模型。代码中最关键的一点就是"全局"变量 cfile。一般来说，翻译器必须记录输出模型中的几个位置，这些位置通常是当前的文件对象、类或方法。这就跟记住厨房中的冰箱或调味厨的位置一样。只有记住这些，才能高效地放置和整理厨房。

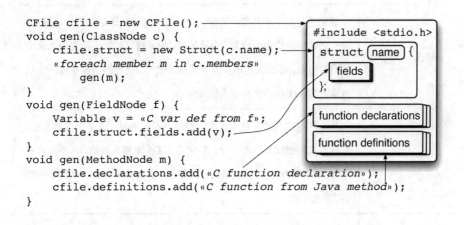

图 11.8 使用 Java 的 AST 遍历器汇编 C 文件模型

ClassNode 的访问者方法会间接调用字段和方法节点所对应的访问者方法。这些方法也需要从根节点（最外层的输出对象）开始将数据插入模型中。访问者方法不需要考虑输出对象的返回，因为它们可以直接插入这些元素。根据我的开发经验，有些访问者方法需要返回，而有些则不需要。

当访问者遍历完输入模型以后，就可以调用根节点 cfile 的 toString() 方法来生成代码了。之后，方法又调用 toString()，将所有根节点以下的元素转换为文本，顺着对象的层级结构递归向下完成代码的生成。调用完 toString() 方法以后，整个模型驱动的翻译过程就结束了。

到目前为止，大家应该已经熟悉这三种翻译策略了，特别是模型驱动的翻译方法。同时，虽然简单的输出语句功能有限，但使用起来比编写特定的输出类要方便很多。第 12 章将会介绍如何使用模板，它在功能和复杂度上是前两者的折中。使用模板，不用编写某些新类，就能创建嵌套的输出结构。不过在此之前，还是先来介绍本章所涉及的几种模式。

模　　式	何　时　使　用
模式二十九	该模式是最简单的翻译机制，里面只用到了输出语句来生成输出，没有创建任何的输出模型。也就是说，如果翻译过程不需要输入流中后面的信息，那么采用语法制导的翻译就行。翻译器所能生成的输出与输入的次序也不会有很大的差异
模式三十	基于规则的系统常常很优雅，但是不容易学习。这是个黑盒系统，所以调试和测试都很不方便。至少对于某些编程人员而言，不太喜欢这一点。如果编程人员的理论背景够强，那么他可能会喜欢这个系统强大的能力
模式三十一	这种模式用最终的输出模型表示模型驱动的翻译器。每种输出语言的结构都有对应的专用类。输出对象的字段会记录所有内嵌在其中的输出对象

29　语法制导的翻译器

目标

本模式采用带有操作的语法或等价的手写解析器来生成文本。

讨论

语法制导的翻译器是混合了动作（代码片段）的文法，它不需要构建内部模型，在遍历的时候生成输出。

如果将动作放在文法中，可能会使文法难以阅读，而且文法也会被局限为翻译功能。有时应该依照模式二十六（其实就是语法制导翻译的实例）将动作从语法中抽取出来。汇编器的文法定义了描述翻译器功能的占位方法。

```
protected void gen(Token instrToken) {;}
protected void gen(Token instrToken, Token operandToken) {;}
protected void defineFunction(Token idToken, int nargs, int nlocals) {;}
...
```

然后，文法中的动作会调用这些方法，以进行翻译。

```
instr
  :  ID NEWLINE {gen($ID);}
  |  ID operand NEWLINE {gen($ID,$operand.start);}
  ...
  ;
```

实现翻译时需要派生出子类来定义具体的方法。

```
/** 定义AssemblerParser的子类,
 *  以实现真正的符号表管理和代码生成*/
public class BytecodeAssembler extends AssemblerParser {...}
```

如果想更方便地动态改变编译器的行为模式，可以传入策略对象作为参数，然后将占位方法移入接口（如 AssemblerBehavior）中，动作所对应的代码类似于 behavior.gen($ID) 而不再是 gen($ID)，从使用汇编器的地方传递 behavior 对象。下一小节的实现中将会使用这种方法。

实现

下面来实现一个类似于 make 的依赖性构建 DSL，能将如下的输入翻译为等价的 Java 程序。

```
«目标文件» : «依赖»
    «创建目标文件的动作»
```

例如，下面是示例 makefile 中的几条规则。

```
t.o : t.c
    gcc -c -o t.o t.c
go: t.o u.o
    gcc -o go t.o u.o
    echo done
```

最终要达到的目标是依此生成 makefile.java。处理流程如下。

```
$ javac *.java              # 构建翻译工具
$ java Maker makefile       # 将makefile 翻译为 makefile.java
$ javac makefile.java
$
```

得到 makefile 的可执行版本之后，就可以用它来生成所需要的目标文件 go。为了生成 go，首先得满足 t.o 和 u.o 这两个依赖关系，然后才能创建 go 文件。

```
$ java makefile go # 生成目标文件 "go"
build(t.o): gcc -c -o t.o t.c
build(u.o): gcc -c -o u.o u.c
build(go): gcc -o go t.o u.o
build(go): echo done
done
$
```

如果第二次运行，应该无输出内容，因为现在已经生成 go，而且其版本比所依赖的文件更新。

```
$ java makefile go          # 现在什么都不用做
$ java makefile clean       # 清除所有的文件
build(clean): rm t.o u.o go
$ java makefile clean       # 错了，文件已经清除过了
build(clean): rm t.o u.o go
rm: t.o: No such file or directory
rm: u.o: No such file or directory
rm: go: No such file or directory
$ java makefile go          # 再次构建
build(t.o): gcc -c -o t.o t.c
...
$
```

由上可知，makefile 收集并输出所有执行时，动作内嵌套所有的内容和错误。

构建辅助代码并定义翻译过程

实现这个 DSL 包括两个关键的部分：一个是翻译器自身；另一个是运行时的支持。

在考虑如何构建翻译器之前，先构建好运行时的辅助代码，并试着手动将 make 文件翻译为 Java 代码。

先来创建一个表示 make 目标的对象，它要包含所有的依赖关系和动作。

Download trans/make/Target.java

```java
public class Target {
    String name;
    List<String> actions = new ArrayList<String>();
    List<String> dependencies = new ArrayList<String>();
```

然后需要用字典数据结构将目标的名称映射为 Target 对象，还需要运行 build() 方法以生成特定的目标对象，这些全都放到 MakeSupport 中。遍历依赖关系及检查文件系统时间戳等不重要的细节暂时略过，并假设这些都已经实现。

下面，重新考虑翻译过程。由于读取 make 中的指令时能生成合适的 Java 代码，所以使用语法制导翻译器就能完成任务。首先试着将下面的示例文件映射为 Java 代码。对于给定 t.o 文件中的目标规则，需要生成类似如下的代码。

```java
target = new Target("t.o");
target.addDependency("t.c" );
target.addAction("gcc -c -o t.o t.c");
targets.put("t.o", target);
```

同时还需要用类中的方法来整合以上代码，大致如下。

```java
import java.io.IOException;
class «makefile的名称» extends MakeSupport {
    public «makefile的名称»() throws IOException {
        Target target = null;
        «目标的代码 »
    }
}
```

类名称和输入文件的名称一样，如 makefile。在这个类里，还需要添加 main() 方法，创建对象的实例。然后读取命令行的参数，再生成所描述的目标类。

```java
makefile m = new makefile();    // 创建 Target 字典
int r = m.build(args[0]);       // 构建目标文件
System.exit(r);                 // 退出
```

这便是整个翻译过程，下面将整个过程自动化，构建文法以调用对应的动作语句。

构建翻译器

前面已经大致介绍，动作接口类中应该有以下这些方法。

```java
public interface MakeGenerator {
    public void start();
    public void finish();
    public void target(String t);
    public void dependency(String d);
    public void action(String a);
    public void endTarget(String t);
}
```

也就是说，会将 MakeGenerator 对象传入 ANTLR 生成的解析器中。

```
@members {
MakeGenerator gen;
public MakeParser(TokenStream input, MakeGenerator gen) {
    super(input);
    this.gen = gen;
}
}
```

下面为类似 make 的 DSL 编写文法。文件的内容基本上是一系列的规则。

```
rules
    :   {gen.start();} rule+ {gen.finish();}
    ;
```

调用方法 start() 和 finish() 以生成 Java 类文件的首尾。

每个规则都以目标文件名开始，带有可选的文件依赖关系，最后至少是一个动作。

```
rule
    : target=ITEM ':' {gen.target($target.text);}
      (i=ITEM {gen.dependency($i.text);})* '\n'
      (ACTION {gen.action($ACTION.text);})+
                        {gen.endTarget($target.text);}
    | '\n' // 忽略空行
    ;
```

一旦匹配目标名称，就调用 `target()`。然后为每个文件的依赖关系调用 `dependency()` 方法，为每个动作调用 `action()` 方法。`endTarget()` 方法能够方便地使用 `put()` 将生成的大目标文件放在 `targets` 字典中。

代码生成器的实现过程简单而繁杂（如果不用模板）。例如，下面的 `start()`，负责生成文件头。

```java
public void start() {
    out.println(
        "import java.io.IOException;\n" +
        "class " +makefile+" extends MakeSupport {\n" +
        "    public " +makefile+"() throws IOException {\n" +
        "        Target target = null;\n");
}
```

大多数方法都要简短些。下面所述是 `target()` 方法。

```java
public void target(String t) {
    t = t.trim();
    out.println("\ttarget = new Target(\""+t+"\");");
}
```

翻译器的 `main()` 方法放在 `Maker` 中，与前面的模式一样，需要创建 ANTLR 生成的语法解析器和词法解析器，区别在于需要把 `JavaGenerator` 作为参数传入。

```java
JavaGenerator gen = new JavaGenerator(makefileName);
MakeParser p = new MakeParser(tokens, gen);
try { p.rules(); } // 解析并调用代码生成器的操作
```

以上就是辅助代码之外的所有内容。这里的解析器实现了类似 make 的 DSL，能够直接生成 Java 代码。编译和运行过程与其他的 Java 程序没有区别。

相关模式

本模式可以算是模型驱动翻译器的低级形式。词法相当于输入模型，生成的文本相当于输出模型。

构建解释器版本

有些人可能有些疑惑，如何才能解释执行 makefile 呢。关键在于创建放置 Target 对象的字典，作为内部模型，用文法动作来创建 Target 对象，并设置依赖关系和动作。

```
rule: target=ITEM ':'
    {Target t = new Target($target.text);}
    (i=ITEM {t.addDependency($i.text);})* '\n'
    (ACTION {t.addAction($ACTION.text);})+
    {targets.put(t.name, t);}
    | '\n' // 忽略空行
    ;
```

30 基于规则的翻译器

目的

基于规则的翻译器使用一些类似"x 对应于 y"的规则来进行翻译，规则则常常是用某种模式匹配引擎的 DSL 编写的。

讨论

使用基于规则的系统时，常常需要输入两项内容：描述输入语句的文法和一组转换规则。需要文法是因为要用它生成模式八中的解析树。解析树具体描述了不同句子和子句的含义。这样能避免类似"对输入中的注释进行错误处理"等情况。尽管这看起来像是在进行文本之间的转换，但实际上是底层的引擎在进行树的改写。

对于复杂的翻译器，不仅要有树，还要添加很多其他的辅助数据结构，如符号表和控制流图（可以知道语句的前后关系）。添加之后，后面的事务就交给引擎，它会以这些数据结构为基础执行各条规则转换。

在实际应用中，如果没有或不需要完整的文法时，我一般使用基于规则的翻译器，它通常只需要抽取并翻译输入中的部分内容。

如果不使用完整的文法来描述所有的输入，那么所有语言元素要么从词法上很容易分辨（带有特殊的字符），要么使用简单的语法就能够分辨。例如，ANTLR 的网站上就有一个使用模糊的 Java 解析器来提取代码中的类、方法、变量定义和方法调用图的示例[13]。

树的变形已经学习过了，下面介绍如何应用词法规则。

实现

下面将简单的 wiki 语言翻译为 HTML 语言。这个问题实际上比想象的要复杂些。如果只是类似从"`foo`"到`<b>foo</b>`的翻译，倒没有什么难度，但是，如果加上列表和表格之后就复杂多了。

定义 Wiki 的语法

首先来看图 11.9 中定义的 wiki 语言的语法，然后对照翻译的示例。源代码的 `t.wiki` 中展示了 wiki 语言的特征。翻译器所生成的 HTML 加上额外的 CSS 文件的显示效果类似于图 11.10。

语　法	描　述
«文件的第一行»	文件中第一行文本是本页的标题
«文本»	粗体的«文本»
_«文本»_	斜体的«文本»
@«url»@	链接到«url»
@«url»|«文本»@	链接到«url»但是显示的文本是«文本»
### «标题»	<h1>标题
## « 标题»	<h2>标题
# « 标题»	<h3>标题
* « 标题»	使用标签<ul>的无序列表。*必须是此行的第一个元素
[«行»]	表，行用--隔开，列用I隔开

图 11.9　简单的 Wiki 语法（类似 Markdown 语法）

13　http://www.antlr.org/download/examples-v3.tar.gz。

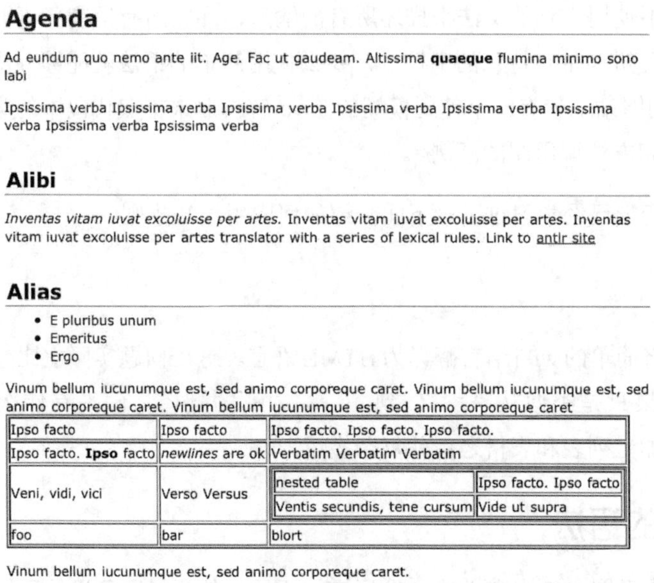

Agenda

Ad eundum quo nemo ante iit. Age. Fac ut gaudeam. Altissima **quaeque** flumina minimo sono labi

Ipsissima verba Ipsissima verba Ipsissima verba Ipsissima verba Ipsissima verba Ipsissima verba Ipsissima verba Ipsissima verba

Alibi

Inventas vitam iuvat excoluisse per artes. Inventas vitam iuvat excoluisse per artes. Inventas vitam iuvat excoluisse per artes translator with a series of lexical rules. Link to <u>antir site</u>

Alias

- E pluribus unum
- Emeritus
- Ergo

Vinum bellum iucunumque est, sed animo corporeque caret. Vinum bellum iucunumque est, sed animo corporeque caret. Vinum bellum iucunumque est, sed animo corporeque caret

Ipso facto	Ipso facto	Ipso facto. Ipso facto. Ipso facto.	
Ipso facto. **Ipso** facto	*newlines* are ok	Verbatim Verbatim Verbatim	
Veni, vidi, vici	Verso Versus	nested table	Ipso facto. Ipso facto
		Ventis secundis, tene cursum	Vide ut supra
foo	bar	blort	

Vinum bellum iucunumque est, sed animo corporeque caret.

图 11.10　从 t.wiki 翻译而来的 HTML 文件

　　翻译器将文件的第一行当做本页的标题。文件中，使用空行来分隔段落、无序列表、小结和表。下面是无序列表的示例。

```
* E pluribus unum
* Emeritus
* Ergo
```

　　列表中以空行结束。表放在方括号之间。每一行用"--"隔开，并且单独占一行以突出其功能。每列用I隔开。下面是表的示例。

```
[
row 1 col 1 | row 1 col 2
--
row 2 col 1 | row 2 col 2
]
```

　　可以观察文件t.wiki，里面有表的嵌套示例、斜体元素示例等。除了wiki的文法识别器，其他文本编辑器都无法识别。这也是这种方法的优点之一。不用声明整个文件的语法，只关注最核心的部分。

　　当然，这个wiki并不复杂，里面的元素也不多，但是足够用来展示基于规则的方法了。

本示例是特地为 ANTLR 所选取的，但是使用任何一种基于规则的方法都得了解特定工具的细节和 DSL。

定义翻译规则和 main 程序

实现部分由两个文件组成：一个是需要有词法规则的文法文件，另一个是需要执行一切操作的 main 程序。下面是 main 程序的核心部分。

```
header(out);
Wiki lex = new Wiki(new ANTLRReaderStream(fr), out);
try {
   Token t = lex.nextToken();
   while ( t.getType() != Token.EOF ) t=lex.nextToken();
}
finally { fr.close(); }
trailer(out);
```

但这只是一个词法解析器，需要循环调用 nextToken()。这样才能让词法解析器处理所有的输入内容。在循环的前后部分，需要调用 header() 和 tailer() 以输出 HTML 文件的首尾。文法是 ANTLR 词法，开启了 filter 选项。那么 ANTLR 就需要顺序尝试所有的规则。因此，当输入能够匹配多条规则时，最终总会使用第一条。最后，放置了 ELSE 规则以便捕获所有不匹配的内容，并且直接输出。

```
ELSE: c=. {out.print((char)$c);} ; // 匹配任意字符并输出
```

文法中有很多有趣的东西。

- 使用语义谓词，以便根据当前行号或字符的位置来控制是否启用规则。语法符号{«表达式»}?实际上也是语义谓词，能够提供当前规则是否可用的额外信息。由于 ANTLR 只在语法信息不足以分析的时候才启用语义谓词，所以这里将要使用一种特殊的语义谓词：{«表达式»}?=>。后面的=>强迫 ANTLR 在选取规则的时候对谓词进行判断。

- 需要记录一些状态信息，类似于"现在正在处理的是列表"。

- （词法分析器中）使用递归，则可以处理嵌套表。规则 TABLE 调用 ROW，ROW 再调用 COL，COL 能匹配较多的 TABLE_CONTENT。而 TABLE_CONTENT 可以匹配任何东西，一直到当前列结束，其中包括嵌套的表和黑体(或斜体)。

第一条规则会匹配标题，只要出现在文件中的第一行，就将其当做标题。

```
TITLE
    : {getLine()==1}?=> TAIL
      {out.println("<title>"+$TAIL.text+"</title>");}
    ;
```

规则 TAIL 起辅助功能（fragment），匹配除了换行符之外的所有字符。

```
fragment
TAIL : ~'\n'+ ;
```

ANTLR 寻找匹配时只会查找没有 fragment 标记的规则。这种规则叫做标准规则，需要显式调用 fragment 规则。TAIL 是单独的规则，因为在 TITLE 里写上$TAIL.text 比较方便。

由于黑体和无序列表的项都是以"*"开头的，所以必须加以区分。根据语法的定义，无序列表的每项中，*都必须出现在每行的最左边。所以只有当*不是第一个字符的时候才使用规则 BOLD。

```
BOLD:  {getCharPositionInLine()>0}?=>
       '*'                             {out.print("<b>");}
       (c=~'*' {out.print((char)$c);})+
       '*'                             {out.print("</b>");}  ;
```

这条规则会匹配单独的*，然后匹配任意非*的字符，再次匹配到*的时候结束。这条规则会直接将匹配到的字符流输出。

大部分 wiki 的结构之前都必须有空行（无序列表、节、表和自然段）。

```
BLANK_LINE
    : '\n\n'         {out.println("\n"); closeList(); }
      ( UL
      | SECTION
      | TABLE
      | /* 段落 */  {out.println("<p>");}
      )
    ;
```

　　调用 closeList() 是为了确保之前匹配并输出的列表最后以 HTML 的 </ul> 标签结尾。匹配到空行后的第一个无序列表项时，很容易输出开头的 <ul> 标签。规则 BLANK_LINE 会在匹配到 \n\n 的时候调用 UL。UL 如下。

```
fragment
UL: '* ' {out.print("<ul>\n<li>"); context.push("ul");} ;
```

　　这条规则使用了 context 栈，能够记录上下文信息。虽然只需考虑无序列表的上下文，但实际上还可能需添加序号列表等其他 wiki 元素。栈为空时，说明当前的上下文环境不是很特殊。无序列表以空行结束，所以遇到空行的时候，需要检查是否有尚未结束的列表，这就是 BLANK_LIST 中调用 closeList() 的原因。closeList() 会弹出 context 栈顶的元素，然后输出合适的 HTML 标签。

```
Stack<String> context = new Stack<String>();
void closeList() {
    if ( context.size()==0 ) return;
    String list = context.pop();
    out.println("</"+list+">");
}
```

　　除了第一个以外，无序列表的其他项不用考虑上下文，直接输出 <li> 即可。

```
LI: {getCharPositionInLine()==0}?=>'* ' {out.print("<li>");} ;
```

　　下面考虑如何处理嵌套的表。这时需要使用递归的规则，这个 ANTLR 的词法规则恰好也支持。表结构的形式大体如下。

```
fragment
TABLE
    : '['                       {out.print("<table border=1\n");}
      ROW ('\n--\n' ROW)* '\n'
      ']'                       {out.print("\n</table>");}
    ;
```

　　最后，TABLE 规则会调用 TABLE_CONTENT，而这个规则中能包含其他的（也就是嵌套的）表。

```
fragment
TABLE_CONTENT
    :    TABLE
    |    BOLD
    |    ITALICS
    |    {!upcomingEndOfCol()}?=> c=. {out.print((char)$c);}
    ;
```

最后一个规则项会匹配所有之前未能匹配的字符。谓词
!uppcomingEndOfCol()的功能是，确保只有在发现某列或新表出现的时候才
会匹配字符。方法 upcomingEndOfCol()会向前检查三个（手动指定的）字符，
以免 TABLE_CONTENT 中没有收纳多余的字符。

```
boolean upcomingEndOfCol() {
    return input.LA(1)=='|' ||
        (input.LA(1)=='\n' &&
        (input.LA(2)=='-' &&input.LA(3)=='-' )||input.LA(2)==']' );
}
```

以上实现示例展示了基于规则的翻译系统的样式，但实际上这比本章导言
部分所讲的规则引擎简陋许多。同时，其中的词法过滤机制既便于学习，又有
一定的用处。

相关模式

使用本模式，可以只描述所关心的模式，跟模式十五中对树的匹配一样。
大多数基于规则的翻译引擎内部都使用了模式八。文中的实现示例使用了模式
二的 LL(k)版本。

| 31 | 特定目标的生成类 |

目的

本模式描述了可以用来表示和生成特定语言中输出结构的类库。

讨论

采用生成类，可以不必使用原始的输出语句来输出程序或数据了，而是将输出代码的语句与其语言的语法隔离开来。这样看来，跟模板的功能有些类似，但区别在于，这里需要为每个输出元素定义自己的类，而采用模板时，只使用 `StringTemplate` 这一个类即可。但不管怎样，产生输出相关的数据都放在对象中。使用特定输出类的唯一(微小)优势在于可以给这些数据字段命名。

每个生成类都具有将对象输出为字符串的方法，通常是 `toString()`。典型的生成类大致如下。

```
class «输出结构» {
    «字段1 »
    «字段2 »
    ...
    «字段N » public «输出结构»(«字段参数») { «设置字段» }
    public String toString() { «根据字段计算输出字符串» }
}
```

下面以输出 **HTML** 为例进行说明。我们可以创建 `Document`、`Head`、`Title`、`Table`、`ListItem` 等类组成类库。例如，`Title` 中记录了标题字符串，它的 `toString()` 方法会输出 `<title>«标题»</title>`。

输出语言不同时，生成类的处理方式自然也会改变，如 HTML 语言演化出不同的版本。但是要记住，使用同样的参数时，这些生成类的输出不会有很大变化。这些类本身就是输出模型的一部分，其职责是要以正确的格式输出文本，而不是进行翻译。

实现

为了展示生成类，下面建立 `Table` 和 `Column` 这两个类来表示 SQL 创建表的语句。SQL 表需要知道表名和每列中的元素。

```
public class Table {
    String name; // SQL表名
    List<Column> columns = new ArrayList<Column>();
    public String toString() {
        StringBuffer buf = new StringBuffer();
        buf.append("CREATE TABLE "+ name+" (\n");
```

```
        int i = 0;
        for (Column c : columns) {
            if ( i>0 ) buf.append(",\n");
            buf.append("    "); // 略有缩进
            buf.append(c);
            i++;
        }
        buf.append(");\n" );
        return buf.toString();
    }
}
```

此外还需要知道每列的列名、类型和属性（类似于 NOT NULL 和 UNIQUE）。

```
public class Column {
    String name;              // SQL列名
    String type;              // SQL类型
    List<String> attrs;       // SQL属性
    public String toString() {
        StringBuffer attrBuf = new StringBuffer();
        int i = 0;
        for (String a : attrs) {
            if ( i>0 ) attrBuf.append(", ");
            attrBuf.append(a);
            i++;
        }
        return name+" "+type+" "+attrBuf.toString();
    }
}
```

使用这些类时，需要创建 Table 实例，为每一列创建 Column 实例，并且填充里面的字段。生成文本时，需要输出 Table 的 toString() 的调用结果。

当然也可以使用模板，而不用 toString() 来生成文本，那样就可以不用某些生成类而只用模板了。

相关模式

生成类可以算是硬编码的模板。

接下来

本章展示了计算机语言翻译的概况。在第 12 章的内容里，将继续深入介绍模型驱动的方法，包括如何使用模板来生成几种 DSL 和编程语言，示例需要几个输入模型，以便创建基于模板的输出模型。

　　在继续介绍之前，我先总结本章的两个重要内容。第一，要想正确地翻译输入语句，仅把输入符号替换为输出符号是远远不够的。必须完全理解输入的语法和语义，然后据此挑选合适的输出结构。第二，使用模型驱动方法时，应该将遍历输入模型的顺序与输出语言的顺序分离开。以输入为主导的方式可以在方便的时候进行计算和翻译。

第 12 章

使用模板生成 DSL

Generating DSLs with Templates

本章比其他章特别一些，因为本章不介绍新模式，而是学习解决实例中的问题。到了这一章，需要研究如何解决大一点的问题，并实践前面所学到的模式。本章将会编写几个模板驱动的生成器，以展示第 11 章里的模型驱动翻译策略。在这个过程中，大家将会看到，语言模式可以解决很多有趣的问题。虽然不会展示具体实现，但是书中已经描绘出应用的基本框架了，以帮助大家尽快上手。

本章始终都会用到模板引擎 StringTemplate[1]（ST）。除此之外还有很多种模板引擎（如 Velocity、XText、Ruby 的 RGEN 和微软的 T4），但是只有 ST 将模型和视图严格地区分开来[2]。也就是说，使用 ST 可以将处理逻辑都放在代码中，而将输出的文本格式放在模板中。这样做的好处是不同的生成器可以复用同一个模板，当然也能根据同一个模型生成不同的语言。

虽然这些示例中都只使用 ST 来生成输出，但本章的主旨还是介绍如何使用通用的模板引擎来生成输出。学完之后，这些技术也都可以应用到其他的模板引擎中。

---

1 http://www.stringtemplate.org。
2 http://www.cs.usfca.edu/~parrt/papers/mvc.templates.pdf。

本章将会使用 ST 来完成以下示例。

- 网页链接的图形展示：这个示例能根据输入的网页之间的链接列表，输出 Graphviz[3] 所用的 DOT 制图文件；会创建简单的输入模型，然后在遍历过程中创建模板的嵌套树型结构。这个示例展示了遍历输入模型并创建模板的基本工作原理。

- AST 的图形展示：这个示例会遍历 AST 并生成 DOT 代码。从中可以发现如何在完全不同的输入模型（这次是 AST）中复用模板，不过在遍历 AST 的时候不会对子树进行匹配，只是生成表示 AST 节点的 DOT 代码。

- C 代码生成器：它将使用模式十四来根据 Cymbol 的 AST 生成 Cymbol 代码。这个示例将会匹配子树并且将其映射到合适的模板中。这是用来进行翻译的生成器，用通用编程语言来描述"如果这样，则那样"的转换规则。

- SQL 视图生成器：它以 Java 反射机制的 API 为输入模型，能够生成 SQL 的 CREATE TABLE 语句。SQL 描述了一种视图，适合用于存储简单的 Java 对象。我们可以通过这个示例熟悉 ST 的关键原理，将模板批量应用到数据元素的列表中（ST 没有 foreach 循环）。

- SQL 和 Java 代码联合生成器：最后一个示例综合了许多要素，阐释了如何构建可以更换目标的代码生成器。示例代码既能生成上一个示例的 SQL 视图，又能生成相关的 Java 序列化方法。生成器使用了同样的输入模型和不同的模板来创建不同的输出结构。

在介绍这些实例之前，先构建一个简单的代码生成器，在这个过程中熟悉 ST。

12.1　熟悉 StringTemplate
Getting Started with StringTemplate

ST 的模板就是一大堆文本，里面含有夹在括号之间的表达式：<表达式>。当然，也可以自定义为 $表达式$。ST 只会关注表达式，而把其他的内容当做需要分开的文本。实际上，ST 只是个微小的库（并不是专用工具或大的服务），里面包含两个关键的类，即 StringTemplate 和 StringTemplateGroup。

---

3 http://www.graphviz.org。

使用时,既可以用字符串作为参数创建 `StringTemplate` 对象,又可以用 `StringTemplateGroup` 从模板组中载入模板。

生成输出的基本思路就是创建模板,然后在里面嵌入一些属性(也就是 Java 对象)。模板中的表达式需要根据这些属性生成输出字符串,如果属性本身也是模板,就相当于创建了带有层次结构的嵌套模板。

初次使用 ST 时,首先需要让 Java 能够找到 ST 库。为了使用方便,本书配套的源代码的 `antlr-3.2.jar` 中含有 ANTLR 相关的类和库,其中也包括 ST[4]。此外,还可以从网上下载 ST 和配套的 ANTLR v2.7.7[5](比当前使用的 v3 版本要老一些)。最好将这些 JAR 添加到系统的 `CLASSPATH` 环境变量中。

下面是生成赋值语句的简单示例(在代码目录的 `code/trans/intro` 中)。

```
import org.antlr.stringtemplate.*;
import org.antlr.stringtemplate.language.*;
...
String assign = "<left> = <right>;";
StringTemplate st = new StringTemplate(assign,
                                AngleBracketTemplateLexer.class);
st.setAttribute("left", "x");     // 属性的左边是字符串
st.setAttribute("right", 99);     // 属性的右边是字符串
String output = st.toString();    // 将模板输出为字符串
System.out.println(output);
```

创建模板很简单,只需将字符串传入 `StringTemplate` 的构造函数中。上面的示例中还设置了让 ST 使用尖括号来分隔表达式。创建好模板之后,再插入 `left` 和 `right` 属性,然后就可以调用 `toString()`,让模板进行计算了。

如果要练习这个示例,可以进入代码目录,遍历 `Test.java`,然后运行。

```
$ cd root-code-dir/trans/intro
$ ls
Test.java antlr-2.7.7.jar stringtemplate-3.2.jar
```

---

4 http://www.stringtemplate.org/download.html。
5 http://www.antlr2.org/download//antlr-2.7.7.jar。

```
$ javac -cp ".:antlr-2.7.7.jar:stringtemplate-3.2.jar" Test.java
$ java -cp ".:antlr-2.7.7.jar:stringtemplate-3.2.jar" Test
x = 99;
$
```

如果前面已经将 JAR 包的路径添加到 CLASSPATH 中，就不需要-cp 选项来特意指定了。

既然已经大体上了解了模板及其使用方式，那么下面继续介绍 ST 的四个基本操作。

- 属性引用，如：ST 会在此模板的属性字典中查找 user 来计算这个表达式的值，然后调用其 toString()方法。如果属性有多个值（如数组、List、Map 等），ST 会挨个调用它们的 toString()方法。

- 模板引用：在模板中引用其他的模板就好像#include 或宏展开一样。能够将被引用的模板嵌入到当前模板中，加深了当前模板的嵌套层数。生成 Java 代码之后，可以将公共的 import 语句抽取出来，放在单独的模板中，取名为 imports。而在主 Java 文件模板中，使用表达式<imports()>就能将这些 import 语句包含进来。

- 条件包含：ST 可以根据条件判断来决定是否包含子模板，是否含有某个属性等条件。举例来说，下面的条件判断语句会根据是否包含 retValue 属性（在属性字典中判断对应的条目是否为空）而从两个字符串中选择一个作为输出。

  <if(retValue)>return <retValue>;<else>return;<endif>

  ST 中唯一的特例就是对 Boolean 对象判断其本身的值，而不去判断有没有这个属性。

- 应用模板：ST 中没有 foreach 循环，而是能直接应用到多值属性上（相当于函数式编程语言中的 map 操作）。例如，<strings:def()>会将 def 模板应用到 strings 元素属性上，其中的冒号 ":" 相当于应用操作符。ST 自动为属性 strings 中的每个元素都创建 def 实例，向其传入 strings[t]，然后对模板求值，变为文本。

  有时将模板进行内联会更方便些。例如，有函数名的列表，可以使用以下的表达式生成对它们的调用。

  <names:{n | <n>();}> // 参数n会遍历names

  如果 names 中是 f 和 g，那么这个表达式的输出结果就是 f();g();。

示例中构建好的整个模板其实是一棵模板树。总体模板包含子模板，而子模板自己又有下层的子模板，等等。假设现在需要生成 C 代码的文件，可以用几个函数模板来拼成总体模板。函数模板是由语句模板拼起来的，而语句模板中又有表达式模板。

模板的继承关系相当于解析树，这里构建的是"未解析的树"。解析树中的内部节点是规则，而叶节点是词法单元。嵌套模板树的内节点是模板，而叶节点是属性。得到这个树以后，就可以通过递归遍历把它转换为文本。从根模板开始调用 toString()，那么会自动调用每个子模板的 toString()，然后依次往下，直到最底层的属性叶节点。

ST 还有很多其他模板引擎所没有的有趣特点和性质。下面快速浏览一下。

12.2 StringTemplate 的性质
Characterizing String Template

ST 是动态类型的纯函数式语言，具有动态作用域和延迟求值等特性。这几个重点标出的词语有着很重要的性质，下面介绍它们的定义。

- 动态类型：ST 使用 toString() 将属性转换为字符串。由于每个 Java 的对象都有这个方法，故 ST 可以用在任何一个 Java 对象上。而且如果需要查看属性 a 的 b 属性（也就是 a.b），那么程序员必须确保运行时属性 a 确实有个叫做 b 的属性。Python 和 Ruby 对这一点应该很熟悉。

- 纯函数式：所有的表达式都没有副作用。ST 无法直接修改外部传入的值或数据结构。当然，甚至可以让某个 toString() 方法格式化硬盘，ST 也无法阻止这一点。最终的结果就是 ST 可以按照需要的任意顺序，来对各个模板中的表达式进行求值。

- 动态作用域：在大多数编程语言中，如果函数 f() 调用了函数 g()，那么 g() 就无法引用 f() 的局部变量。也就是说，它们都是静态作用域的。不过对于 ST 这种 DSL，使用动态作用域会更好。想象最上层有个 file 模板，它嵌套了很多 method 模板。动态作用域意味着每个 method 都能使用 file 的属性，如文件名属性 filename。

- 延迟求值：延迟求值包括两方面。首先，ST 只会计算需要用到的值，例如 `if` 语句，只有在条件判断为 `true` 时才会执行 `then` 子句中的代码。其次，有了延迟求值，就可以在表达式所依赖的每个属性和嵌套模板都就绪了以后才开始计算表达式。正如使用 Python 在开始使用 `eval` 执行之前构建字符串一样。字符串中可以使用任意变量，Python 不会提前对这些引用求值。只需要保证在执行 `eval()` 之前，所有的变量都就绪即可。下面是 Python 的示例。

```
>>> e = 'x'+'*'+'10' # x还未定义就引用它
>>> x=3 # 在对表达式"x*10"求值之前必须定义x
>>> print eval(e)
30
```

在模板中使用延迟计算之后，可以在构建模板树的时候以任意顺序注入属性，而不用担心是否会过早计算。只要保证在调用 `toString()` 之前把所有的值都准备好即可。12.7 节中的一些模板都会依赖延迟计算特性。

下面开始介绍示例。

12.3　从一个简单的输入模型生成模板
Generating Templates from a Simple Input Model

为了编写或调试文档，常常需要将一些内部数据结构用图形展示出来，如树或网络图。这是锻炼生成代码能力的好机会。可以使用开源的图形化工具 Graphviz 的 DSL-DOT 来描述图形。

作为示例，下面来绘制网页之间的链接关系。从中能学到根据输入模型创建输出模板的基本原理。将从一系列的 `Link` 对象生成很多类似 `from->to` 的边定义，并输出到 DOT 文件中，当然还需要生成一些辅助语句。

```
digraph testgraph {
    node [shape=plaintext, fontsize=12, fontname="Courier", height=.1];
    ranksep=.3;
    edge [arrowsize=.5]
    "index.html" -> "login.html"
    "index.html" -> "about.html"
    ...
}
```

我们可以忽略上文中的node、rankseo和edge的定义。它们只关系到图中元素的大小。最为关键的就是如何生成输出，而不是到底要生成什么。

为了方便起见，首先创建 LinkViz 类，其 toString() 方法会使用 ST 来生成正确的 DOT 文件，然后可以添加一些网页链接，并在最后输出 DOT 文件。

```java
LinkViz viz = new LinkViz();
viz.addLink("index.html", "login.html");
viz.addLink("index.html", "about.html");
viz.addLink("login.html", "error.html");
viz.addLink("about.html", "news.html");
viz.addLink("index.html", "news.html");
viz.addLink("logout.html", "index.html");
viz.addLink("index.html", "logout.html");
System.out.println(viz.toString());
```

图 12.1 是使用 Graphviz 运行最终生成的 DOT 文件所得到的图。

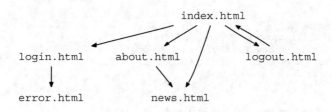

图 12.1　链接图

LinkViz 就是 Link 对象的列表。

Download trans/web/LinkViz.java
```java
List<Link> links = new ArrayList<Link>();
public static class Link {
    String from;
    String to;
    public Link(String from, String to) {this.from = from; this.to = to;}
}
```

LinkViz 的 toString 方法会遍历这些链接，创建 edge 模板，并且将其嵌入 file 模板中。

Download trans/web/LinkViz.java
```java
public String toString() {
    StringTemplate fileST = templates.getInstanceOf("file");
    fileST.setAttribute("gname", "testgraph");
    for (Link x : links) {
        StringTemplate edgeST = templates.getInstanceOf("edge");
        edgeST.setAttribute("from", x.from);
        edgeST.setAttribute("to"  , x.to);
        fileST.setAttribute("edges", edgeST);
    }
    return fileST.toString(); // 将模板转换为文本
}
```

注入属性值时，可以使用名-值对来调用 setAttribute() 方法。如用同一个属性名称多次调用 setAttribute()，就会创建列表，如 edges，而不是替换之前的值（所以实际上取名为 addAttribute() 更贴切些）。在执行 toString() 之前，还得先从模板组文件中调出模板库。构造如下函数。

Download trans/web/LinkViz.java
```java
public LinkViz() throws IOException {
    FileReader fr = new FileReader("DOT.stg");
    templates = new StringTemplateGroup(fr);
    fr.close();
}
```

下面是模板的内容，首先是最上层的 file 模板。

Download trans/web/DOT.stg
```
file(gname,edges) ::= <<
digraph <gname> {
    node [shape=plaintext, fontsize=12, fontname="Courier", height=.1];
    ranksep=.3;
    edge [arrowsize=.5]
    <edges; separator="\n">
}
>>
```

它将会接受两个属性：一个是图的名称，另一个是 edge 模板。第一个 ST 表达式<gname>调用了 gname 属性，表达式的值就是通过 setAttribute() 传入的属性。第二个表达式<edges; separator='\n'>将会分隔开在所有 edges 元素上调用 toString() 所得到的返回值。separator 表示用换行符隔开每条边，因此每条边都自占一行。

模板 edge 还有两个属性，也需要通过 LinkViz 的 toString() 来传入。

```
edge(from,to) ::= <<"<from>" -> "<to>" >>
```

这样，代码生成器就分解为一个小的输入模型和一小段用来遍历那个数据结构的代码，以及两个模板。在遍历的过程中创建模板，并注入属性（在以输入为主导的模式中）。但是只有在创建完整个模板树之后，才会进行计算或输出。

为什么连这样一个简单的生成问题也要费劲地使用模板？实际上，只需用简单的输出语句或将字符串进行缓冲就能生成同样的内容。但如果突然需要将整个 DOT 输出内容都集成在另外的数据结构中，输出语句就行不通了。而缓冲字符串也不够灵活，第 11 章已经讨论过，输出的片段会夹杂在具体实现时所用的 Java 代码中。

下一小节还会看到在输入模型大相径庭的情况下，如何运用模板。

12.4　在输入模型不同的情况下复用模板
Reusing Templates with a Different Input Model

在本书中，已经多次使用 AST，大家一定想用图将其表示出来。例如，不通过手动绘制本书中的所有 AST 图，而是通过遍历 AST 来生成 DOT 脚本。使用的模板跟上一节中的很相似。由于之前的模板并没有绑定在网页链接模型上，所以还能拿来用在本节中，构建 AST 绘制工具。

为简单起见，假设这些树都是使用模式九构建出来的。对于类似(VAR int x (+ 3 3))的树，需要生成效果如下图所示的 DOT 脚本。

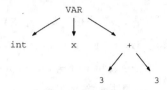

还是要生成带边的 DOT 脚本。但是必须先定义节点，然后才能在定义边的时候指向它们。由于要使用不同的名称，所以 DOT 中必须使用不同的树节点。由于有两个写着"3"的节点，故在 DOT 脚本中，必须为其制定不同的名称。输出如下所示。

```
...
node4 [label="+"];
node5 [label="3"];
node6 [label="3"];
...
node4 -> node5
node4 -> node6
...
```

模板都已经介绍过了，所以只看其与前面模板的区别。

首先需要在 `file` 文件前添加一行。

```
file(gname,nodes,edges) ::= <<
digraph <gname> {
    ...
    <nodes; separator="\n">      <! 新加的 !>
    <edges; separator="\n">
}
```

那个新加的表达式会将所有的节点用换行符分隔开，跟边的处理方式一样。`<!...!>` 之间省略的是注释。还需要 `node` 模板。

```
node(name,text) ::= <<
<name> [label="<text>"];
>>
```

绘制对象会给每个节点起一个独特的名字作为 ID，以便与所要显示的字符串关联起来。

```
protected StringTemplate getNodeST(Tree t) {
    StringTemplate nodeST = templates.getInstanceOf("node");
    String uniqueName = "node"+counter++; // 使用计数器，以便提供不同的名称
    nodeST.setAttribute("name", uniqueName);
    nodeST.setAttribute("text", t.payload);
    return nodeST;
}
```

与前一节的做法一样，这里会创建绘图对象，用它的 `toString()` 方法创建 `file` 模板，然后将这个对象输出为文本。唯一的问题就在于这里的输入模型是树。对于 `Link` 对象，没法方便使用列表来管理。这里有两个解决方案，一是与上一个示例一样，在遍历的时候创建链接对象的列表，二是在遍历树的时候创建 `edge` 模板。如果将这些 `edge` 模板填充到 `file` 模板的 `edges` 属性中，ST 引擎会自动生成列表。

```
/** 向fileST中填入节点和边; 然后返回子树根节点的ST */
protected StringTemplate walk(Tree tree, StringTemplate fileST) {
    StringTemplate parentST = getNodeST(tree);
    fileST.setAttribute("nodes", parentST); // 定义子树的根节点
    if ( tree.getChildCount()==0 ) return parentST;
    // 为每个子节点创建节点/边，并注入到fileST中
    for (Tree child : tree.children) {
        StringTemplate childST = walk(child, fileST);
        Object from = parentST.getAttribute("name");
        Object to = childST.getAttribute("name");
        StringTemplate edgeST = getEdgeST(from, to);
        fileST.setAttribute("edges", edgeST);
    }
    return parentST;
}
```

首先会为当前节点创建 `node` 模板，然后将其注入 `file` 模板中，最后递归遍历节点的子节点（如果有）。`walk()` 方法会返回为参数 `tree` 创建的 `node` 模板。

如果要创建从父节点到子节点的 `edge` 模板，必须知道子节点的 ID，这可以通过方法 `getAttribute()` 来获取。将模板转换为文本的过程可以自下而上地设置并读取模板中的属性。当 `walk()` 创建完 `edge` 模板之后，就会调用 `setAttribute()` 将其注入 `file` 模板中。

该示例能为任意结构的 AST 生成 DOT 绘图脚本，但是无法根据子树的结构或内容来生成不同的代码。然而，为了翻译，需要区分变量定义、赋值语句之类的 AST 子树结构。下一节的实例将会展示如何为不同的子树生成不同的模板，再将它们组合起来。

12.5　使用树文法来创建模板
Using a Tree Grammar to Create Templates

有相当多的翻译器输入、输出的都是同一种语言。这种翻译器也很有用，能做很多事：重构、格式调整、插桩或化简源代码。这一节中构建的翻译器会读入 Cymbol 语言的代码（模式十九中介绍的 C++语言的子集），输出的代码与之差异不大。例如，对于下面的 Cymbol 代码。

```
void f(int a[], int x) {
        if ( x>0 ) return;
        else x = 10;
        a[3] = 2;
}
```

读入之后，翻译器将会输出如下代码。

```
$ java Test s.cymbol
void f(int *a, int x) { // "int a[]" 变成了 "int *a"
   if ( (x > 0) ) return ;
   else x = 10;
   a[3] = 2;
}
$
```

这个翻译器采用最常见的架构，含有三个组件：构造 AST 的解析器文法（Cymbol.g）、构建模板输出模型的树文法（Gen.g），以及真正的模板（Cymbol.stg）。

树文法中的每条规则都会生成一个模板，这个模板能够表示一条翻译后的语句。遍历树的时候会根据规则，将一个规则返回的模板作为子模板注入到父模板中，使用这种方式最终将各个模板嵌套为很多层。那么，输入模型的遍历过程就决定了输出模型的结构，而模板描述了输出的样式。

采用这种方法，很容易就能将生成器移植到另外的应用中。树文法只关心模板中的名称和属性，而不关心模板的内部结构。因此，如果想改变输出语言，只需要替换模板即可。许多编译器都需要给不同处理器生成不同的机器码，它们大都使用这种方法，即使用树文法将 IR 表达式与汇编代码模式对应起来。

不过，如果想输出从本质上有区别的语言，仅修改模板中的文字还不够，还需要改变模板的嵌套结构。12.7 节将这种嵌套结构也放在模板中，方便修改和控制。

构建 AST 这部分已经讨论过了，这里主要介绍生成器组件，即探讨树文法和模板。先从简单的东西开始介绍，以免一下子接触所有树文法而感到不知所措。

比较访问者和树文法

为了方便理解树文法规则构建模板的过程，这里将其与访问者方法来进行比较。下面是匹配赋值语句子树并返回 assign 模板的树文法规则。

```
assign : ^('=' ID e=expression) -> assign(a={$ID.text}, b={$e.st})
```

模板参数列表相当于文法和模板之间的结构。负责将属性注入 assign 模板中。

a={$ID.text}将属性 a 设置为标识符名，b={$e.st}将属性 b 设置为规则 expression 所返回的模板。模板本身其实是下面这样的。

```
assign(a,b) ::= "<a> = <b>;"
```

如果需要手工创建，可以采用类似如下的访问者方法（假设使用的是 ANTLR 的同型 CommonTree 节点）。

```
StringTemplate genAssign(CommonTree n) { // 匹配 ^('=' ID expression)
    CommonTree idAST = (CommonTree)n.getChild(0);
    String id = idAST.getText();
    CommonTree exprAST = (CommonTree)n.getChild(1);
    StringTemplate exprST = gen( exprAST );
    StringTemplate st = templates.getInstanceOf("assign");
    st.setAttribute("a", id);
    st.setAttribute("b", exprST);
    return st;
}
```

可以看到，手工创建访问者方法不但工作量大，而且代码冗长。进行比较之后，现在再考虑模式十四。这是第一次出现有一定工作量的任务。

使用树文法创建模板

树文法需要设定两个选项。`tokenVocab` 选项指定用于创建树的解析文法，`output` 表明创建的是嵌套的模板。

```
tree grammar Gen;
options {
  tokenVocab = Cymbol;
  ASTLabelType = CommonTree;
  output = template;
}
```

我们在学习规则的时候会注意到，树文法中没有指定任何具体的输出内容。所有跟输出语言相关的内容都封装在模板中。同样，模板中也没有任何跟模型的处理相关的逻辑。模型和视图分离开了，这是代码生成器能够输出不同语言的关键所在。

下面介绍最顶层的规则 `compilationUnit`，它能匹配各种各样的声明语句。

```
compilationUnit
    : ( d+=classDeclaration | d+=methodDeclaration | d+=varDeclaration )+
      -> file(defs={$d})
    ;
```

这条规则中使用了列表连接符**+=**，能将所有声明语句规则所返回的模板连接成模板列表。前面指定了选项 `output=template`，所以每条规则都返回 `st` 属性。操作符 `->` 指定为规则所创建的模板。使用 `setTemplateLib()` 将 `StringTemplateGroup` 传入树遍历器中，而 **ANTLR** 就在里面查找需要的模板。

规则依据模板参数列表中的属性赋值语句将数据插入模板中。本例中就将 `defs` 属性赋值为这条规则所收集的模板列表。

不但要匹配多种参数，文法中还需要匹配附加的项。例如，匹配类的定义时，可能需要匹配这个类所继承的超类。

```
classDeclaration
    :   ^('class' name=ID (^(':' sup=ID))? m+=classMember+)
        -> class(name={$name.text}, sup={$sup.text}, members={$m})
    ;
```

附加的项命名为 sup，方便从模板参数列表中使用它。如果规则没有匹配到超类，$sup 的值就是 null。遇到使用其属性的语句时，如$sup.text，ANTLR 会自动检查空指针异常。

某些规则什么也不做，只是调用其他的规则。还有些规则会从某一个节点创建模板。例如，下面的 type 规则就是这种情况。

```
type:   primitiveType      -> {$primitiveType.st}
    |   ID                 -> {%{$ID.text}}
    ;
```

第一行会调用规则 primitiveType，然后返回其模板。-> {...}表示返回花括号内表达式所指定的模板。第二行会匹配 ID 节点，然后使用-> {...}创建模板。本例中使用了 ANTLR 操作中的助记符。ANTLR 会将%{x}翻译为new StringTemplate(x)。那么表达式{%{$ID.text}}会根据 ID 节点的文本创建模板。

在解析选项列表中也可以使用助记符，如规则 primitiveType。

```
primitiveType
@after {$st = %{$text};}
    : 'float'
    | 'int'
    | 'char'
    | 'boolean'
    | 'void' ;
```

@after 的意思是将待返回的模板 st 设置为本条规则所匹配的文本。使用助记符，就不用在每行后面都加操作符->了。

在分析模板之前，还得关注一个比较复杂的地方。下面的规则 op 能匹配二元操作符，如<和<=这种关系操作符。

```
Download trans/ast-st/Gen.g
op
// 操作符的文本是 $start.getText(); 其中$start 是op词法单元的根节点
@after {$st = %operator(o={$start.getText()});}
    :  bop | relop | eqop
    ;
```

跟在primitiveType中一样，可以使用@after操作来设置待返回的模板。但是这里不能使用%{$text}这种操作符从节点创建模板并加以返回。这里存在两个问题。第一个问题是，<是模板表达式的分割符，如果用 new StringTemplate("<=")创建模板，StringTemplate会出错，因为<的后面应该跟随的是模板表达式。那么需要创建带有一个属性的模板，以便嵌入操作符的字符串。所以需要模板 operator。

```
Download trans/ast-st/Cymbol.stg
operator(o) ::= "<o>"
```

第二个问题是如何根据操作符节点的文本来创建模板。在树文法中，$text 的值是解析器创建子树所使用的输入文本。例如，匹配 while 语句的规则中，$text 表示的就是最初的整个 while 语句，而不只是那五个字符。不过，这里并不需要表达式的的原始文本，因为可能想将它翻译为其他东西。比如，对于输入 3+4，解析器创建的树是^(+ 3 4)。op 的$text 就是 3+4 而不是 +，所以创建模板时使用$start.getText()，而不是$text。

树文法中值得注意的也就是这些了。其他的规则中并没什么新的内容，那么现在可以继续分析模板了。

定义 Cymbol 模板

最上层的抽象过程中，Cymbol 就是各种定义组成的列表。使用 file 模板将它们用换行符隔开，一一输出。

```
Download trans/ast-st/Cymbol.stg
file(defs) ::= <<
<defs; separator="\n">
>>
```

类定义模板还要处理可能出现的超类。

```
Download trans/ast-st/Cymbol.stg
class(name, sup, members) ::= <<
class <name> <if(sup)>: <sup><endif> {
    <members>
};
>>
```

ST 表达式`<if(sup)>: <sup><endif>`表示，如果有超类，就在前面加上"："并输出，在参数列表中设置 `separator` 选项，参数输出的时候用逗号作为分隔符。

```
Download trans/ast-st/Cymbol.stg
method(name, retType, args, block) ::= <<
<retType> <name>(<args; separator=", ">) <block>
>>
```

方法体使用 `block` 模板（树文法中 `methodDeclaration` 规则就会调用规则 `block`，返回 `block` 模板）。

```
Download trans/ast-st/Cymbol.stg
block(stats) ::= <<
{
    <stats; separator="\n">
}
>>
```

解析器在解析时会略去那些花括号，所以这里必须手动加上。对于 `if` 语句来说，有时显得小心过度，但确实得把一组相关的语句放在同一个块中。`if`规则中可以看到，`stat1` 和 `stat2` 周围并没有花括号。

```
Download trans/ast-st/Cymbol.stg
if(cond, stat1, stat2) ::= <<
if ( <cond> ) <stat1>
<if(stat2)>else <stat2><endif>
>>
```

下面要关注的模板是 `call`。里面不使用任何新东西，但是需要学习它的属性列表是怎样处理调用模板的。

```
Download trans/ast-st/Cymbol.stg
call(name, args) ::= <<
<name>(<args; separator=", ">)
>>
```

模板能够处理表达式内的方法调用，也能处理一般语句中的方法调用。语句中的方法调用只需要在结尾处使用分号来表现出来。

```
callstat(name, args) ::= "<call(...)>;" // call() 承接了语句开头处的name和args
```

让 callstat 来调用 call 显得很自然，只有参数列表中的省略号比较奇怪。意思是说，希望 callstat 的属性直接在调用 call 的时候传入。一般情况下，如果模板 x 调用了模板 y，y 的形式参数会覆盖 x 的同名参数，因为定义形式参数的时候必须采用新的值。这样处理不会让人感到突兀，而且也能确保在手动设置之前，参数值都是空的。

下面几条规则里也是自动传入参数的，这比手动传入参数要方便得多。

```
decl(name, type, init, ptr) ::=
    "<type> <if(ptr)>*<endif><name><if(init)> = <init><endif>"
var(name, type, init, ptr) ::= "<decl(...)>;"
arg(name, type, init, ptr) ::= "<decl(...)>"
```

模板 decl 中嵌入的 var 和 arg 都使用省略号，以自动传入同名属性。

模板其他地方的含义都很明显，跟前文中的类似。

使用翻译器

下面构建测试代码，以便对翻译器进行试验。

```
// 载入模板（通过classpath）
FileReader fr = new FileReader("Cymbol.stg");
StringTemplateGroup templates = new StringTemplateGroup(fr);
fr.close();
// 为树解析器创建节点流
CommonTreeNodeStream nodes = new CommonTreeNodeStream(tree);
nodes.setTokenStream(tokens); // 词法单元的来源
Gen gen = new Gen(nodes);
gen.setTemplateLib(templates);
Gen.compilationUnit_return ret = gen.compilationUnit();
System.out.println(ret.getTemplate());
```

跟前面一样，先用 `StringTemplateGroup` 载入模板 `Cymbol.stg`。然后使用解析器返回的 AST 创建树解析器。为了让它创建模板，必须通过 `setTemplateLib()` 来设置模板组。从 `compilationUnit` 返回的模板就是模板树的根节点，也就是要输出的模板。

编译软件的过程如下。

```
$ java org.antlr.Tool Cymbol.g Gen.g
《ANTLR的警告，可以忽略》
$ javac *.java
$ java Test s.cymbol
void f(int *a, int x) {
...
$
```

现在通过遍历一些较为简单的输入模型创建模板。最初是遍历链接的列表，然后是 AST。不用考虑 AST 的符号表或类型信息。而且，尽管这个示例中有很多模板，但是任务量都很小。如果想学习构建更复杂的翻译器，就要研究一些更大、更复杂的模板。下面的两个示例就是这样的大项目，它们会生成 SQL 和 Java 代码以便建立对象到关系数据库的映射工具。里面的输入模型是 Java 的反射 API，其本质就是运行时可用的符号表。

12.6 对数据列表使用模板
Applying Templates to Lists of Data

建立对象到关系数据库的映射，算是应用代码生成的典型代表。本节会根据 Java 类定义来生成 SQL 模式，建立这种映射。为了简便起见，只处理几种和 SQL 类型有明显对应关系的 Java 类型（如整型数、字符串、浮点数、双精度浮点数和 Data（日期）对象）。

这个生成器中将会使用 Java 的反射 API 作为输入模型，然后跟前一节一样创建带有嵌套结构的多级模板。不过，要编写这个应用还需要一些新的技巧，需要熟练地对输入模型进行筛选和过滤，然后将模板应用在数据上。由于 ST 是高级的 DSL，因此里面不带有 `foreach` 之类的循环结构。可以将模板"应用"或"套用"到多值属性上，这在 12.1 节里面已经介绍过了。

本节中的内容可分为三个部分。首先,将考虑如何用表的行和列来表示 Java 对象;然后,对输入模型进行过滤,并得到字段的列表(包括数组和非数组);最后,将这些列表作为模板的输入,以创建正确的 SQL 的表定义脚本。

使用关系数据库表示对象

对于对象到关系数据库的映射,最基本的思想就是将类对应于表,字段对应于表中的列。那么一个对象就相当于表中的一行。例如,要想将下面类型的对象存放到(序列化)数据库中。

```java
public class Person {
public String name;        // 单值字段
public String SSN;
public Date birthDay;
public int age;
public String[] roles;     // 多值字段
public Date[] vacation;
```

单值字段相当于数据库中 Person 表的列。而多值的数组字段并不直接映射为列。也就是说,需要为这些字段建立下级子表。这些子表中的行存储了对象中数组字段的所有值。每一行都用外键来表示自己在主表中的拥有者。图 12.2 中是 roles 和 vacation 字段的子表,它们指向 Person 主表中对应的项。其中,Person_ID 字段就是外键。根据这些表,可以了解到 Ter 的 Person 对象有两个 roles(mgr 和 coder),但是没有 vacation。因为在表 Person_vacation 中列 Person_ID==1 的地方没有任何项。

要创建数据库模式,就得生成一些 SQL 代码。首先需要用表来存储这些单值字段。

```sql
CREATE TABLE Person (
    ID INTEGER NOT NULL UNIQUE PRIMARY KEY,
    name TEXT,
    SSN TEXT,
    birthDay DATETIME,
    age INTEGER
);
```

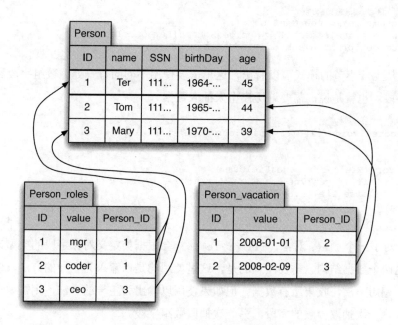

图 12.2 使用外键将 Person 对象映射到数据库

然后，需要为每个多值字段创建新的表。例如，下面是数组字段 roles 所对应的子表。

```
CREATE TABLE Person_roles (
    ID INTEGER NOT NULL AUTO_INCREMENT UNIQUE PRIMARY KEY,
    roles TEXT,
    Person_ID INTEGER NOT NULL
);
```

这里，需要掌握一定的 SQL 语言细节。首先考虑如何生成 SQL，构建生成器的第一步就是考虑如何从模型中抽取数据，并注入模板中。

从输入模型中抽取数据

生成 SQL 模式之前，测试程序首先会创建 GenSchema 的对象，然后以 Person 的类型定义为参数调用 genSchema()。

```
Download trans/sql/GenSchema.java
GenSchema gen = new GenSchema();
StringTemplate schemaST = gen.genSchema(Person.class);
System.out.println(schemaST.toString());
```

从上一小节的模式可以看出，这里需要使用不同的方式处理数组字段和一般字段。也就是说，需要遍历模型来抽取数据。

```
Download trans/sql/GenSchema.java
protected void filterFields(Class c, List<Field> fields,
                            List<Field> arrayFields)
{
    for (Field f : c.getFields()) {
        if (f.getType().isArray()) arrayFields.add(f);
        else fields.add(f);
    }
}
```

对于一个 Class 对象，filterFields() 会根据类定义对象字段的类型来填充这两个数据结构。需要注意的是，这里使用的是以输入为主导的方法，即对模型遍历一次，收集所有数据。但如果使用以输出为主导的方法，则需要遍历两次，一次抽取一般的字段，另一次抽取数组字段。

获取了所需的数据之后，可以使用 genSchema() 将它们填入 objectTables 模板中。

```
Download trans/sql/GenSchema.java
public StringTemplate genSchema(Class c) {
    List<Field> fields = new ArrayList<Field>();
    List<Field> arrayFields = new ArrayList<Field>();
    filterFields(c, fields, arrayFields);
    StringTemplate classST = templates.getInstanceOf("objectTables");
    classST.setAttribute("class" , c);
    classST.setAttribute("fields" , fields);
    classST.setAttribute("arrayFields", arrayFields);
    return classST;
}
```

这就是将属性注入模板的整个过程。下面来看如何在模板里使用这些属性。

使用模板生成 SQL

主程序将数据注入 objectTables 模板之后，它的任务就完成了。根模板会直接或间接地创建多级模板输出模型中的各个子模板。

> ### 根据 Java 对象获取其类型
>
> 在生成 SQL 之前，必须能够动态获取 Person 这种对象的信息，可以构建 Java 的解析器，然后从 `Person.java` 中抽取字段列表，但这样会加大工作量。所以，最好直接根据对象来获取这种信息。使用反射机制的 API，可以动态地访问 Java 中的符号表。这里主要需要两个类：一个是 `Class`，另一个是 `Field`。确实有个类，其名字本身就是"类"。每个类的筛查都包含类的信息(包括字段列表)。根据 `Field` 还能获取其名称和类型（即某个 `Class` 实例）。如果字段是数组，`getComponentType()` 就能返回数组元素的类型。使用 `isArray()` 方法就能判断一个类型是否是数组。反射对象跟模式十九中的 `ClassSymbol` 和 `VariableSymbol` 类很相似。

首先，它会创建存放所有单值字段的主表，然后为每个多值字段创建子表。

Download trans/sql/SQL.stg
```
objectTables(class, fields, arrayFields) ::= <<
CREATE TABLE <class.simpleName> (
    ID INTEGER NOT NULL UNIQUE PRIMARY KEY,
    <fields:columnForSingleValuedField(); separator=",\n">
);
<arrayFields:tableForMultiValuedField()>
>>
```

模板表达式 `<class.simpleName>` 会对传入的 `Class` 对象逐个调用 `getSimpleName()` 方法。这个方法返回的名称不带任何包名。例如，`Date` 的全称其实是 `java.util.Date`，但是用该方法返回的就只是 `Date` 了。

生成列信息的时候，只需要对单值字段列表中的每个对象都调用 `columnForSingleValuedField:<fields:columnForSingle-ValuedField()>`。这个表达式会为每个 `fields` 中的字段创建新的模板实例并嵌入其中。最后 `objectTables` 模板会遍历所有的 `arrayFields`，并将子表嵌入进来。不过这一次对各个字段应用的模板是 `tableForMultiValuedField`。在介绍子模板之前先来介绍单值字段。

输出列的模板 `columnForSingleValuedField` 调用了模板 `column`。

```
columnForSingleValuedField(f)::="<column(name=f.name, javaType=f.type)>"
```

如果不考虑将 Java 翻译为 SQL 类型的过程，`column` 大概如下。

```
column(name,javaType) ::= "<name> <javaType>"
```

举例来说，为了生成正确的 SQL 代码，还要将 `int` 映射为 `INTEGER`，`String` 对应 `TEXT`。为了将所有的输出内容都封装在模板中，而不涉及输入模型和 Java 代码，则可以在 ST 中指定这些映射关系。

```
javaToSQLTypeMap ::= [
    "int" :"INTEGER" ,        // 将"int" 映射为 "INTEGER"
    "String" :"TEXT" ,
    "float" :"DOUBLE" ,
    "double" :"DOUBLE" ,
    "Date" :"DATETIME" ,
    default : key              // 如果没有发现，就输出key，不加以映射
]
```

访问映射时，键值相当于映射的一个属性。例如，`<javaToSQLTypeMap.int>` 的值就是 `INTEGER`。以 `int` 为键值，可在映射中进行查找。使用时，需要查看的是 Java 的类型名而不是常量。如果 ST 表达式两边的括号表示表达式的值是字符串，那么就可以让ST查找字符串。`<m.(x)>`的含义就是先求出字符串 `x` 的值，然后以此为键值在映射 `m` 中进行查找。下面是 `column` 模板中看起来很复杂的 ST 类型查找表达式。

```
column(name,javaType)::="<name> <javaToSQLTypeMap.(javaType.simpleName)>"
```

主表解决后，需要生成存放多值字段的子表。对于类中的每个数组字段，都要应用模板 `tableForMultiValuedField`。

```
tableForMultiValuedField(f) ::= <<
CREATE TABLE <class.simpleName>_<f.name> (
    ID INTEGER NOT NULL AUTO_INCREMENT UNIQUE PRIMARY KEY,
    <column(name=f.name, javaType=f.type.componentType)>,
    <class.simpleName>_ID INTEGER NOT NULL
);<\n>
>>
```

每个子表都有三列：一列是标识符（ID），一列是数组字段，还有一列是外键。之前获得的 column 模板也可以复用，只要传入正确的值即可。

测试这个模板的时候，只需要运行 GenSchema 的主函数，就能看到运行结果。

```
$ java GenSchema
  CREATE TABLE Person (
  ID INTEGER NOT NULL UNIQUE PRIMARY KEY,
  name TEXT,
  ...
);
...
$
```

现在已经能生成数据库的模式，下面再次遍历反射 API 模型来生成用于读/写数据库中对象的 Java 代码。

12.7　编写可改变输出结果的翻译器
Building Retargetable Translators

如果翻译器的输出结果可以随意改变，就称之为目标语言可换的翻译器。在 12.5 节中已经介绍过，修改现有的模板或将其替换成新模板也能达到目的。模板的级联结构不变，只是修改模板的内容。为不同数据库产品生成略有区别的 SQL 代码，这种方法很有效，其实需要经常这么做。

本节将学习另外一种方法，它能够通过改变模板的级联关系来改变输出的语言。有趣的地方在于是用模板本身来修改它们之间的级联关系，而不是用 Java 代码。跟前面介绍的一样，只需替换模板组即可，但区别在于不用修改树文法就能创建不同的输出模型。不管使用哪一种策略，这种代码生成器都包含一组模板，以及用来遍历输入模型以计算各条属性的代码。

为了展示这种方法，将构造一个既能生成前一节的那种 SQL 代码又能生成 Java 对象的序列化和反序列化方法。在这个过程中将会学到一些 ST 的高级特性，如动态作用域、延迟求值及属性输出（ST 的专用指令能够将对象转换为文本）。

只要学会了该示例，大家就能处理所遇到的大部分翻译问题。

下面介绍所需生成的代码。

生成 Java 代码

至于要生成的 SQL 代码，前面已经介绍过，在此不再赘述，下面主要介绍这个翻译器需要生成什么样的 Java 代码。值得注意的是，这一节中包含很多 Java 与数据库交互的代码。最好能根据前一节介绍的 Person 类生成 PersonSerializer.java 文件。例如，下面是将对象中的非数组字段保存到主表中的方法。

```java
class PersonSerializer {
    ...
    public static void savePerson(Connection con, Person o)
        throws SQLException
    {
        PreparedStatement prep = con.prepareStatement(
            "INSERT into Person SET ID=?, "+
            "name=?, SSN=?, birthDay=?, age=?;");
        int Person_ID = ID++;
        prep.setInt(1, Person_ID);
        prep.setString(1+1, o.name);
        prep.setString(2+1, o.SSN);
        prep.setDate(3+1, new java.sql.Date(o.birthDay.getTime()));
        prep.setInt(4+1, o.age);
        save_Person_roles(con, o.roles, Person_ID);
        save_Person_vacation(con, o.vacation, Person_ID);
        if (prep.executeUpdate () != 1) {
            System.err.println("couldn't save "+o);
        }
    }
```

根据传入的数据库连接及待存储（序列化）的 Person 对象，savePerson() 将把这些字段输出到主表 Person 中，然后使用下面的辅助方法将数组字段存入子表中。

```java
static void save_Person_roles(Connection con,
                              String[] roles,
                              int Person_ID)
    throws SQLException { ... }
```

有兴趣的读者可以继续学习 PersonSerializer.java 文件中的细节。前面已经介绍过如何载入对象，现在着重介绍对象的保存。

既然已经有了明确的目标，下面考虑如何从输入模型中抽取数据并注入根模板中。

将数据注入根模板中

构建可重定向的代码生成器时，需要制定访问模板的通用接口。与任何库相似，都需要将生成器中用到的模板和属性列出来。示例中使用了公共的模板 `output`，它能够访问跟具体语言相关的子模板。下面是 SQL 和 Java 模板的样子。

```
Download trans/sql/SQL2.stg
/** 目标语言模板的通用接口  */
output(class, fields, arrayFields, nonPrimitiveTypes) ::=
"<objectTables()>" // objectTables defines no args; no need for ... arg
```

```
Download trans/sql/persist.stg
output(class, fields, arrayFields, nonPrimitiveTypes) ::=
 "<serializerClass()>" // no need for ... "pass through" parameter
```

制定通用接口的时候，属性列表必须一致，即使有的目标语言中不需要某些属性，例如 SQL 语言，它并不需要 `nonPrimitiveTypes` 属性。生成 Java 代码的时候，依赖于这种记录非内置类型的列表，以生成 `import` 语句。所以还是将可能需要的所有属性都计算出来更容易些，那样就不用每次都具体考虑哪种语言需要哪个属性了。不过，如果计算的代价很大，也可以在处理语言时禁止计算无关属性（直接传入 `null`）。

将可重定向的生成器放在 `DBGen.java` 中。主程序根据命令行传入的参数（`-java` 或 `-sql`）来判断需要生成什么代码。

```
Download trans/sql/DBGen.java
if ( args[0].equals("-sql") ) groupFile = "SQL2.stg";
else if ( args[0].equals("-java") ) groupFile = "persist.stg";
else {System.err.println("java DBGen [-sql|-java]"); return;}
```

如果要在目标语言之间进行切换，只需更改模板组文件即可。有了模板组文件之后，就可以将这些模板载入内存，然后调用 `gen()` 方法，根据 `Person` 类构建多级模板。

```java
// 载入模板
FileReader fr = new FileReader(groupFile);
StringTemplateGroup templates = new StringTemplateGroup(fr);
fr.close();
templates.registerRenderer(Class.class, new TypeRenderer());
// 生成输出
StringTemplate output = gen(templates, Person.class);
System.out.println(output.toString());
```

对于 registerRenderer()，下一节再讨论。

方法 gen() 会使用 filterFields() 计算属性集，并将其注入 output 根模板中。

```java
filterFields(c, fields, arrayFields, nonPrimitiveTypes);
StringTemplate classST = templates.getInstanceOf("output");
classST.setAttribute("class" ,                c);
classST.setAttribute("fields" ,               fields);
classST.setAttribute("arrayFields" ,          arrayFields);
classST.setAttribute("nonPrimitiveTypes", nonPrimitiveTypes);
```

方法 filterFields() 跟前面一样，只是比前面多计算了 nonPrimitiveTypes 集合中的字段。因此，处理两个目标语言时都能使用同一段代码。

不过在研究模板之前，还需要了解 ST 对于同一个数据的值是如何转换的。

修改 ST 转换属性的方式

ST 本身（故意）不支持对注入的属性进行操作。为了分离功能，不希望把模板当做代码的一部分。那么，如果模板能够修改数据，那么它们就变成代码了。但是在实际使用的时候，可能需要修改数据以便满足输出语言的需要，将示例中的某些单词都变为大写字母。

DBGen 中的主程序会调用 registerRenderer()，然后传入 TypeRenderer 实例，以修改 ST 默认的将属性转为文字的方式。如果不带特殊的指令，ST 就会调用对象的 toString() 方法，将其转换为文本。但是，在此之前，ST 会检查这种类型的对象是否需要使用特殊的属性转换器。转换器带有两种 toString() 方法，一种只是将对象转换为文本，还有一种会根据制定的格式将对象转换为文本。

例如，对于 int 类型，生成的代码中需要调用 setInt()，也就是说，类型名的首字母要变为大写。如果使用第二种 toString()方法，在模板中加入一些描述信息，就能完成这种转换。

```
set<type; format="capitalized">(«参数»);
```

有了转换器，即使 ST 不能支持任意的代码，也能在某个特定的类型中（本例中是 Class 类）注入一些用于调整格式的代码。如果支持使用任意的代码，就会干扰模型-视图结构。ST 将 format 选项传入下列的方法中。

Download trans/sql/TypeRenderer.java
```
public String toString(Object o, String formatName) {
    if ( formatName.equals("capitalized") ) {
        return capitalize(((Class)o).getSimpleName());
    }
    return toString(o);
}
```

有这个为基础，就可以简化之后的工作了，虽然还需要多次使用 Class 对象的 simpleName 属性，但也不用每次都写<class.simpleName>，而是直接用<class>。由于已经注册过这个转换器，ST 就会使用下面的方法来获取类的名称。

Download trans/sql/TypeRenderer.java
```
public String toString(Object o) { return ((Class)o).getSimpleName(); }
```

万事俱备，只欠“模板”。用Java代码创建全局模板，然后注入所需的各种数据。下面该考虑如何为序列化和反序列化方法创建多级模板。

创建多级模板

目前为止已经见识过很多模板，其中有些属性表达式很复杂。所以，这里直接介绍模板组文件 persist.stg 中最复杂的地方：属性的动态作用域、隐式调用属性转换器，以及延迟求值。

首先介绍为何动态作用域能够方便属性在模板之间的传递。主函数 DBGen 中会创建模板 output 的实例。它作为“接口”模板，可以调用其他的模板，并创建正确的多级模板。例如，output 会调用 serializerClass，但是不传递参数。serializerClass 能够使用调用它的模板（就是层级在其之上的模板）中的任意属性。

因此，即使不手动传入，`serializerClass` 也能使用 `class`、`fields`、`arrayFields` 和 `nonPrimitivetypes` 这几个属性。不过，若是 `serializerClass` 中将这些属性名定义为形式参数，就得加上省略号，也就是在 `output` 中调用 `serializerClass(...)`。

如果多级模板嵌套得很深，动态作用域就会使问题很方便地解决。注意 `output` 的属性并不是全局自变量。只有 `output` 调用的模板才能看到这些属性。下面内容是 `serializerClass` 模板的开头部分。

```
Download trans/sql/persist.stg
/** 能够继承output模板中的
 * class, fields, arrayFields, nonPrimitiveTypes属性*/
serializerClass() ::= <<
// This file automatically generated by "java DBGen -java"
<imports()>
public class <class>Serializer { <! class inherited from above !>
```

里面的注释很明了，用 `/**...*/` 括起来的注释完全处于 ST 之外，跟模板的定义无关。但是 `//...` 里的注释是将会输出的内容。而 `<!...!>` 里面的注释只是 ST 模板内部的注释，不会输出。

不管模板的层级有多深，都始终具有动态作用域特性。注意 `serializerClass` 中调用了 `imports`，而后者使用了 `output` 中 `denonPrimitivTypes` 属性来生成 `import` 语句。

```
Download trans/sql/persist.stg
/** 从 serializerClass 中继承了'class' 属性 */
imports() ::= <<
<nonPrimitiveTypes:{t | import <t.name>;<\n>}>
import java.util.ArrayList; <! used by support code !>
import java.util.List;
import java.sql.*;
>>
```

熟悉 ST 中的动态作用域特性之后，就更容易看懂 `persist.stg` 文件中的模板了。

下面再介绍 `saveObjectMethod` 模板，它会隐式地使用转换器 `TypeRenderer`。例如，ST 会调用此转换器将表达式 `<class>` 转换为字符串，而不调用 `Class` 的 `toString()` 方法。这个模板还会使用 `format` 选项，因此 ST 还会调用此转换器的其他类似 `toString()` 的方法。

```
saveObjectMethod() ::= <<
public static void save<class; format="capitalized">(Connection con,
                                                     Person o)
    throws SQLException
{
    PreparedStatement prep = con.prepareStatement(
        "INSERT into <class> SET ID=?, "+
        "<fields:{f | <f.name>=?}; separator=", ">;");
    int <class>_ID = ID++;
    prep.setInt(1, <class>_ID);
    <fields:saveField(); separator="\n">
    <arrayFields:saveArrayField(); separator="\n">
    if (prep.executeUpdate () != 1) {
        System.err.println("couldn't save "+o);
    }
}
>>
```

本例中最难的部分就是延迟求值。与 SQL 生成类似，必须考虑如何在 Java 和 SQL 中进行转换。为了在数据库中存储对象，必须生成用于设置 PreparedStatement（这类似于内置的 SQL 模板语言，占位符是问号）中参数的代码。为了将字符串注入 PreparedStatement 中，可以调用 setString() 传入字符串。

```
PreparedStatement prep = con.prepareStatement(
    "INSERT into Person SET ID=?, name=?, SSN=?, birthDay=?, age=?;");
prep.setString(3, o.SSN);
```

但对于 Date 对象，使用下面这种方式来将其转换为 SQL 中的日期格式。

```
prep.setDate(4, new java.sql.Date(o.birthDay.getTime()));
```

可以使用 ST 中的映射功能，将其编写为 "根据类型判断" 的字符串映射。

```
javaToSQLValueMap ::= [
    "Date":"new java.sql.Date(<value>.getTime())",
    default : "<value>"
]
```

这跟之前 SQL 示例中的 int 到 INTEGER 转换的形式一样，只不过这里映射的值其实是模板，而不再是字符串。可以看到，尽管没有定义，里面却用到了 value 属性。不过好在有延迟求值，所以这样也不会出错。使用这个映射的模板会在查找时定义 value 属性。

只要 ST 将这个 map 的结果嵌入到调用它的模板中，就可以引用 value。例如，下面是使用 map 的模板。

```
fieldValue(type, value="o") ::= "<javaToSQLValueMap.(type.simpleName)>"
```

参数列表中所赋的值相当于默认的参数赋值（类似于 C++ 中的默认参数）。如果没有其他设置，那么属性 value 的值就是字符串 o。

模板将复杂的映射查找封装起来，避免其他模板接触到这些。首先，从 type.simpleName 得到类似于 int 或 Date 之类的字符串，然后在映射关系中进行查找。假如字符串是 Date，就对应 java.sql.Date 的实例创建语句（new 语句）。若是其他内容，就直接对应 value 表达式，即 default 语句后的动作。所以，模板 fieldValue 要么返回传入的 value，要么将 value 包装在 new 语句中返回。

通过 saveField，这个模板可以同时用于在 saveObjectMethod 和 saveForeignObjectMethod 中保存字段。

```
saveField(f) ::= <<
prep.set<f.type; format="capitalized">(<i>+1,
    <fieldValue(type=f.type, value={o.<f.name>})>);
>>
```

该模板向 value 传入匿名模板 {o.<f.name>}。延迟求值的特性使得这个模板只有在 fieldValue 使用到它的时候才会对其进行计算。在动态作用域的影响下，fieldValue 能够看到 saveField 的属性 f，因为是 saveField 调用的它。fieldValue 不会显式使用 t，但 {o.<f.name>} 会，而且其求值过程是在 fieldValue 中完成的。

属性表达式 <i>+1 计算 SQL 语句中的占位符。属性 i 从 1 开始迭代，不过，我们需要的是从 2 开始的下标（ID 的下标是 1）。因为在 ST 里无法对值进行自增，所以使用最终生成的 Java 代码来计算下标。

下面对生成器进行试验。

测试代码生成

首先，让代码生成器输出 SQL 模式。命令行中使用 -sql 选项就能为 Person 生成 SQL。

```
$ java DBGen -sql
CREATE TABLE Person (
    ID INTEGER NOT NULL UNIQUE PRIMARY KEY,
    name TEXT,
...
$
```

使用-java 选项得到的就是 Java 代码。

```
$ java DBGen -java
// This file automatically generated by "java DBGen -java"
import java.util.Date;
import java.lang.String;

import java.util.ArrayList;
import java.util.List;
import java.sql.*;
public class PersonSerializer {
...
$
```

当然，还需要把 Java 代码输出到文件里，然后进行编译。

```
$ java DBGen -java > PersonSerializer.java
$ javac PersonSerializer.java
$
```

如果对此有兴趣，可以继续学习下一节，看看这里生成的代码如何与
MySQL 数据库配合对 Person 进行序列化和反序列化。

测试对象的序列化

为了验证所生成代码的正确性，不仅要编译它，还要看它是否能和数据库
配合完成任务。Test.java 会创建 Person 对象，将其序列化并存入 MySQL 数
据库中，然后从数据库读取数值并输出。

如果只想学习跟翻译有关的东西，那就不必学习这一节了，本节只是为了
保持完整性。测试程序如下。

```
// 创建Person对象，并序列化
PersonSerializer.init(con);
GregorianCalendar cal = new GregorianCalendar(2000,10,5);
Person p = new Person("ter","555-11-2222",cal.getTime(), 9);
p.roles = new String[] {"ceo", "janitor"};
PersonSerializer.savePerson(con, p);        // 将Person保存到数据库中
// 从数据库中读出Person
String q="SELECT * FROM Person WHERE ID=1"; // 获取第一个Person对象
```

编程语言实现模式

```
Statement stat = con.createStatement();
ResultSet rs = stat.executeQuery(q);
rs.next();
Person back = PersonSerializer.nextPerson(con, rs);
System.out.println("read back: "+back);
```

要想执行这个程序, 必须下载 MySQL Connector/J 5.1[6] JDBC 数据库驱动, 然后将里面的 mysql-connector-java-5.1.8-bin.jar 存放到环境变量 CLASSPATH 中。

下载完毕以后, 设置好服务器、用户、密码和数据库, 再（从命令行）调用这个程序。

```
$ java Test sql.cs.usfca.edu parrt parrt parrt
read back: Person{name='ter', SSN='555-11-2222', birthDay=2000-11-05,
 age=9, roles=[ceo, janitor], vacation=[]}
OK
$
```

测试程序会连接到 MySQL 服务器, 地址是 sql.cs.usfca.edu。程序运行之后, 可以看到主表和子表中保存了刚输入的数据。

```
mysql> select * from Person;
+----+------+-------------+---------------------+------+
| ID | name | SSN         | birthDay            |age   |
+----+------+-------------+---------------------+------+
| 1  | ter  | 555-11-2222 | 2000-11-05 00:00:00 | 9    |
+----+------+-------------+---------------------+------+
1 row in set (0.00 sec)

mysql> select * from Person_roles;
+----+---------+-----------+
| ID | roles   | Person_ID |
+----+---------+-----------+
| 19 | ceo     |         1 |
| 20 | janitor |         1 |
+----+---------+-----------+
2 rows in set (0.00 sec)

mysql> select * from Person_vacation;
Empty set (0.00 sec)
```

这里的 Person 对象没有假期元素, 所以对应的子表中也没有数据。

---

6 http://dev.mysql.com/downloads/connector/j/5.1.html。

接下来

通过最后示例的学习，读者能够构建任何生成器了，重点就是生成器由一组模板和一些遍历模型的代码构成。遍历代码收集数据，创建模板并将它们组合起来，注入各种属性，构建起树形多级模板。有时遍历输入模型的代码可能需要组织整个模板的结构，有时是模板掌握自己的层级等细节，有时它们相互合作，一起控制。完成这些之后，从根模板处调用 `toString()` 方法，生成所需的文本。

回首学习的内容，大家已经了解、使用了常见的语言设计模式，掌握了很多语言实现的技能，学会了阅读器、解释器、生成器和翻译器的构建。下一章将考察一些示例性的工程，作为大家工作的起点。

## 第 13 章

知识汇总
Putting It All Together

本书伊始，介绍了多种语言应用，分析了部分语言应用的内部结构，了解了流水线的作业过程。本书的大部分篇幅都在讲解通用的语言设计模式，以及这些模式的实现。第 12 章里有一些大型的示例（生成 DSL），最后这章将大概浏览一些示例语言应用，概括它们的实现策略和所用的模式。

学完前面所有的模式之后，你就可以试着编写自己的应用了。本章的目的一方面是激励你动手去做一些应用方面的事务，另一方面也用不同的语言应用开阔你的视野。这些项目都得由你自己动手完成，但是我会指明正确的方向，告诉你该使用什么模式。

开头先看生物研究中使用的 DSL，然后逐步涉及更复杂的应用。

13.1 在蛋白质结构中查找模式
Finding Patterns in Protein Structures

这种语言会扩展传统语言的概念，这里的语言已经不再拘泥于程序和代码的世界。如果发现某些生物学家（还有其他的科学家）用解析器进行模式识别和分析，可能谁都会大吃一惊。举例来说，有专门表示 DNA/RNA 序列、化学分子、分子式（如 H_2O）等各种东西的 DSL。跟程序员相类似，科学家也需要解析不同的结构，并执行各种操作。

先介绍分子生物学家用以描述 RNA 序列的 DSL。RNA 序列是由四种核苷酸组成的分子链：腺嘌呤（A）、胞嘧啶（C）、鸟嘌呤（G）和尿嘧啶（U）。

这几种分子相当于语言的词汇表，或者是词法单元的集合。模式二可以把分子链打散为词法单元，下面来看看 RNA 序列中的语言结构吧。在《The Language of Genes》[Sea02]中，Searls 写到"折叠 RNA 的辅助结构中必然有核苷酸配对现象"。例如，对于 GAUC，G 与 C 就有配对关系，而 A 和 U 配对。

假设现在有一组核苷酸序列，要检查它是不是所谓的"折叠 RNA 辅助结构"，那么很容易发现核苷酸之间的依赖配对关系就像编程语言中的圆括号或方括号一样，都是成双成对地出现，这项任务所需编写的代码类似于模式三的实现部分。假设有 G-C 和 A-U 这两种依赖关系，那么可以使用下面的文法来识别目标 RNA 序列。

```
rna : 'G' rna 'C' | 'A' rna 'U'
    |                    // 允许空 RNA 序列
    ;
```

如果识别之后还需要对其进行处理，就可以视情况在文法中加入自定义操作，或者构建 AST（第 4 章）。

遇到配对就进行处理，这就是模式二十九，而如果先构建 AST，就可以进行一次或多次遍历（第 5 章），以抽取信息。

这种解析应用很简单，那么下面看一个更复杂的语言。

13.2 使用脚本构建三维场景
Using a Script to Build 3D Scenes

假如想构造类似英语的脚本语言来绘制三维场景，那么这种语言编写的内容可能类似下面的代码。

```
x = Cube
y = Sphere
y.radius = 20
draw x
draw y to the left of x and behind x
```

要想快速实现这个语言，可能会用到模式二十四。不过，我一般不大在意这种语言的执行速度，因为比起渲染 3D 模型来说，处理这些命令的代价要低得多，所以这个解析并解释执行的一步并不是整个过程的瓶颈。实现解释器会用到模式二、模式三及模式四，但是不单要识别，还需要为解析器添加一些操作，以响应不同的语句，解释器还需要运行时的支持。因此，这个示例还要用到哈希表，以表示全局内存。对于像 x=Cube 这种赋值语句，需要创建表示立方体的内部数据结构，然后将 x 映射到哈希表中对应的对象。而处理语句 draw x 时会在全局内存中查找 x，以判断它到底表示什么对象。可见，这个过程跟模式十六里的定义和解析符号很相似。

对于这些定制的语言，有些程序员可能不想构建自定义的分析器，而是想用 XML 作为通用的语言格式。下一节介绍如何解析 XML 语言并抽取其中的信息。

13.3   处理 XML
Processing XML

学生们处理 XML 时，一上来就用完整的 XML 解析器。但是杀鸡焉用牛刀？XML 解析器规模庞大、运行速度慢，而且如果要在内存中构建树，所能处理的最大文件(或是端口传来的数据包)大小就会受计算机内存大小的制约。即使是英语文章这种复杂的文本，也可以用不同的视角来看待它们：字母序列、单词或句子。如果只查看单词而不是整个句子，那么问题实际上会简单很多。

假设需要抽取某个 XML 文件中的所有 target 标签，其实根本不用编写代码，只需拿个小工具 grep 就能完成任务。

```
$ grep '<target' config.xml
<target name="init">
<target name="war" depends="clean, compile">
...
$
```

再稍微用工具（`awk` 或 `sed`）写点代码处理一下，就能得到名称列表（这里假设每个 `target` 标签都只占一行）。这种处理方式类似于模式二十九，一识别出所需的结构就立刻进行处理和输出，这也是 Simple API for XML（SAX）解析器的工作方式。SAX 解析器不会在内存中创建大型的树结构，而是遇到特定的输入节点就立刻执行特定的操作。

有时，从反面着手考虑问题能大大简化工作。例如，现在需要从某个 HTML 文件中抽取所有不带标签的文本，对于建立搜索引擎之类的任务，经常需要这样。那么可以将 HTML 解析为树形结构，然后输出所有的子结点。在内存中构建模式九这种树形结构，就相当于对文本对象模型（DOM）应用 XML 的解决策略，不过还有更好的办法。

由于没有现成的文法，所以初看之下会觉得要识别标签之间的文本十分困难。但是标签很容易识别（用模式二），因为尖括号之间的东西就是标签。只要去掉这些标签，剩下的就是所需要的文本了。

如果识别出这些标签，即使不解析这些 XML，也能抽取出很多有用的信息。假如现在需要抽取 SVG 图像格式文件中的 rect 标签，而且已经知道 rect 有很多类似于 x 和 y 这样的属性（可能有很多行）。这里可能要用真正的 XML 标签词法分析器，但是简单的循环也能找出带 rect 标签的列表。这种方法跟模式十五很相似，因为它们都只关心所需要的那部分语言结构。熟练的 ANTLR 用户一眼就能看出这种方法其实就是词法的 `filter` 模式。

下面再深入一步考虑如何检验 XML 文档是否合法。这项任务可以使用栈来完成，跟抽取 rect 数据一样，可以通过循环"读取下一个词法单元"来实现。看到起始标签的时候就压栈，看到标签结尾的时候就从栈顶取出元素，检查它是否跟当前的结尾标签配对，如 `</book>` 和 `<book>` 配对。

目前，很多应用都采用 XML 格式的配置文件。下一节介绍还有哪些配置 DSL。

13.4 读取通用的配置文件
Reading Generic Configuration Files

应用程序的初始参数和起始数据结构都源自配置文件，也就是说，这些文件需由配置人员读/写以方便维护。问题在于 XML 是通用的数据格式，而不是专门用来配置应用的 DSL。作为使用 DSL 解决一切问题的信奉者，大可以推倒神龛上的 XML，设计更合适的解决方法。

这里使用类似 C 语言的符号，来构造以字符串、整数、列表和引用（其他配置对象）等为属性的对象。下面是个小示例。

```
Site jguru {
      port = 80;
      answers = "www.jguru.com";
      aliases = ["jguru.com", "www.magelang.com"];
}
```

开始需要模式二和模式三来识别不同的结构，但不需要构造树或其他的中间结构，而是将这些文件中的数据导入一些对象里。例如，这里先创建 Site 类型的对象，然后设置它的三个字段：port、answers 和 aliases。与第 12 章一样，这里也会用到 Java 的反射机制。区别在于，这里的机制和上一次相反，是把文本转换为对象。

构建语法后，要往文法中添加一些操作，以构建待配置对象的列表。不过为了保持文法的简洁，最好将这些"新建对象"及"设置对象属性"等功能放到其他类里。文法中的操作直接调用辅助代码中的方法即可。访问 ANTLR 的wiki 网站[1]，你可以在上面找到完整的实现。

该示例直接将输入语句填到内部数据结构中，而下面的示例则不同，会对输入进行修改再输出。

---

1 http://www.antlr.org/wiki/display/ANTLR3/Fig+-+Generic+configuration+language+interpreter。

13.5 对代码进行微调
Tweaking Source Code

假如想对代码进行一些调整，如删除某个类文件里所有方法定义的方法体，同时又不想打乱原文件的格式。

首先，考虑只用 awk 或者 sed 这种小工具是否能解决问题。很可惜，这些工具不能处理涉及多行的结构，特别是方法定义的{和}，中间可能有很多行代码。而且，这些工具无法识别花括号到底是类定义中的，还是方法中的，还是语句块的。这里需要上下文信息，因为花括号的含义与其周围的元素有关。一提到"上下文"，就知道模式二这种纯词法的工具不再适用了，因为仅扫描输入中的括号还不够。

要使用解析器来处理输入语言，根据语言、编写文法或解析器的方式不同，可以使用模式三、模式四和模式五。当然，还需要模式二用做前几种模式的前端，为其生成输入内容。

为了修改源代码，需要记录方法体括号之间的词法单元或字符的下标。然后，有两种选择：要么将这些文本从文件中整体删除，要么输出所有方法体之外的东西（包括空白符）。**ANTLR** 对此准备了很好的工具——TokenRewriteStream，它能够"编辑"词法单元流。模式二十一的示例代码中用到了这个类。文法和相关的编辑操作类似如下。

```
methodBody : a='{' statement+ b='}' {tokens.delete($a,$b);} ;
```

不过问题可能会更复杂，现在，如果只想删除没被调用的方法（"死代码"消除），就需要检查工程中的所有代码，检查其中的调用关系。这里需要检查所有的方法调用，不管是 f() 还是 o.f() 来计算类-方法对。得到所有被调用的方法之后，就可以反过来找到所有未被调用的方法，即"死代码"。之后在检查方法体的时候，就可以删除所有的死代码。当然，在这个解析方法调用的过程中，会用到模式十九中的符号表管理和第 8 章中的类型推断算法。

尽管删除部分文本也是翻译的一种形式，但是通常的翻译都是将输入结构映射到输出结构，而不是直接删除。下一个示例中，将看到如何将增强后的 Java 翻译为原始的 Java。

13.6　为 Java 添加新的类型
Adding a New Type to Java

Java 没有内置的数学向量（`java.util.Vector` 不是为数学运算设计的，也不是内置的类型）。假如现在要添加能完成如下任务的 `vec` 类型。

```
vec x = [1, 2, 3];
vec y = [2, 9, 10];
vec z = x * y;
```

首先考虑它们的执行策略，最简单的方法就是将这些代码翻译为原始的 Java，也就是说，要考虑如何将输入映射为输出。大部分输入内容其实都是原始的 Java，所以不用理会。如果只处理输入中的一部分，其他的保持原样，那么最好的办法就是"编辑"词法单元流（如果使用 ANTLR，则可以使用其中的 `TokenRewriteStream` 类）。知道起始和终止的词法单元（[和]），因此只需要替换这之间的内容，然后改成如下内容。

```
vec x = new vec (new int[] {1, 2, 3});
```

翻译向量的乘法有点难，需要使用模式十九和模式二十，以区分普通的乘法和向量乘法。为了处理类型，需要构建 AST，计算完类型之后，再用模式十五来遍历 AST，寻找子树类型为 `vec` 的乘法操作树。为了定位乘法表达式的完整文本形式，解析器需要将词法单元的下标存入 AST 中。之后，树的模式匹配器就能替换函数调用内的词法单元区域了。例如，`x*y` 就变成 `vec.mult(x,y)`。

在最开始的时候，使用现有的 Java 文法，在解析器文法的 `type` 规则中添加对`"vec"`的识别，然后在 `primaryExpression` 或其他的低级表达式规则中添加[...]符号。

别忘了还要为符号表和类型计算添加 `BuiltInTypeSymbol` 类 `vec`。

下一节将介绍另一项翻译任务，由于会调整空白符而不是输入的符号，因此跟其他的示例有所区别。

13.7　美化源代码
Pretty Printing Source Code

即使是只为一种语言 DSL 进行美化输出（就是以便于阅读的格式进行输出），也是个难得让人惊讶的问题。若是构建通用的美化输出引擎就更困难了。如果想了解有意思的研究框架，可以查看美化输出语言 BOX，这是由 Merjin de Jonge 在《Pretty-Printing for Software Reengineering》 [Jon02]中提出的。通用的美化输出器需要艰深的专业理论知识，而且对于特定语言的美化输出引擎往往是一团糟。作为权衡，这里考虑能否设计一个形式化的特定语言的美化输出引擎。

如果把要求放松一点，这个问题就变得极其简单。大多数美化输出引擎都为右边设置一个固定的"不可超过"的限制，遇到那个边界的代码都得换行。但是实际上，程序员并不是这么编码的，为了美观考虑，有时反而会跨过那条线。对于每个语言结构，程序员心中有自己的模板。例如，使用 `if` 语句的时候，我会采用不同的宽度。离右边界越近，我写的代码就越窄。

通过模仿程序员的这种自然习惯，就能编写一个还不错的美化输出引擎。最基本的想法就是跟以前一样，先从输入构建 AST，然后在自底向上遍历语法树时创建一个较为"美观"的输出模板。在模板组文件中，可以为每种节点使用特定的名称创建若干个模板：`name_i`，其中 `i` 的值越大，模板的边界就越窄，这样就能为 `if` 创建两个模板 `if_1` 和 `if_2`，分别对应于单行和多行的 `if` 语句。

解决这个问题的关键就是制定模板的选择策略，因为最后会从多个模板中选择能与其他模板一起得到最优输出的模板。要调整 AST 中的某个节点 n 的格式，就要先调整好其子节点的格式，然后为节点 n 选择合适的模板。如果节点 n 的模板使得某一行超出了右边界，就对节点 n 及其子树进行重新调整。

重新调整的时候，会为节点 n 选择更窄的模板，直到宽度合适或尝试完所有模板。如果节点 n 的模板还是太宽，就对其子节点进行重新调整，然后使用为节点 n 选取最窄的模板。不过有可能模板还是太宽了，但也无能为力，只好接受。如果允许超过右边界，还是能够构建一个简单的美化输出引擎的。

13.8 节先提出一套记号，然后考虑构建将源代码翻译为机器码的编译器。

13.8　编译为机器码
Compiling to Machine Code

虽然没几个人为通用编程语言编写编译器，但有时可能需要优化运行时间，如可能会在手机这种小设备上运行脚本或小的编程语言。但考虑到电池电量等因素，手机处理器往往要慢于台式机，所以需要将自己的语言翻译为底层的机器码，以适应手机低性能的 CPU。

1.3 节中的通用编译器采用的流水线结构就能解决这个问题，流水线中有很多步骤，包括很多比较难的东西。简单来说，总共需要第 2 章、第 3 章、第 4 章、第 7 章、第 8 章和第 11 章中的模式和技术。而且，这也许会涉及更多知识。

为了言之有物，假设接下来要将 C 语言的子集编译为机器码。本书不考虑优化和机器码生成（编译器的后端）。例如，对于前端，可以用下面的模式来构造：模式二、模式四、模式九、模式十五、模式十七、模式二十二。这些足够验证输入内容语法和语义的正确性，但不巧的是，从 AST（或其他的中间表示）进行优化和机器码生成却非常困难。

底层虚拟机（Low Level Virtual Machine, LLVM）[2]就是所需的解决方案，LLVM 是一套编译器的基础设施，而且逐渐成为开源软件中的佼佼者。LLVM 提供虚拟指令集（这跟模式二十八中的有点类似），当然还有些其他东西。LLVM 能根据中间表示为任何处理器（如 x86、ARM、MIPS、SPARC）生成优化得非常好的机器码。由于模式十四能根据 AST 生成那种中间结构，因此这其实就足够了。总的来说，如果要构建编译器，就可以将上述各种模式组合起来，然后把难题留给 LLVM。更多细节请看实现的示例[3]。可以把 LLVM 当作适用于第 10 章中解释器的字节码编译器。

至此，你已经学到了很多语言实现的技术。从本书配套的代码库中可以看到，实现语言意味着要能熟练使用很多的语言工具。如果你选择使用 ANTLR 和 StringTemplate，那么我推荐你加入 ANTLR 的邮件列表[4,5]，里面有很多能帮你解决棘手问题的好心人。

本书中的模式和示例应用可以为你构建自己的语言应用提供一个良好的起点。你已经上路了，将会成为技能卓绝的语言实现者。我希望你能到本书的论坛[6]上与其他开发者分享你新的体会。如果开发了愿意共享的文法或者应用，请直接添加到官网上的文法列表[7]或展台[8]上。

---

2 http://www.llvm.org。

3 http://www.antlr.org/wiki/display/ANTLR3/LLVM。

4 http://www.antlr.org/mailman/listinfo/antlr-interest。

5 http://www.antlr.org/mailman/listinfo/stringtemplate-interest。

6 http://forums.pragprog.com/forums/110。

7 http://www.antlr.org/grammar/list。

8 http://www.antlr.org/showcase/list。

参考书目
Bibliography

[ALSU06]   Alfred V. Aho, Monica S. Lam, Ravi Sethi, and Jeffrey D. Ullman. Compilers: Principles, Techniques, and Tools. Addison-Wesley Longman Publishing Co., Inc., Boston, MA, USA, second edition, 2006.

[For02]   Bryan Ford. Packrat parsing: simple, powerful, lazy, linear time, functional pearl. In ICFP '02: Proceedings of the Seventh ACM SIGPLAN International Conference on Functional Programming, pages 36–47, New York, 2002. ACM Press.

[For04]   Bryan Ford. Parsing expression grammars: a recognitionbased syntactic foundation. In POPL '04: Proceedings of the 31st ACM SIGPLAN-SIGACT Symposium on Principles of Programming Languages, pages 111–122, New York, 2004. ACM Press.

[GHJV95]   Erich Gamma, Richard Helm, Ralph Johnson, and John Vlissides. Design Patterns: Elements of Reusable Object-Oriented Software. Addison-Wesley, Reading, MA, 1995.

[IdFC05]   R. Ierusalimschy, L.H. de Figueiredo, and W. Celes. The implementation of lua 5.0. Journal of Universal Computer Science, 11(7):1159–1176, 2005.

[Jon02]   Merijn De Jonge. Pretty-printing for software reengineering. In International Conference on Software Maintenance (ICSM 2002), pages 550–559. IEEE Computer Society Press, 2002.

[Par07]   Terence Parr. The Definitive ANTLR Reference: Building Domain-Specific Languages. The Pragmatic Programmers, LLC, Raleigh, NC, and Dallas, TX, 2007.

[Sea02]   David B. Searls. The language of genes. Nature, 420(6912):211–217, November 2002.